Peter Aschenbrenner

Herausforderungen meistern

Prominente Vorbilder in Zeiten der Veränderung

Peter Aschenbrenner

HERAUSFORDERUNGEN MEISTERN

Prominente Vorbilder
in Zeiten der Veränderung

Frankfurter Allgemeine Buch

Bibliografische Information der Deutschen Nationalbibliothek
Die Deutsche Nationalbibliothek verzeichnet diese Publikation in der Deutschen Nationalbibliografie; detaillierte bibliografische Daten sind im Internet über http://dnb.d-nb.de abrufbar.

Frankfurter Allgemeine Buch

Frankfurter Allgemeine Buch
Frankenallee 71–81
60327 Frankfurt am Main

Umschlag: Anabell Krebs
Satz: Viktoria Vieweg
Druck: CPI books GmbH, Leck
Printed in Germany

1. Auflage
Frankfurt am Main 2022
ISBN 978-3-96251-125-8

Frankfurter Allgemeine Buch hat sich zu einer nachhaltigen Buchproduktion verpflichtet und erwirbt gemeinsam mit den Lieferanten Klimazertifikate zur Kompensation des CO_2-Ausstoßes.

INHALT

EINFÜHRUNG

Sind Herausforderungen das berühmte Salz in der Suppe? Sind Herausforderungen unnötig? Sollten wir diese vermeiden? Stärken oder schwächen sie uns? Wie können wir Herausforderungen begegnen? Wer kann uns dabei unterstützen? Und wäre ein Leben ohne Herausforderungen nicht viel einfacher? Viele Fragen, für die eine Antwort hilfreich sein könnte. Viele Fragen, mit denen wir uns, häufig unbewusst, im Leben beschäftigen sollten und vermutlich auch öfter müssen, als uns lieb ist.

Sie kennen vermutlich den wunderbaren und äußerst erfolgreichen schottischen Schauspieler, Sean Connery. Der Mensch, der – aus meiner Sicht – James Bond am besten verkörpert hat. Ein Schauspieler, der über Jahrzehnte erfolgreiche Filme gedreht und Millionen von Menschen weltweit begeistert hat. Jemand, der ein unglaubliches Vermögen erwirtschaften konnte, der eine fantastische Karriere geschafft hat. Glauben Sie, dass es Sean Connery in seinem Leben immer leicht hatte? Ich gebe zu, das ist eine rhetorische Frage, denn natürlich haben auch Menschen wie Sean Connery in ihrem Leben Herausforderungen und Krisen. Kleine, mittlere und selbstverständlich auch große. Es wäre ein Irrglaube, wenn wir denken, dass bei Prominenten immer alles glatt und einfach läuft. Dass diese Menschen ein schönes und überwiegend sorgenfreies Leben führen. Sie kennen die Bilder in den Medien, Partys unter Palmen, kühle Drinks an außergewöhnlichen Orten und das Ganze natürlich mit viel, sehr viel Geld. Das ist oftmals unser Bild von den Prominenten. Aber das ist es oft mitnichten. Prominente unterliegen als Mensch denselben realen Themen wie Sie und ich. Sie erleben ebenso Höhen wie Tiefen, Freude wie Ärger, Mut wie Angst. Nur wird uns dies oftmals natürlich in den Medien aus Imagegründen vorenthalten.

Auch Sean Connery ging in seinem Leben durch Krisen und musste immer wieder Herausforderungen meistern. Vielleicht fragen Sie sich, wieso ich gerade Sean Connery im Vorwort dieses Buches erwähne. Das tue ich deswegen, weil Sean Connery einen für mich sehr wichtigen Satz in einem Interview gesagt hat. In Wirklichkeit war es nicht nur ein Satz, sondern eine Empfehlung von ihm, wie wir mit Herausforderungen im Leben umgehen und diese betrachten sollten. Seine Empfehlung lautet:

> „Nichts ist hilfreicher als eine Herausforderung, um das Beste in einem Menschen hervorzubringen."

Lassen Sie uns bitte diesen wunderbaren Satz genießen und in seine Einzelteile aufteilen. „Nichts ist hilfreicher als eine Herausforderung", so Connery. In diesem Teil des Satzes steckt schon sehr viel Hilfreiches für Sie und mich, um Herausforderungen zu meistern. Connery ist also der Meinung, dass Herausforderungen für jeden hilfreich sind. Ich finde dies eine wunderbare Haltung und Einstellung, denn wenn wir es schaffen würden, jede Herausforderung als Hilfe für uns zu sehen, dann hätten wir in der Tat weniger Sorgen, Probleme und vielleicht auch weniger Krankheiten, die aufgrund von schwierigen Situationen entstehen können. Herausforderungen sind also hilfreich. Wunderbar. Lassen Sie uns diese Haltung bitte gleich zu Beginn des Buches zutiefst verinnerlichen und speichern.

Der zweite Teil des Satzes von Sean Connery lautet: „um das Beste in einem Menschen hervorzubringen". Ist auch diese Aussage nicht etwas Wunderbares? Seien wir ehrlich, suchen wir nicht alle täglich immer wieder das Beste im Leben? Suchen wir nicht das, was uns weiterbringt, was uns gelassener macht, was uns leichter macht, was uns vielleicht auch einfach reicher an Erfahrung, Glück, Geld, Beziehung oder Materiellem macht? Sind wir nicht alle – bewusst oder unbewusst – täglich auf der Suche nach einem besseren Leben? Ich sitze gerade in einem Hotel in Wuppertal (die Stadt meiner Träume, um es vielleicht etwas mit Sarkasmus auszudrücken in der Hoffnung, dass mir alle Wuppertaler jetzt nicht böse sind) und schreibe morgens im Hotel diese Zeilen. Und wenn ich dabei aus dem Fenster schaue und meine Gedanken beobachte, so wird mir gerade auch wieder klar, dass ich nach dem Besseren, nach dem Einfacheren, nach dem Schöneren in meinem Leben suche.

Sean Connery sagt demnach, dass Herausforderungen dazu existieren, um das Beste im Menschen zu erschaffen. Herausforderungen haben folglich nichts Bösartiges, sondern diese sollen Ihnen helfen, das Beste aus Ihnen zu machen. Dies finde ich etwas Wunderbares und zugleich auch Erleichterndes, denn jetzt wissen wir alle – wenn wir dem Leitsatz von Connery folgen – dass wir nur profitieren können, wenn uns Steine in den Weg gelegt werden. Wir werden uns entwickeln, wir werden uns besser kennenlernen, wir werden Neues wagen, wir werden an unsere gedachten und angenommenen Grenzen gehen und lernen, dass unsere angenommenen Grenzen oftmals gar nicht der Realität entsprechen, sondern nur etwas in unserem eigenen geistigen Gefängnis sind. Wir werden mit Menschen zusammenarbeiten, mit denen wir dies vermutlich ohne Herausforderung nicht gemacht hätten. Wir werden Wege gehen, die wir vorher partout vermieden hätten, und vielleicht werden wir sogar weit über uns hinauswachsen, weit mehr, als wir jemals angenommen haben. Weit mehr, als uns andere jemals zugetraut haben. Sie kennen bestimmt Aussagen oder Fragen wie „das schaffst du nicht", „dafür bist du nicht geschaffen", „wer hat dir denn diese Hirngespinste gegeben?".

Wenn wir nun die Empfehlung von Sean Connery nochmals betrachten – *Nichts ist hilfreicher als eine Herausforderung, um das Beste in einem Menschen hervorzubringen* – dann können wir doch aus diesem Satz in der Tat sehr viel positive Kraft ziehen, oder? Wenn wir es schaffen, Herausforderungen als hilfreich zu betrachten, die uns dazu bringen, das Beste in uns als Mensch zu finden und zu aktivieren, dann bekommen Herausforderungen plötzlich eine andere Färbung. Eine positive, bunte, leichte, gelassene Färbung. Ich finde, dies ist eine schöne, erleichternde und sehr unterstützende Vorstellung, um zukünftig mit Herausforderungen anders umzugehen.

Aus meinen eigenen Erfahrungen waren Herausforderungen für mich immer dann schwierig, groß, nervig und kosteten viel Lebensenergie, wenn ich es eben genau nicht geschafft habe, etwas Positives darin zu finden. In der Rückschau zu meinem mittlerweile fast 50 Jahre dauernden Leben wurde es schwierig für mich, wenn ich es schwierig gemacht habe. Wenn meine Gedanken äußerst negativ waren, dann war die Situation für mich eben auch negativ. Und vor allem war sie für mich mit großen Hürden versehen. Habe ich es stattdessen geschafft, etwas Positives zu finden, spürte ich eine ganz andere Energie bis hin zu Freude im Sinne von „Das schaffe ich natürlich. Das haut mich nicht um. Das wird ein großartiges Erlebnis." Immer dann war die Herausforderung plötzlich kein hoher, nur schwer begehbarer Berg mehr, der vor mir stand, sondern es war einfach eine Aufgabe, die ich erledigen musste bzw. sollte, um ein weiteres, wichtiges Ziel in meinem Leben zu erreichen.

Die Herausforderung war dann eine Aufgabe wie E-Mails bearbeiten, ein Kundengespräch führen, ein Training durchführen, einkaufen gehen. Plötzlich war die Energie am richtigen Ort. Die richtigen Gedanken waren in meinem Kopf und ich konnte morgens leicht aus dem Bett springen. Schaffte ich dies nicht, war mein Bett mein bester Zufluchtsort, um eine Herausforderung auch mal mit Schlaf besiegen zu wollen. Ich glaube, die Frage, wie hoch mein Erfolgsfaktor mit meiner Methode „Herausforderungen wegschlafen" war, können Sie sich sicherlich selbst beantworten. Und um ehrlich zu sein, ich habe gerade im Alter zwischen 20 und 25 sehr oft versucht, Probleme wegzuschlafen. Ich bin dann in der Tat während meines Studiums nachmittags ins Bett gegangen, habe lange geschlafen – teilweise bis nachts - in der Hoffnung, dass danach das Problem einfach weg ist. Das war es natürlich nicht. Es war noch immer vorhanden. Ich musste noch immer eine Lösung finden. Allerdings hatte ich dabei eine große Erkenntnis, um den Umgang mit Herausforderungen künftig anders zu gestalten. Durch das Schlafen habe ich eine neue Sicht auf das Thema bekommen. Nachdem ich aufgewacht bin, habe ich das Thema immer anders betrachtet. Meistens ähnlich wie es Sean Connery empfiehlt. Ich konnte es positiver sehen, sodass ich für mich entschieden habe, die Technik des Wegschlafens in mein Leben zu integrieren, wenn ich vor größeren Herausforderungen stehe.

Natürlich hat sich die Technik mit der Zeit in eine Art Meditation gewandelt, das heißt, ich schlafe heute nicht mehr mehrere Stunden, sondern ich gehe in die Ruhe, ich meditiere auf meine Art und Weise, um die Herausforderung in meinem Kopf zu beruhigen, zu versachlichen und mit strukturierter Vorgehensweise zu meistern. Andere wiederum haben für sich andere Methoden entdeckt, für sich andere wichtige Fähigkeiten und Kompetenzen definiert, die notwendig sind, um die Herausforderungen, Krisen und schwierigen Situationen erfolgreich zu meistern. Für mich ist diese Vorgehensweise eine sehr wichtige, um die unterschiedlichsten Situationen gut zu be- und überstehen. Ich bin der festen Überzeugung, dass jeder Mensch für sich einen Weg oder sogar auch mehrere Wege finden kann, um durch und mit Herausforderungen das Beste in seinem Leben für sich zu entdecken, frei nach Sean Connery.

Der Nutzen dieses Buches

Dieses Buch soll dazu beitragen, dass Ihnen dies auch bei Ihren Herausforderungen gelingt. Es soll Ihnen Impulse, Empfehlungen und mögliche Vorgehensweisen aufzeigen. Um das Bessere, das Einfachere und das Schönere in Ihrem Leben zu finden, denn eines meiner Ziele als Berater und Begleiter ist es schon immer, Menschen dabei zu unterstützen, sich selbst kennenzulernen und für sich Wege und Lösungen zu finden, um das Leben – privat wie beruflich – besser zu gestalten. Das „Besser" überlasse ich dabei gerne Ihnen, denn nur Sie können Ihr „Besser" definieren.

Deshalb habe ich damit begonnen, erfolgreiche und prominente Menschen zu interviewen, mich mit ihnen über deren Methoden, Vorgehensweisen und Fähigkeiten zu unterhalten, um Ihnen als Leserin, als Leser eine Vielzahl an Wegen zu bieten, die Sie für sich nutzen können. Denn eines sollte uns allen klar sein: Den einen Weg gibt es nicht. Auch, wenn es verschiedene Autoren immer wieder behaupten. Die eine Lösung, die alle Herausforderungen meistert, ist noch nicht gefunden. Denn, wenn alles immer so einfach mit der Drei- oder Fünf-Schritt-Methode wäre, dann hätten wir sehr viele Herausforderungen, Depressionen, Burn-outs und Ähnliches schlichtweg nicht. Da wir alle jedoch sehr unterschiedliche Persönlichkeiten mit andersartigen Lebensgeschichten vorweisen, benötigen wir aus meiner Sicht viele verschiedene Lösungswege, damit wir aus einer Vielzahl von Lösungen die passende für die jeweilige Persönlichkeit und Situation wählen können.

Ich habe mich deshalb bewusst für diese Interviewpartner entschieden, um Ihnen zu zeigen, dass Prominente nicht immer nur ein Showleben haben, sondern eben auch – verständlicherweise – immer wieder vor Herausforderungen stehen. Mir war wichtig zu erfahren, was diese Menschen dann tun, wie sie vorgehen, welche Fähigkeiten und Charaktereigenschaften sie als wichtig ansehen, welche Hilfe und Unterstützung sie sich bei wem, wann und wie holen.

Und ich möchte Ihnen schon zu Beginn des Buches mitteilen: Es war für mich enorm spannend, wie unterschiedlich die Vorgehensweisen waren und wie die Gesprächspartner beim Thema „Herausforderungen meistern" auf mich im Interview gewirkt haben. Ich hoffe sehr, dass die Aussagen auch für Sie spannend zu lesen sind, aber noch viel mehr hoffe ich, dass Sie für sich viele gute Impulse finden, von denen Sie vielleicht schon beim Lesen überzeugt sind, dass Ihnen diese helfen werden und Sie diese auch ausprobieren möchten.

Bitte erlauben Sie mir noch einen Hinweis zu den Gesprächen: Ich habe bewusst keine Fragen zum Privatleben der Prominenten gestellt. Mir war und ist wichtig, das Privatleben dieser Menschen respektvoll und wertschätzend zu behandeln. Manche haben trotzdem Geschichten und Erfahrungen aus ihrem Privatleben freiwillig geteilt. Mein Fokus lag jedoch in den Gesprächen auf den Herausforderungen im beruflichen Kontext. Geheimnisvolle Geschichten, die auch in bestimmten Zeitschriften Abdruck finden würden, sind hier nicht enthalten. Sie können jedoch sicherlich viele berufliche Vorgehensweisen der Prominenten auch selbst in Ihr eigenes Privatleben transferieren, wenn Sie dies möchten.

Ablauf der Interviews

Sie werden beim Lesen bemerken, dass manche Interviews länger und umfangreicher sind als andere. Dass manche auch mehr in Erzählform dargestellt sind, andere förmlicher wirken. Dies liegt daran, dass ich mit verschiedenen Interviewpartnern persönlich, live und in voller Farbe gesprochen habe. Wir haben uns gegenübergesessen und teilweise das Thema über ein bis zwei Stunden diskutiert, haben gemeinsam Gedanken ausgetauscht und sind in die jeweiligen Geschichten eingetaucht. Mit anderen wiederum habe ich virtuell gesprochen, da es zeitlich und terminlich anders nicht möglich war. Diese Gespräche waren kürzer und teilweise zwischen geschäftlichen Terminen, Fußballspielen, Filmaufnahmen, Trainings, Workshops oder Auftritten, sodass das Zeitfenster eingeschränkt war. Und mit anderen wiederum habe ich die Fragen und Antworten via E-Mail ausgetauscht, da für uns beide kein passender Termin möglich war. Also wundern Sie sich bitte nicht, wenn die Interviews im Buch unterschiedlich lang und vor allem unterschiedlich im Stil der Erzählung sind. Wir wollten auch die Persönlichkeit des Gesprächspartners vermitteln, sodass wir nur an wenigen Stellen in das gesprochene Wort eingegriffen und dieses grammatikalisch geschliffen haben. Dies haben wir bewusst so entschieden, um Ihnen sehr viele Ideen und unterschiedliche Herangehensweisen aufzuzeigen, Ihnen aber auch die Persönlichkeit des Gesprächspartners zu vermitteln. Ich hoffe, der unterschiedliche Stil macht das Buch vielleicht sogar spannender für Sie.

Was Ihnen beim Lesen bestimmt auch auffallen wird, ist die Tatsache, dass das Thema Corona nicht bei allen Interviews Bestandteil ist. Dies liegt an der zeitlichen Abfolge der Interviews in den letzten Monaten. Teilweise haben wir auch bewusst entschieden, dieses Thema zu meiden. Teilweise sind mittlerweile auch im Interview angesprochene Projekte bereits abgeschlossen (zum Beispiel Musikaufnahmen, Filme, Fußballspiele), deshalb wundern Sie sich bitte nicht, wenn es hier in der Realität Überschneidungen gibt.

Für mich selbst waren und sind alle Interviews, unabhängig aus welchem Genre der Gesprächspartner stammte, außerordentlich hilfreich und sehr spannend, und auch ich konnte zum einen meine eigene Vorgehensweise bestätigt sehen und zum anderen neue Wege kennenlernen, die ich bisher so noch nicht ausprobiert habe, aber darin durch den Interviewpartner bestärkt wurde. Vielleicht werden auch Sie, verehrte Leserin, verehrter Leser, teilweise in Ihren Methoden bestätigt, vielleicht bekommen Sie ebenfalls neue Ideen, um zukünftig diese herausfordernden Situationen gelassen(er) zu meistern. Ich wünsche es Ihnen von Herzen.

Auch ohne Nanny und Bodyguard das Leben meistern

Prominente haben ein anderes Leben als wir, so zumindest denken wir oft über das Leben dieser Menschen. In diesem Buch finden Sie Prominente, die genauso wie Sie und ich ohne zahlreiche Nannys oder Bodyguards ihr Leben und ihre Herausforderungen meistern mussten. Dies war mir bei der Auswahl der Gesprächspartner sehr wichtig. Es sollte das reale Leben abgebildet werden und nicht das von Madonna und Co. Denn in der Tat können Menschen wie Madonna viele Herausforderungen einfach delegieren und an andere abgeben. Das ist aber nicht das reale Leben. Deswegen finden Sie hier Interviews mit Prominenten, die auch heute noch – trotz ihres Status – die schwierigen Situationen selbst lösen und für sich Wege finden müssen.

Ich wünsche Ihnen nach dem Lesen dieses Buches einen leichteren, schöneren und für Sie erfolgreicheren Umgang mit Herausforderungen. Dass Sie für sich gute und hilfreiche Wege entdecken, die Sie weiterbringen. Und wenn Sie denken, das Buch kann Freunden, Bekannten oder Arbeitskollegen von Ihnen auch helfen, dann freue ich mich, wenn Sie es diesen Menschen empfehlen. Denn je mehr für sich einen leichten Umgang finden, desto mehr werden wir alle davon profitieren. Wir werden weniger Streit haben, weniger energieraubende Diskussionen, weniger Krankheiten und stattdessen mehr Freude im Umgang mit Herausforderungen, mehr konstruktive Gespräche, gesündere Menschen und vor allem eine insgesamt positivere Haltung. Ich bin mir sicher, dies würde uns allen zugutekommen.

In diesem Sinne: Viel Freude beim Lesen, und sollten Sie eine Rückmeldung für mich haben, schreiben Sie mir gerne.

Ihr
Dr. Peter Aschenbrenner

© privat

Marcel Reif wurde am 27. November 1949 als Marc Nathan Reif in Wałbrzych in Niederschlesien (Polen) geboren und ist ein Schweizer Sportjournalist und -kommentator. Infolge des nach dem Zweiten Weltkrieg neu aufkommenden Antisemitismus in Polen emigrierte seine Familie 1956 mit ihm aus Polen nach Israel. In Jaffa besuchte Reif das von belgischen Mönchen geleitete Collège des Frères de Jaffa. Als Reif acht Jahre alt war, zog seine Familie von Tel Aviv nach Kaiserslautern. Als Jugendlicher spielte er u. a. beim 1. FC Kaiserslautern Fußball. Seine Karriere begann er neben dem Studium ab 1972 als freier Mitarbeiter in der politischen Redaktion des ZDF. Bald wurde er Reporter für die Sendungen heute und heute-journal. In seinen Anfangstätigkeiten in der ZDF-Sportredaktion als Reporter und Kommentator berichtete er über Fußball und Eishockey und war zunächst als Assistent von Kommentator Dieter Kürten tätig. 1991 war Reif Redaktionsleiter für den Sport-Spiegel. Seine letzte Tätigkeit für das ZDF war das Kommentieren des Finales der Fußball-Weltmeisterschaft 1994. Es folgten Stationen bei RTL, Sky Deutschland und Sat1. Von 2016 bis 2021 war Reif einer der Experten in der Sport1-Fußball-Talkshow Doppelpass. Für die Bild-Zeitung betreibt er seit Februar 2020 den zweimal wöchentlich erscheinenden Podcast „Reif ist live" und kommentiert an der Seite von Sportchefredakteur Matthias Brügelmann einzelne Fußballspielübertragungen auf Bild live.

MARCEL REIF

Herr Reif, die TV-Sendung „Der Doppelpass" ist gerade beendet, vielen Dank, dass Sie sich gleich anschließend Zeit nehmen, mit mir heute über berufliche Herausforderungen zu sprechen. Sie zählen zu den berühmtesten und erfolgreichsten Sportmoderatoren dieser Zeit und deswegen freue ich mich, Ihre beruflichen Erfahrungen zu hören, mit Ihnen darüber zu sprechen und Ihre Tipps zu erfahren.
Sehr gerne, Herr Aschenbrenner. Ich bin gespannt, worüber wir reden und wie Sie das Thema sehen.

Wie gehen Sie denn mit Ihren beruflichen Herausforderungen um? Haben Sie bestimmte Methoden oder Techniken, die Sie nutzen, um diesen Herausforderungen zu begegnen?
Professionell. Ich gehe professionell damit um. Berufliche Herausforderungen sind in jedem Beruf vorhanden. Bei mir war es noch wichtig sehr bald zu erkennen, das mag alles noch so publikumswirksam und spektakulär sein, dieser für mich Traumberuf, ein bisschen über Fußball quatschen und sich in der Branche rumtummeln, dass das aber auch ein Lernberuf ist, der professionell gelernt und bearbeitet werden muss. Also ich empfinde da einen hohen Respekt vor dem Job. Ich empfinde eine Demut vor dem Job und ich habe großen Spaß. Ich habe meinen Traum verwirklicht, lebe einen Traum. Und dennoch braucht es ganz normales Handwerkszeug, um diesen Job und die dazugehörigen Herausforderungen zu meistern. Das heißt, ich muss professionell seriös mit den Dingen umgehen und nicht sagen: Hey, ist doch bloß ein bisschen Fußball, das kann man auch mit ein bisschen Trallala machen.

Und welche drei Hauptfaktoren sehen Sie dann, um Ihren Job professionell zu erledigen? Zählt hier auch Disziplin dazu?
Wenn ich irgendwo Zeitprobleme kriege und eine Sendung gefährde, das ist für mich unverzeihlich. Und dann muss ich auch sagen, ich bin jetzt in einem Alter, wo ich sagen könnte: Du, pass auf, ich glaube, das ist mir zu anstrengend. Ich mache das mit leichter Hand. Aber ich habe mir geschworen, wenn der Moment kommt, wo ich sage: Jetzt beruhige dich mal, du machst das jetzt 30 Jahre, das kann man auch mit Routine

erledigen, dann wäre ich unprofessionell, das wäre in meinem Sinne auch undiszipliniert. Ich glaube, dass Disziplin und eine Seriosität von null bis 100 immer bei 100 sein muss. Das war so und das ist so; in dem Moment, wo ich den Verdacht haben könnte, ich lasse um ein paar Prozent nach, würde ich sofort aufhören. Also Disziplin ist schon ein sehr wichtiger Faktor, um allen Herausforderungen zu begegnen.

Gibt es denn für Sie ein Vorbild in Ihrer Karriere, bei dem Sie sagen: Ja, das ist ein Mensch, der gibt mir Halt, der gibt mir Richtung, der gibt mir Ideen?
Wenn man knapp 70 Jahre alt wird, dann lernt man hoffentlich im Laufe des Lebens einige kennen, an denen man sich gut orientieren kann. Also mein großer Mentor, alter Freund heute und mein Chef damals, Dieter Kürten beim ZDF, der mich auch zum Sport geholt hat, hat mir vieles vorgelebt. Zum Beispiel diese Prinzipientreue und diese Seriosität, bei aller Genialität. Und das war auch ein Seiltänzer, den die Menschen kannten und erkannten, und das hätte man auch mit leichtem Pfötchen machen können, der hat das aber auch als Arbeit empfunden, was aus meiner Sicht sehr wichtig ist. Arbeit bleibt einfach Arbeit. Gerne mit Spaß und Freude. Dieter Kürten war schon ein wichtiger Mensch in meiner Karriere.

Gibt es etwas, dass Ihnen hilft, professionell zu agieren und die wichtigsten Dinge, ich nutze Ihren Ausdruck Freude gerne, mit Freude zu erledigen?
Ich habe ein Credo: Es gibt am Tag so zehn Minuten, die sind wichtig. Und ich war ja auch mal Chef eine Zeit lang, und das muss man seinen Mitarbeitern, glaube ich, vermitteln. Oder, pass auf, wir können viel Spaß zusammen haben, es muss nicht immer todernst zugehen, lass uns fröhlich ans Werk gehen. Aber Achtung, es gibt am Tag zehn Minuten, die sind entscheidend und die müssen wir spüren. Und möglichst alle gleichermaßen spüren. Und wenn wir in den zehn Minuten das sauber abarbeiten, danach heißt es nicht, wir lassen alles flattern und es wird undiszipliniert, aber dann kann man es wieder leichter angehen. Aber diese zehn Minuten zu spüren und ihnen gerecht zu werden, ist eine Sache, ohne die es gar nicht geht.

Mir gefällt der Ausdruck Leichtigkeit von Ihnen gerade. In den Firmen heutzutage ist leider gerade Leichtigkeit oftmals nicht zu beobachten. Per-

manent im Change und ein Change jagt den nächsten Change, die Mitarbeiter müssen sich immer mehr verändern und neue Dinge vor allem schnell erlernen. Wie würden Sie denn Leichtigkeit in Unternehmen wieder reinbringen, wenn Sie jetzt CEO eines großen Konzerns wären?
Das ist eine große Aufgabe, die Sie mir stellen. Andersrum, ich glaube nicht, dass es ohne eine gewisse Leichtigkeit und eine gewisse Selbstsicherheit geht, nicht übertriebene Selbstsicherheit, sondern eine Sicherheit seiner Leistung. Nach dem Motto „ich kann das, was ich jetzt mache, und das wird wertgeschätzt". Beides muss immer da sein. Wenn ich nur über Druck- und über Stressmachen einen Laden führen will, glaube ich, dass Menschen dann a) das nicht ertragen in der letzten Konsequenz. Da muss ich sie wieder austauschen, dann habe ich eine Fluktuation, die nie gut sein kann. Und ich glaube auch b), dass der Einzelne nicht an seine Leistungsgrenzen kommt, wenn er ständig unter Druck arbeitet. Ich glaube, Druck absorbiert sehr viel an Potenzial. Insofern, eine gewisse Leichtigkeit, nicht Leichtsinnigkeit, Leichtsinnigkeit ist ganz schnell negativ zu setzen. Aber eine gewisse Leichtigkeit, eine Normalität auch in Wellen, also auch jetzt, was ich meinte vorhin mit zehn Minuten. Es gibt jetzt eine Phase, da müssen wir alle anpacken, und dann kommt eine Phase, da müssen nur ein paar anpacken, die anderen können einen Moment Luft holen. Und es gibt sogar Phasen, da können wir alle entspannt sein – bis hin lass uns auch wieder mal spinnen. Ich glaube, dass dann auch Kreativität aus so etwas entsteht. Wenn Sie es nur über Druck und über Stress machen, ich glaube, dass dann jeder möglichst fehlerfrei ticken und funktionieren will. Ich glaube aber nicht, dass das leistungsfördernd ist. Sondern im Gegenteil viel vorhandenes Potenzial verhindert.

Wenn wir beim Thema Leichtigkeit bleiben, Sie haben ja vor einigen Jahren mit Günther Jauch die Moderation eines Fußballspiels schlechthin geführt, auch Auszeichnungen dafür bekommen, obwohl das Spiel unterbrochen war, nicht fortgeführt werden konnte und auch niemand wusste, ob das Spiel fortgeführt werden kann. Das wirkt für uns Zuschauer dann immer sehr, sehr leicht, was Sie da machen. Wie schaffen Sie das in solchen Situationen, in denen auch Sie als Moderator ja nicht vorhersehen können, was passiert?

Gut, also das Beispiel, das Sie gerade ziehen, darauf kann man sich nicht vorbereiten. Wenn man aber eine gewisse Selbstsicherheit hat an diesem Abend, weil man sich für das, nicht dass das Tor in Madrid umfällt und kein Ersatztor auf die Schnelle verfügbar ist, aber dass ein Spiel stattfindet, ein Halbfinale in der Champions League, das ist eine relativ bedeutende Angelegenheit mit etwa 13 Millionen Zuschauern. Insofern ist es gut, wenn man so vorbereitet ist, dass nichts schiefgehen kann. Das war für mich immer so. Es kann nicht sein, dass ich zu einem Spiel gehe und etwas passiert und ich nicht weiß, warum es passiert. Ich rede nicht über das Tor, sondern fußballerisch. Wenn das jemals passiert ist, zwei-, dreimal, das habe ich mir nie verziehen, nie, das kann ich Ihnen heute noch sagen. Das hätte man vorher klären können, mein Freund, du hast deine Hausaufgaben nicht gemacht, du warst nicht vorbereitet. Da ich das aber geradezu manisch immer verfolgt habe, das muss Ihnen jetzt nicht gefallen, aber eine sehr gute Vorbereitung ist absolut notwendig. Nur, ich konnte meinen Beruf und ich kann ihn immer noch und dazu gehört, dass ich weiß, was ich zu tun habe, um vorbereitet zu sein. Wenn man sich ausreichend vorbereitet hat, dann hat man eine gewisse Selbstsicherheit, und auf der basierend können auch Tore umfallen und dann kann man auch mal Quatsch machen und das gelingt mal besser, mal schlechter. Komm, hören Sie auf, Herr Aschenbrenner, lass uns die damalige Moderation nicht besser machen als es war, es war Anarchie, es war lustig offenbar, aber es fußte auf einer gewissen Selbstsicherheit. Und die entsteht über minutiöse und lückenlose Vorbereitung. Mit Jauch hatte ich natürlich auch einen Partner, der sich ebenso akribisch auf Dinge vorbereitet und so konnten wir uns mit hoher Selbstsicherheit die Bälle zuspielen.

Wenn Sie bitte nochmal in die Vergangenheit zurückgehen, gibt es irgendwo irgendeinen Moment, wo Sie jetzt sagen würden, hätte ich doch damals das anders gemacht, hätte ich mich anders verändert oder schneller verändert, größere Sprünge gemacht? Gibt es da irgendetwas oder sagen Sie, so wie es war, war es, weil es auch gut war, wie es letztendlich gelaufen ist?

Es gab ja ganz sicher im Laufe von 50 Jahren Beruf, mehr als 50 Jahren Beruf, gab es 1.000 Abzweigungen, die hätte man links oder auch auf der mittleren Spur nehmen können. So wie es gelaufen ist, ist es gut gewesen. Dafür bin ich a) unglaublich dankbar, das ist zum Glück gut gelaufen und für mich befriedigend gut gelaufen. Ich könnte es aber auch b) nicht mehr ändern, insofern ist das, so viel Gelassenheit müssen Sie mir auch in meinem Alter schon zugestehen, alles gut gelaufen und ich konnte viel Positives erleben. Ich habe viele Fehler gemacht, ich habe aber unterm Strich sehr viel Glück gehabt, sagen wir es so.

Oder sich gut vorbereitet, dass das Glück dann auch kommen konnte.
Glück ist, meinte ein römischer Philosoph oder ein griechischer, dieser hat jedenfalls gesagt: „Glück ist, wenn Bereitschaft und Zufall aufeinandertreffen." Bereitschaft heißt, ich muss für die Bereitschaft sorgen, wenn da an der Kreuzung jemand steht und sagt: „Du, ich hätte dir ein Angebot zu machen", wenn ich nicht bereit bin, werde ich diesen Glücksfang nicht annehmen können. Das habe ich zum Glück sehr, sehr oft gehabt. Ja, meine akribische Vorbereitung war bestimmt oft die Grundlage, dass das Glück und der Erfolg kommen konnten.

Für mich zählt zu einem guten Selbstwertgefühl oder Selbstbewusstsein auch, dass man sich sehr häufig reflektiert. Wie haben Sie das denn früher gemacht? Haben Sie sich einfach eingeschlossen in ein stilles Kämmerlein, haben Sie sich auch einen Coach geholt oder sind einfach spazieren gegangen mit dem Hund?
Also es gibt dieses Selbstreflektieren, Dinge wirklich mit sich selbst ausmachen. Das habe ich sehr früh gelernt, dass in meinem Job Redaktionskonferenzen nicht immer wirklich hilfreich sind, um seine Leistung zu betrachten. Sondern man muss schon selbst wissen, war das jetzt okay, fühlst du dich wohl, hast du es richtig gemacht oder hätten wir da was anders machen müssen, vielleicht auch machen sollen? Man muss es schon schaffen, mit sich ehrlich ins Gericht zu gehen und seine Leistung ehrlich reflektieren. Ich glaube, viele machen sich auch einfach etwas vor.

Und dann ist jeder ein Glückspilz, der sich ein privates Geflecht von Menschen geschaffen hat, auf deren Meinung man wirklich Wert legt und auch Wert legen kann. Also Menschen, die auch ehrlich mit einem umgehen. Menschen, die einen belügen, bringen einen ja nicht weiter. Also mein erwachsener Sohn zum Beispiel ist mein schlimmster Kritiker. Wie ich finde zu kritisch zuweilen, aber das hat mir sehr oft sehr geholfen. Ihm habe ich geglaubt, ihm habe ich vertraut. Meine Frau hat mir auch immer, wenn sie was guckt, Rückmeldung gegeben. Und natürlich ist auch sie ein wichtiger Baustein für meine Selbstreflexion. Und das will ich jetzt nicht verhehlen, auch wieder ein Altersthema, ich habe gelernt zu wissen, das war okay, nein, das war nicht so doll, mein Freund. Und das beschäftigt mich, glauben Sie mir. Es gibt das kleine Menschchen im Köpfchen, das, wenn ich mich dann im Hotel am Abend aufs Bettchen lege, das mir sagt, darf ich dir nochmal kurz was vorspielen? Ich hätte da eine Stelle, könnten wir darüber mal kurz reden. Dieses Menschchen in meinem Kopf ist auch dafür da, mich auf dem Niveau zu halten.

Ein schönes Beispiel, das Menschchen im eigenen Kopf. Vielleicht sollten oder müssten wir alle viel mehr auf dieses Menschchen hören oder zumindest ihm zuhören. Welche Tipps hätten Sie für Menschen, die in Unternehmen arbeiten, die, wie gerade gesagt, vor vielen Veränderungen stehen, auch Veränderungen in den Bereichen Digitalisierung, Globalisierung, Klimaschutz und vieles mehr; da kommt ja noch ganz viel auf diese Menschen zu. Welche Tipps für Menschen in Unternehmen können Sie mit Ihrer Erfahrung geben?
Mitarbeiter oder Führung?

Nehmen wir zuerst Mitarbeiter.
Wenn du kannst, nimm nur einen Job an, von dem du weißt, dass du ihn gerne ausüben wirst. Das ist viel verlangt, aber wie viele Menschen haben diese Möglichkeit, das wirklich aktiv zu bestimmen? Nimm nicht jedes Angebot an in jungen Jahren, auch nicht nur wegen des Geldes, sondern überlege dir, ob das etwas ist, was dir Freude bereiten wird. Ich glaube, ohne Freude gehen viele Jobs einfach nicht. Also nimm deinen Job ernst, es ist dein Beruf, und wenn du damit Geld verdienst, hat der Arbeitgeber das Recht, für das Geld, das er dir zahlt, eine Leistung zu verlangen. Ohne Leistung und ohne einen gewissen Leistungsdruck geht es nirgends, das ist auch völlig in Ordnung, oder man muss Eremit sein, dann macht man sich seine Koordinaten selbst. Also nimm es ernst, arbeite seriös und versuche, Freude an der Arbeit zu empfinden. Ich glaube, dass man ohne

Lust, morgens irgendwo hinzugehen, keine Leistung erbringen kann. Und dann wird es zäh, langweilig und letztendlich entsteht negativer Druck.

Und umgekehrt, die Führung eines Betriebes, der Arbeitgeber hat natürlich auch Pflichten, damit überhaupt Freude entstehen kann. Sorge dafür, dass Menschen unter Druck, unter Leistungsdruck, der wie gesagt nicht wegdiskutiert werden kann, den Job gern machen. Sorge dafür, dass das Klima ein Klima ist, das leistungsfördernd ist. Ich glaube, das ist enorm wichtig. Die Psyche eines Menschen kannst du nicht hoch genug schätzen. Und ein unzufriedener, ein verängstigter Mitarbeiter wird dir niemals – und wenn er noch so viel Potenzial hat – wird er niemals dieses Potenzial zur Verfügung stellen können. Und dann haben beide Seiten, der Mitarbeiter und Arbeitgeber, enorme Nachteile. Von Win-win ist dann definitiv keine Rede mehr. Letztlich verlieren beide das Spiel, um die Fußballersprache zu verwenden. Vielleicht steigen sogar beide ab. Das wäre natürlich überhaupt nicht sinnig.

Im Fußball ist es ja auch manchmal so, dass Trainer oder Manager zu viel Druck aufbauen und dann technisch perfekte oder auch taktisch perfekte Spieler ihr Können und ihr Talent nicht abrufen können. Beispiele dazu gibt es im Profisport genug.
Da sehen Sie es. Es gibt genug Leute, die sagen, im Fußball wird das Spiel im Kopf entschieden. Also das heißt, Kopf, Psyche, Seele, nenne es wie du willst, müssen fit sein. Wenn ich nicht in der Lage bin, das alles abzurufen, das rein Technische würde ja funktionieren, aber der Kopf lähmt jede mechanische Bewegung, dann muss der Trainer über seinen Stil oder der Spieler über seine mentalen Fähigkeiten nachdenken.

Abschließende Frage noch: Wenn Sie kurz vor einer Sendung stehen, machen Sie auch irgendwelche mentale Techniken? Ziehen Sie sich kurz zurück oder was machen Sie wenige Minuten vor einer Sendung?
Ich versuche, für mich selbst eine Stunde Ruhe zu haben. Also ich bin kein übermäßig kommunikativer Mensch vor einer Sendung. Weil ich glaube, dass ich mich dann sammle und ich nochmal meine Checkliste in aller Ruhe durchgehen möchte. Bin ich selbstsicher? Bist du deiner selbst jetzt

sicher? Freust du dich auf das, was da kommt? Das sind Fragen, die ich mir stelle. Und natürlich mit 69, bald 70, bin ich schon sehr auf der Zielgeraden. Das heißt, ich kann es mir auch leisten zu sagen, die Antwort lautet Nein, du freust dich gar nicht so sehr, wie du dich mal gefreut hast, und diese Antwort mir selbst ehrlich zu geben, darauf achte ich auch noch viel mehr, als man das in jungen Jahren macht. Weil in jungen Jahren weiß man, man muss noch viele Jahre arbeiten. Ich könnte heute aufhören, das heißt, ich möchte auch in dem Moment aufhören, wo ich mir diese Frage ehrlich beantworte, und die Antwort lautet „Nein, du freust dich gar nicht so sehr auf das, was du da jetzt machst, und im Übrigen hast du dich auch gar nicht so vorbereitet, wie du es dir über 50 Jahre als unabdingbar vorgebetet hast. Sondern du wirst es jetzt mit Routine angehen und du wirst diese halbwegs, offenbar dir langweilig erscheinende Aufgabe mit links bewältigen wollen." Und wenn ich mir das eingestehen müsste, würde ich die Kollegen bitten, mich schnellstens zu ersetzen. Dann ist es Zeit, den Stuhl zu räumen und sich etwas Neues, etwas anderes zu suchen.

Und nicht mehr im TV als Experte aufzutreten. Herr Reif, vielen Dank für das Gespräch, es hat mich sehr gefreut. Da Sie bald Geburtstag haben, ein kleines Geschenk vorneweg, eines meiner bereits erschienen Bücher: „Jammern stand nicht im Vertrag".
Sehr, sehr gern. Schreiben Sie mir bitte noch eine Mail, damit wir in Kontakt bleiben. Ich lösche immer, das ist auch eine wichtige Methode für mich, ich lösche Mails und sage: Wenn es Sinn gemacht hat, kommt die nächste, wenn nicht, weg. Vielen Dank auch Ihnen. Gutes Gelingen mit Ihrem Buch.

© Dirk Schiff

Jutta Speidel stand bereits als Schülerin ab 1969 in zahlreichen Kinofilmen vor der Kamera. 1975 wurde der Filmregiesseur Rainer Erler auf sie aufmerksam und drehte mit ihr u. a. den legendären Film „FLEISCH". Im Laufe ihres mehr als 40-jährigen Berufslebens folgten weit über 150 Filme, honoriert mit zahlreichen Preisen. In den folgenden Jahren und bis heute kann Jutta Speidel ihrem Publikum immer wieder ihre Vielseitigkeit als Charakterschauspielerin und Komödiantin in Filmen, im Fernsehen und im Theater zeigen. 1997 gründete sie den gemeinnützigen Verein HORIZONT e. V., der sich um wohnungslose Mütter mit ihren Kindern in München kümmert. Neben dem Verein gibt es auch die HORIZONT Jutta Speidel-Stiftung, die zur nachhaltigen Sicherung der Vereinsarbeit und zur Verwirklichung weiterer Projekte beiträgt. Für ihr soziales Engagement bekam Jutta Speidel wichtige Auszeichnungen wie zum Beispiel das Bundesverdienstkreuz am Bande, den Bayerischen Verdienstorden, die Medaille für besondere Verdienste um Bayern in einem Vereinten Europa, das Ehrenbürgerrecht der Landeshauptstadt München – und 2021 die Bayerische Verfassungsmedaille in Gold. Jutta Speidel lebt in München und hat zwei erwachsene Töchter.

JUTTA SPEIDEL

Vielen Dank, Frau Speidel, dass Sie sich Zeit nehmen, mir ein paar Fragen zu beruflichen Herausforderungen zu beantworten. Dass Sie sich Zeit nehmen, meinen Lesern, Zuhörern einige Impulse zu geben aus Ihrer beruflichen Erfahrung. Sie sind jetzt seit über 50 Jahren im Showgeschäft als Schauspielerin tätig. Wie kamen Sie denn damals dazu zu merken, dass dies Ihre Berufung ist? Dass Sie das unbedingt machen wollen?
Da war ich circa vier Jahre alt. Ich wollte immer die Verwandlung haben. Die Verwandlung als Kind, dass ich mich verkleidet habe und dass ich in irgendwelche Rollen im Kopf geschlüpft bin, und die habe ich so echt und lebendig wahrgenommen, dass ich für mich dann in dieser Welt auch gelebt habe. In meiner Fantasiewelt. Und das war der Grund, warum ich das dann glücklicherweise zum Beruf gemacht habe.

Und Sie haben bestimmt in den 50 Jahren vor einigen beruflichen Herausforderungen gestanden. Gibt es denn irgendeine Methode oder eine Art und Weise, von der Sie sagen, das war meine Art und Weise, wie ich mit Herausforderungen umgehe?
Also ich glaube, grundsätzlich ist es so, dass man sich in meinem Beruf sehr darüber im Klaren sein muss, ohne Bildung, ohne Fleiß, ohne Ehrgeiz geht es gar nicht. Also zu glauben, dass man einfach mal Schauspielerin wird, wie sich sehr viele so landläufig denken: „Ach, ich will jetzt einfach eine erfolgreiche Schauspielerin werden." Da werde ich immer ein bisschen sauer, weil ich mir denke, das wird so abgetan. So wie diese It-Girls oder Influencer, die glauben alle, dass sie wahnsinnig toll sind und irrsinnig viel können. Und irrsinnig clever sind. Aber unser Beruf ist dann doch ein sehr disziplinierter Beruf, bei dem du tüchtig arbeiten musst. Den du mit Leidenschaft füllen musst. Dadurch glaube ich, wenn du diese Haltung hast, und die hatte und habe ich, dann wirst du erfolgreich sein und alle Herausforderungen meistern. Ich war immer, was meinen Beruf angeht, ein sehr fleißiger Mensch und ein sehr ambitionierter. Und ich habe gebrannt dafür. Und ich würde auch sagen, ich brenne heute noch, auch nach so vielen Jahren. Wenn ich eine tolle Rolle habe, bewegt sich bei mir sofort im Kopf ganz, ganz viel. Und ganz viele Fragen ploppen auf, die ich mir selbst stelle. Ich beschäf-

tige mich dann sofort mit der Rolle sehr intensiv. Und ich erfinde dann auch so die Biografie dieser Person. Es ist noch immer für mich eine große Fantasiewelt. Aber eben auch eine große Fleißarbeit. Das ist die Grundhaltung. Fleiß, Disziplin und in der Sache aufgehen, dann schaffen Sie auch viele Herausforderungen. Weil Sie es eben auch wollen.

Interessant ist für mich, dass Sie das Thema Fantasie als Grundlage für Ihren Beruf nehmen. Ich habe auch eine Folgefrage dazu. Ich bin der Meinung, wenn man erfolgreich sein will, unabhängig ob als Schauspieler oder Musiker oder Mitarbeiter in einem Unternehmen, braucht der Mensch als eine wichtige Eigenschaft Disziplin. Diese Disziplin haben Sie auch eben erwähnt.
Absolut. Ohne Disziplin wird keiner wirklich erfolgreich sein. Egal, welchen Job sich die Person ausgesucht hat.

Ich bin aber auch der Meinung, dass die Disziplin automatisch vorhanden ist, wenn man etwas leidenschaftlich macht. Sehen Sie das ähnlich?
Also es gibt schon auch leidenschaftliche Schauspieler, die stinkfaul sind. Das gibt es schon auch. Aber sagen wir mal, wenn du ein bisschen über das Gros drüber willst, dann geht es gar nicht anders. Dann musst du wirklich arbeiten. Dann musst du sehr diszipliniert sein. Es gibt ein paar Jongleure, die das ganz gut hingekriegt haben, oftmals mit einem großen Showeffekt. Aber die haben dann letztlich doch einen Biss und einen Ehrgeiz, dass sie es dann doch irgendwie schaffen. Auch wenn sie eigentlich ein bisschen faul sind. Die lassen dann vielleicht auch bestimmte Genres unseres Berufs einfach aus. Ich bin Theaterschauspielerin, ich bin Filmschauspielerin, ich bin auch Sprecherin, ich habe große Hörspiele gemacht im Radio. Ich stehe auf vielen Beinen. Und das ist Disziplin. Aber für mich eben auch Spaß. Daraus wird bei mir Leidenschaft und ja, da gebe ich Ihnen recht – meine Leidenschaft unterstützt mich dabei, die Aufgaben diszipliniert zu erledigen. Disziplin folgt Leidenschaft. Nicht umgekehrt.

Eben, der Spaß, der aus Leidenschaft entsteht, schafft Disziplin. Sie haben gerade angesprochen, dass Sie Filme machen, aber eben auch im Theater auftreten. Für mich sind das jetzt ganz unterschiedliche Dinge. Wie gehen

Sie denn jetzt speziell mit den Herausforderungen um, dass Sie ein paar Monate Filme drehen und dann urplötzlich auf Tour gehen mit dem Theater? Wie gehen Sie denn mit diesem Wandel um?
Also erstmal habe ich das alles gelernt. Ich habe ganz früh mit Theater angefangen. Nein, ich habe ganz früh mit Film angefangen. Und bin dann auch auf die Schauspielschule gegangen und habe dann aber auch zugleich ganz groß Theater spielen dürfen. Also mit groß meine ich mit richtig herausfordernden Rollen und vor allen Dingen mit großen Regisseuren und großen Kollegen. Meine erste Rolle war „Kabale und Liebe", die Luise, und die zweite war die Elektra. Und beide Male waren es zwei Wahnsinnsregisseure, einmal war es Hellmuth Matiasek und das andere Mal Rudolf Noelte. Das sagt Ihnen jetzt nichts, dazu sind Sie zu jung. Aber in der Theaterwelt sind das zwei große Namen. Und wenn du mit denen anfängst Theater zu spielen, dann lernst du diesen Beruf wirklich von der Pike auf. Und dankenswerterweise habe ich gleich mit großen Rollen angefangen am Theater und das Erste, was ich gelernt habe, ist, dass Theater eine andere Körpersprache hat und auch eine andere Bühnensprache. Alles ist groß. Weil, du musst einen großen Theatersaal füllen. Ich habe zum Beispiel auch am Burgtheater gespielt und wenn du dort vor 2.000 oder mehr Menschen spielst, dann musst du den Saal mit deiner Stimme und deiner Körpersprache füllen können. Heute machen sie es alle mit Mikroport. Es gibt fast kein Theater mehr, wo du nicht ein Mikroport hast. Ich finde das fürchterlich.

In der heutigen Berufswelt stehen ganz viele Menschen vor sehr vielen Veränderungen. Alles transformiert sich in neue Welten, wie es so schön heißt. Was würden Sie denn jemandem auf keinen Fall empfehlen, wenn er sich verändern muss? Was sollte er auf keinen Fall tun?
Die Authentizität eines Menschen ist aus meiner Sicht wahnsinnig wichtig. Diese sollte jemand niemals aufgeben. Ich habe ja eventuell viele Begabungen. Ich habe bestimmt auch noch ein paar Begabungen, von denen ich bis jetzt noch gar nichts weiß. Ich wusste zum Beispiel lange nicht, dass ich gut organisieren kann. Oder dass ich Fundraiserin werde, oder dass ich das Thema Marketing begreife. Wenn ich jetzt etwas machen muss, weil ich mich beruflich verändern muss, weil in dem Beruf, den ich bis jetzt hatte, große Veränderungen anstehen, dann ist

es schon mal wichtig zu erkennen, welche Begabungen man noch hat. Sagen wir mal, ich bin Bergbauarbeiter, und die Zeche wird geschlossen und ich muss dann plötzlich zur Post. Dann wird da sicherlich nicht die große Leidenschaft hinter stehen. Dann ist es aus meiner Sicht trotzdem sehr wichtig, dass du eine ethische Grundhaltung dazu hast. Dass du dir selbst sagst, ich verbiege mich jetzt nicht restlos. Ich mache das jetzt, weil es einfach nicht anders möglich ist, weil ich meine Familie oder mich selbst ernähren muss. Für mich sollte man nie seine Authentizität verbiegen.

Zumindest sollten im Berufsleben die eigenen Bedürfnisse mit denen des Arbeitgebers einigermaßen übereinstimmen. Nicht unbedingt zu 100 Prozent, aber doch schon ein großer Teil.
Also schlimm ist es, wenn du die ganze Zeit darüber meckerst, was du machen musst. Da verlierst du alle um dich herum. Du verlierst deine Arbeitskollegen, weil sie sagen, der motzt immer nur und respektiert gar nicht, was wir machen. Ich finde schon, du musst deiner Arbeit einen gewissen Respekt entgegenbringen. Egal, was es ist. Und wenn du ein Klo putzt, dann musst du das auch respektieren. Und wenn du das dann tust, und das sieht man ja dann in so ganz wunderbaren indischen Filmen genauso wie im realen Leben. Wer mit Authentizität und Respekt seinen Beruf ausübt, der hat mehr davon.

Gab es in Ihrem Berufsleben eine Entscheidung, von der Sie sagen, das war wirklich eine wegweisende Entscheidung für mich? Die Sie in die Richtung gebracht hat, die für Sie dann wichtig und auch richtig war?
Ich war mal in der Situation – ich habe gerade den Film „Fleisch" in Amerika gedreht –, in der ich einen sehr erfolgreichen Agenten hatte, einen amerikanischen, einen sehr berühmten amerikanischen Agenten, der die ganzen europäischen Stars hatte und der damals zu mir sagte: „Wenn du diesen Beruf in Amerika ausüben willst, dann musst du hierher kommen. Ganz." Und natürlich habe ich dann auch damit geliebäugelt, hatte allerdings eine kleine Familie. Ich hatte zwei Kinder und war frisch verheiratet und dachte mir, wie machen wir das dann alles? Ich habe das natürlich auch mit meinem Mann besprochen und er sagte: „Du, wenn du das unbedingt willst, dann probiere es aus. Dann geh mal

ein halbes Jahr. Ich pendle in diesem halben Jahr und du nimmst die Kinder mit und besorgst ein Kindermädchen."

Also bin ich erstmal allein für sechs Wochen nach Amerika gegangen. Ich habe für mich geschaut, wie sich das so anfühlt. Ich hatte dort dann drei oder vier Audition, wie man das in Amerika nennt, nämlich in Los Angeles. Und es war mir plötzlich so klar, das ist nicht meine Welt. Das will ich nicht, das kann ich nicht. Da gehöre ich nicht hin. Da habe ich nicht den Ehrgeiz dazu, mich so zu verbiegen, mich so zu verstellen. Mich in so eine Welt hineinzubegeben. Das ist nicht mein Ding. Und ich weiß heute, vielleicht wäre es in der heutigen Zeit sehr viel leichter und ganz anders. Aber damals, in den End-1980er-Jahren, war das für einen europäischen Schauspieler, ich habe ja hier auch glücklicherweise so viel zu tun gehabt, ein Unding zu glauben, dass du da Fuß fassen kannst. Es hat ja letzten Endes noch nicht mal Brandauer geschafft. Und das, obwohl Brandauer ein großer Schauspieler ist. Aber auch er hat es nicht geschafft. Oder Bruno Ganz, oder wer es alles versucht hat. Barbara Sukowa. Wenn sie dreht, dann dreht sie hier. Vielleicht ist es falsch, vielleicht, liebe Barbara, weiß ich da was nicht. Aber ich denk mir, es ist einfach so unglaublich schwierig. Diese Entscheidung, nicht nach Amerika zu gehen, war für mich die richtige und zugleich wegweisende.

Gibt es ein Vorbild für Sie, gerade im Umgang mit beruflichen Herausforderungen? Bei dem Sie sagen, dieser Mensch ist so eine Art Leuchtturm für mich, oder auch ein Ratgeber, der Ihnen immer weitergeholfen hat. Bei mir ist es zum Beispiel Bruce Springsteen. Der amerikanische Musiker, der mit seiner Musik und seinen Liveauftritten mir ungemein geholfen hat.

Kann ich gut nachvollziehen. Ich find den auch großartig. Auch als alter Daddy ist er jetzt immer noch großartig. Also es muss jetzt nicht unbedingt ein Schauspieler sein, oder schon? Also für mich sind noch immer zwei Schauspielerinnen ein großes Vorbild. Liv Ullmann habe ich immer sehr verehrt. Denn Liv Ullmann war für mich die Schauspielerin, die wahnsinnig viel aus sich gemacht hat. Genauso Gena Rowlands, die so wahrhaftig ist, so wahnsinnig wahrhaftig in ihrer Art, wie sie spielt.

Das waren für mich meine zwei ganz Großen. Es gab noch eine dritte. Emma Thompson finde ich zum Beispiel auch ganz toll. Ja, auch von ihrem Humor her. Also diese Rollen, die die spielen, die hätte ich gerne gespielt im Film. Wahnsinnig gerne. Die Chance hatte ich nicht. Und von diesen Personen konnte ich immer wieder für mich indirekt Hilfe und Rat holen, um die Situation zu meistern, in der ich gerade steckte. Ich finde, Vorbilder oder anders gesagt, Menschen, die indirekt oder direkt Hilfestellung geben können, sind im Leben sehr wichtig. Diese können Kraft und Energie geben. Und manchmal reicht es aus, wenn man diese Menschen dann vielleicht in einem Film sieht. Oder wie bei Ihnen, diesen Menschen dann live erlebt. Und schon hat man wieder Impulse für sein eigenes Leben.

Sie haben viel mit Produzenten zu tun, mit Regisseuren, also mit Führungskräften. Welche Tipps haben Sie denn für Menschen in Unternehmen für den Umgang mit Führungskräften? Diese Personen am Set waren dann praktisch Ihre Chefs, wenn ich das mal so übersetzen darf.
Sie meinen jetzt also die Regisseure und Produzenten am Set im Sinne von Führungskräften?

Genau.
Also ich glaube, dass Ehrlichkeit eine große Rolle spielt. Chefs, und ich bin ja auch bei HORIZONT e. V. ein Chef. Also wenn du einen Chef hast, der ein großer Instinktmensch ist, sollte man sich wirklich im Gespräch auf Augenhöhe bewegen. Dann hat er Verständnis für deine Probleme und für deine Bedürfnisse und du wiederum kannst ihn verstehen, wenn er ehrlich zu dir ist. Also diese Ehrlichkeit auf beiden Seiten finde ich gewinnbringend in einer Zusammenarbeit.

Ganz schlimm finde ich, wenn Angestellte wahnsinnig viel aus sich machen und erzählen, was sie alles Tolles können, und du sagst dann: „Okay, jetzt machen Sie doch einfach mal. Jetzt fangen Sie doch erstmal an. Learning by Doing. Dann schauen wir, wie das bei Ihnen läuft und wo Sie Ihre ganz großen Talente haben." Menschen, die immer versuchen, andere mit ihren Talenten zuzuquatschen, sind aus meiner Sicht schwierig. Und dann kann es große Enttäuschungen geben.

Von beiden Seiten wahrscheinlich.

Ja. Weil ich das vielleicht gar nicht erwarte, was er mir unbedingt einreden will. Vielleicht will ich was ganz anderes von ihm. Also man soll schon immer gut miteinander reden, bevor man ein Arbeitsverhältnis eingeht. Reden hilft ungemein. Ich versuche als Schauspielerin mit meinen Chefs zu reden, genauso wie ich es versuche, als Chef des HORIZONT e. V. mit den Menschen zu reden. Reden hilft auf jeden Fall. Dinge ansprechen hilft.

Ja, das denke ich auch. Reden hilft immer. Nutzen Sie denn auch mentale Techniken, um sich auf Ihren Beruf, auf Ihre Rollen und Auftritte vorzubereiten?

Schon. Also ich bin auf alle Fälle ein Mensch, der sehr auf seine Sinne setzt. Die sind gut ausgeprägt und ich habe sie auch noch ausgiebig geschult. Und ich habe für mich manchmal gelernt, dass wenn ich, ich bin oft ein sehr forscher, sagen wir mal offensichtlich forscher Mensch, der sehr schnell zum Ziel kommen will. Aber ich habe wirklich lernen müssen, dass es manchmal etwas langsamer geht. Grade in jungen Jahren habe ich da viele Fehler gemacht. Dass ich was durchsetzen wollte, was ich in dem Moment als unglaublich wichtig empfand, aber sich vielleicht für das Gesamtprodukt nicht als allzu gut herausgestellt hat. Und ich dadurch auch vielleicht was falsch gespielt habe. Oder gesagt wurde: „Ach komm, lassen wir sie. Sie macht das schon irgendwie." Ich glaube, sich manchmal ein bisschen zurückzunehmen, ist ganz gut. Und einfach zu gucken. Hinzuhören. Zu riechen, wo geht es hin. Ja, meine Sinne nutze ich sehr häufig, um mich zu orientieren.

Wo geht es hin? Was passiert da gerade? Ja, Situationen mit den Sinnen zu beobachten ist eine schöne Möglichkeit, sich im Job auf Situationen vorzubereiten und einzustellen.

Was passiert da gerade, ja genau. Zuerst in Ruhe die Situation betrachten. Und dann plötzlich kommt ganz viel zurück. Also an diese Dinge glaub ich. Ich setz auch manchmal wirklich Impulse. Ich bin jemand, der gerne Gedanken ausspricht, die er hat, oder Visionen, die er ausspricht. Weil ich dann denke, so, die habe ich jetzt auf den Weg geschickt. Wenn ich das immer wieder erwähne, diese Vision, HORIZONT e. V. ist natürlich auch so eine Vision irgendwann mal gewesen, dann bewegt sich was. Dann kommt was auf mich zurück. Und das stimmt. Das ist so. Zumindest ist das meine Erfahrung im Leben. Sende was Positives aus, glaube daran, sei leidenschaftlich dabei, dann wird es kommen.

Da stimmen wir zu 100 Prozent überein. Viel zu viele Menschen sehen ihr Leben oder ihre beruflichen Herausforderungen viel zu negativ und zu passiv, dann kann natürlich auch nichts Positives entstehen.
Schön, dass Sie das auch so sehen. Meditieren Sie als Berater und Trainer?

Ja. Das tue ich seit mindestens 15 Jahren. Mit unterschiedlichen Techniken, da ich als Berater und Trainer keinen geregelten Ablauf und wenig Orte habe, die ich vorher kenne und deshalb nicht weiß, welche Techniken möglich sind. Deswegen habe ich mir unterschiedliche Meditationsarten angeeignet. Das kann auch während einer Seminarpause einfach „nur" der Espresso auf der Terrasse sein bis hin zu Autogenem Training. Und das hilft mir seither ungemein, zum einen meine Ziele zu erreichen und vor allem, um mich immer wieder fit für meine Aufgaben zu machen. Ich glaube, ohne das Meditieren wäre ich oft ausgebrannt gewesen.
Eben. Ich auch. Das ist aus meiner Erfahrung ein wichtiger Punkt, um Herausforderungen meistern zu können. Und ich finde, man merkt das Menschen an, wenn sie meditieren. Weil sie einfach mehr in sich, bei sich sind und in sich ruhen.

Absolut. Man ruht viel mehr in sich. Man ist in vielen Situationen ausgeglichener. Man ist viel mehr im Bewusstsein. Ich denke mir oft in meinen Gesprächen: „Okay, weißt du überhaupt, was du gerade zu mir gesagt hast, lieber Gesprächspartner?" Oftmals sind sich die Menschen nicht bewusst in ihrem Handeln. Und ich finde meditieren, oder in die Ruhe gehen, es muss ja nicht immer das Riesenmeditationsaufgebot sein, enorm wichtig für die Zukunft. Wenn junge Menschen dies nicht erlernen, dann werden viele auf der mentalen Ebene scheitern. Letztendlich dann auch auf der körperlichen Ebene.

Ja. Also ich mach schon ewig lange Yoga. Mindestens 40 Jahre, und es ist einfach wunderbar und bereichernd, sich das zu gönnen. Ich sag immer, das ist mein Luxus.

Oh ja, das ist wie ein Urlaub zwischendurch, den sich jeder viel öfters gönnen sollte.
Ich bin kein Luxusmensch, aber das ist mein Luxus. Das ist etwas, was ich mir regelmäßig gönne. Und Yoga und Meditation sind eine wichtige Zeit für mich, die ich mir gönne. Und das hilft aber auch allen andern, die mit mir zu tun haben. Denn ich bin dann entspannter, ruhiger und damit auch im Umgang mit anderen Menschen entspannter und ruhiger.

Da stimme ich Ihnen gerne zu. Man ist ein ganz anderer Mensch, wenn man das regelmäßig macht. Und ich finde es schade, dass das noch so viele Menschen unterschätzen oder noch auf die Seite schieben.
Ja, aber heute wird es zum Glück schon weniger, dass Meditation als lächerlich bezeichnet wird. Vor 40 Jahren, als ich mit Yoga begonnen habe, sind alle anderen ins Workout ins Fitnessstudio gegangen, ja, und ich habe damals gesagt: „Ich ertrag das nicht, dieses ewige Bum, Bum, Bum, Bum." Ich habe zuhause Kindergebrüll und hier macht es auch immer Bum, Bum, Bum. Und dann werde ich auch noch angeschrien von dieser Trainerin: „Step and Step." Da habe ich damals für mich gedacht: „Nein, das bin ich einfach nicht. Das will ich nicht." Dann habe ich mit Yoga angefangen. Vorher habe ich noch ein bisschen Qi-Gong gemacht. Das hat mir auch sehr gut gefallen. Dann habe ich Pilates auch noch ausprobiert, bin aber letztendlich bei Yoga geblieben. Diese Art der Meditation gibt mir am meisten. Heute Abend gehe ich nach unserem Gespräch in meine geliebte Yogastunde. Das tut einem so gut.

Gerade im Businesskontext wird dieses Thema von den Managern aus meiner Sicht noch immer zu wenig gefördert und leider auch sehr selten vorgelebt. Da ist noch Potenzial, um Mitarbeiter noch produktiver zu machen, ohne diese auszuquetschen, sondern die bereits bestehenden Fähigkeiten besser zu nutzen.

Man sollte das in einem Betrieb einfach mit hineinnehmen. Fördern. Vielleicht sogar fordern.

Fast schon zwanghaft mit in den Tagesablauf einbauen. Ja, das sehe ich ähnlich.

Und wenn es nur eine halbe Stunde pro Tag ist, würde es schon vielen helfen. Unternehmen unterschätzen das auf jeden Fall, zumindest noch bestimmte Branchen. Es gibt so viele Möglichkeiten, wie das in Unternehmen eingebracht werden könnte.

Definitiv, es wird noch zu wenig angeboten bzw. auch vorgelebt.

Ja, aber es müsste in die Politik. Es müsste überhaupt in die Weltwirtschaft, also es muss sich irgendwas ändern, aber ich glaube, es wird immer nur noch schlimmer. Bis es zum ganz großen Gau kommt. Wie alt sind Ihre Kinder?

Meine Tochter ist sieben.

Mein Enkel ist fast vier. Ich sehe den in diese Welt reinwachsen und denke mir: „Halleluja, was machen wir nur mit den Kindern?"

Absolut. Ich bin ganz Ihrer Meinung. Auf diese Generation wird noch sehr viel zukommen. Noch mehr Hektik, noch größere Herausforderungen, noch mehr Aufgaben, noch weniger Zeit.

Meine Kinder, meine Antonia ist geboren, da war gerade Tschernobyl. Meine große Tochter war zu diesem Zeitpunkt drei Jahre alt. Und da habe ich sie ständig gewaschen, nachdem sie im Garten gespielt hat. Da habe ich mir auch gedacht, wie lange muss ich das jetzt machen? Zum Glück ist das nicht eingetreten, was ich befürchtet habe. Dennoch denke ich, dass die Zeit nicht einfacher wird für die junge Generation.

Und deswegen ist es so wichtig, uns für die bevorstehenden Herausforderungen vorzubereiten. Frau Speidel, mein herzlicher Dank an Sie, dass Sie sich Zeit genommen haben und Ihre Gedanken an die Leser weitergeben. Ihnen alles Gute, auch für Ihr Herzensprojekt, den HORIZONT e. V.!

© privat

Walter Kohl, Jahrgang 1963, ist ein deutscher Unternehmer, Coach und Autor. Nach seinen Studien der Volkswirtschaft und Geschichte in den USA, Österreich und Frankreich arbeitete er in einer amerikanischen Investmentbank und in leitender Funktion bei mehreren deutschen Großunternehmen. Als Unternehmer gründete er mehrere Firmen, u. a. mit seiner koreanischen Frau einen deutsch-koreanischen Automobilzulieferer im Bereich Presstechnik, welcher 2018 erfolgreich verkauft wurde. Heute ist er als Unternehmer, Redner, Coach und Autor tätig. Er veröffentlichte mehrere Bestseller und ist Gründer der gemeinnützigen „Initiative Deutschland in Europa".

WALTER KOHL

Herr Kohl, schön, dass wir uns heute persönlich kennenlernen und Sie sich Zeit nehmen, um mit mir über Herausforderungen im Berufsleben zu sprechen. Ein Thema, das vermutlich in Zukunft noch wichtiger werden wird als bisher. Lassen Sie uns deshalb gerne gleich starten. Ich bin gespannt, welche Impulse Sie den Lesern geben werden. Wenn Sie an Ihre eigene berufliche Karriere denken, was war denn eine der größeren Herausforderungen und wie sind Sie damit umgegangen?

Es waren mehrere Herausforderungen. Die erste Herausforderung war einmal zu erkennen, wer bin ich beruflich? Das heißt, wo sind meine Stärken, wo sind meine Schwächen und dementsprechend auch, welches ist das richtige berufliche Umfeld, das richtige Milieu für mich? Ist es ein Konzern, ist es ein Mittelständler oder ist es die Selbstständigkeit oder das Unternehmertum? Dieser Findungsprozess, nach dem alten griechischen Thema „Erkenne dich selbst", war eine große Herausforderung. Die zweite große Herausforderung war zu erkennen, nachdem mir klar wurde, ich will Unternehmer sein, welches Thema ist sowohl zukunftsträchtig als auch sinnhaft. Ich möchte etwas bewirken und nicht einfach Vorgänge abarbeiten. Im Rückblick möchte ich dann sagen können, dass meine Aktivität etwas gebracht hat, dass sie gut war.

Und die beiden Herausforderungen führten dann zur dritten Herausforderung: Wie bin ich als Führungskraft? Wie bin ich als Unternehmer? Eine andere Herausforderung als die Frage: Wie bin ich als Manager? Warum? Weil Manager in der Regel für einen Bereich, ein Ressort zuständig sind, ein Unternehmer aber für alles. Der Unternehmer hat eine 360 Grad- und 7/24-Verantwortung, er ist die letzte Instanz in der Firma. Da er zudem auch viel mehr persönliches Risiko trägt und nicht einfach den Job oder das Unternehmen wechseln kann, bedeutet Unternehmertum eine große Verpflichtung und besondere Anstrengungen.

Sie haben gerade vom Sinn der Arbeit gesprochen. Wie haben Sie denn Ihren Sinn gefunden? Haben Sie da spezielle Methoden angewandt? Oder haben Sie Vorbilder gehabt oder mit Menschen gesprochen, wo

Sie gesagt haben: „Wie hast du es denn gemacht?" Welchen Weg sind Sie denn da für sich gegangen?

Es ist ein Sowohl-als-auch-Weg, ein suchender Weg für mich gewesen. Zunächst was heißt Sinn, oder wie wir heute gerne sagen, Purpose? Ich hatte das große Glück, Viktor Frankl und sein Buch „Trotzdem Ja zum Leben sagen", das den Grundstein für seine Logotherapie, also die Lehre einer sinnzentrierten Lebensführung legte, kennenzulernen. Viktor Frankl ist Österreicher, er lebte von 1905 bis 1997. Er war Arzt, aber für mich auch Philosoph und Psychologe, ein Genie des Sinnes. Aufgrund seiner jüdischen Herkunft wurde er mit seiner Familie 1942 in mehrere KZs verschleppt, erst nach Theresienstadt, dann nach Auschwitz, wo große Teile seiner Familie ermordet wurden. Er selbst kam dann weiter nach Dachau und schließlich nach Türkheim, einem Nebenlager von Dachau, wo er im April 1945 fast tot von den Amerikanern befreit wurde. Und in diesem kurzen Buch, mit nur ungefähr 80–90 Seiten, reflektiert er aus Sicht der Logotherapie, der Sinnzentrierung, das Wofür seines Überlebens im KZ. Und eine zentrale Erkenntnis seiner KZ-Erfahrungen ist, dass vor allem jene überlebt haben, die einen Sinn für die Zeit danach hatten und/oder auf die jemand gewartet hat.

Frankl sagt zwei aus meiner Sicht zentrale Dinge: Sinn findet der Mensch in einer die Menschen fördernden Sache und/oder in der Hingabe zu einer guten Sache. Ein zweiter Gedanke von ihm lautet: „Die Frage ist falsch gestellt, wenn wir nach dem Sinn des Lebens fragen. Das Leben ist es, das Fragen stellt." Dieser zweite Satz half mir meine Sinnsuche als einen immer fortschreitenden Prozess zu verstehen. Nicht der vermeintlich „große" Sinn des Lebens steht im Vordergrund, sondern die vielen kleinen sinnhaften Schritte und Taten, die dann zusammen im Rückblick den Lebensweg ausmachen. Immer wieder aufs Neue muss Sinn gefunden und realisiert werden, der Mensch ist als ein Sinnsucher zu verstehen. Und diese Form der Sinnsuche gilt im Privaten wie im Beruflichen.

Ich habe daraufhin angefangen, mich intensiv mit Logotherapie zu beschäftigen, besonders mit Elisabeth Lukas, einer Schülerin von ihm, die das Thema sehr verständlich darstellt. Ich bin auch heute in Wien eng mit dem Viktor-Frankl-Institut verbunden, unter anderem als Referent, und habe festgestellt, dass Frankl eine ganz große, wegweisende Persönlichkeit zum Thema Sinnfindung und -zentrierung ist.

Dann habe ich begonnen, gemäß der Frankl'schen logotherapeutischen Perspektive Menschen anzuschauen, die von dem, was sie tun, komplett überzeugt sind. Also die Gesinnungstäter. Und hier gibt es die verträglichen Gesinnungen und die weniger verträglichen Gesinnungen. Frankl sagt, und das ist auch mein persönliches Diktum, es muss ein humanistisches Ziel sein, also kein Diktatorenziel. Hitler, Stalin hatten Diktatorenziele, diese fallen in meiner Wertung nicht in die Kategorie Sinn, sondern unter das Etikett Tyrannei. Etwas wird nur dann sinnhaft, wenn es ein humanistisches Ziel verfolgt. Beispiele sind Persönlichkeiten wie Mutter Teresa, Nelson Mandela, viele Wissenschaftler, Ärzte, Lehrer, Künstler. Jeder, der sagen kann: „Das, was ich tue, hat Sinn, denn es fördert Menschen."

Daher habe ich Sinn für mich persönlich wie folgt definiert: Ich möchte Menschen und Organisationen stärken. Genauer formuliert: Ich möchte Menschen und Organisationen stärken, weil starke Menschen, starke Organisationen nicht in die Hände von Populisten und anderen politischen Verführern fallen, und damit hoffe ich einen Beitrag zum Frieden zu leisten. Und das ist auch das Motiv, warum ich Ihr Buch, Ihr Projekt unterstützen möchte, weil Menschen zu unterstützen in den jeweiligen Krisen, sodass sie daraus gestärkt, geklärt und auch zukunftsorientiert herausgehen, halte ich für eine zutiefst sinnorientierte und bereichernde Tätigkeit.

Sehr spannend Ihre Aussagen, dabei auch Frankl zu zitieren, finde ich sehr anregend. Das ist auch eine Person, die sehr viel Einfluss genommen hat. Seine persönliche Geschichte ist mehr als faszinierend, motivierend und zugleich auch beeindruckend. Ich kann jedem nur empfehlen, das Buch zu lesen. Bei mir ist auch jeden Tag die Frage, ist alles sinnig für mich, ein wichtiger Baustein meines Unternehmertums. Auch wenn ich Anfragen als Trainer und Berater bekomme, frage ich mich: Ist das Projekt sinnig? Macht das wirklich so Sinn und bringt das vor allem den davon betroffenen Menschen etwas? Und ich denke, auch in der heutigen Y-Generation nimmt das Sinnthema einen großen Platz ein.

Absolut. Man sieht deutlich den Unterschied von älteren Generationen zu dieser Generation. Das Sinnthema ist heute viel präsenter ausgeprägt und wird immer wichtiger.

Und wie gehen Sie denn mit der Zukunft und den dann folgenden Herausforderungen um? Sie haben im Vorgespräch mal „wetten auf die Zukunft" als Stichwort genannt. Worauf würden Sie denn jetzt wetten, was so die nächsten Jahre noch stabil bleibt? Vielleicht auch wetten, was wird sich aus Ihrer Sicht verändern? Gibt es da zwei, drei Ideen bei Ihnen?
Ja, ich würde die Wette anders formulieren. Ich würde die Wette nicht so sehr vom Umfeld zurück formulieren, sondern ich würde sie doppelt formulieren. Ich würde sagen, was ist meine heutige Fähigkeit, mein heutiger Wille, meine heutige Energie, und dann würde ich als Zweites fragen, was ist denn ein realistisches Szenario in dem Bereich, in dem ich tätig bin, für die Zukunft? Es ist ein großer Unterschied, ob sie Augenarzt oder Automobilingenieur sind. Also Zukunft ist nicht gleich Zukunft. Und dann würde ich mir überlegen, wer will ich denn sein? Das ist auch das Bild, was ich Jugendlichen gerne mitgebe: Stell dir vor, wer du in X Jahren sein möchtest. Male dir vor deinem inneren Auge ein möglichst konkretes Zielbild deines Selbst, deiner privaten und beruflichen Situation und verfolge dieses Ziel.

Diesen Ansatz habe ich von Viktor Frankl übernommen, der ja in den tiefsten, man muss schon sagen, Höllensituationen in den Konzentrationslagern sich ein solches Zielbild vorgab. In seinem Fall sah es so aus: „Ich werde eines Tages gut gekleidet, wohlgenährt – nochmal: ein KZ-Häftling sagt das – in einem warmen Raum in Wien, also an dem Ort des Verrats, einen Vortrag über Logotherapie halten." Das ist für mich ein unglaublich starkes Bild, ein Vorbild im wahrsten Sinne des Wortes.

Dieses Vorbild bewegt mich heute noch und ein solches Bild gilt es individuell zu kreieren, sich als eigenes Zielbild stets vor Augen zu halten. Deshalb sollte man keine Ikea-bauplanmäßigen Tipps geben, die als Schablone allen anderen Menschen übergestülpt werden können. Das Leben ist komplizierter, vielschichtiger und vor allem auch widersprüchlicher. Ein Einfaches man nehme, man schraube und dann hast du dein Regal des Lebens dastehen, ist unmöglich. Letztlich geht es darum, durch Reflexion und Mut zum Experiment herauszuarbeiten, was ist stimmig für mich. Und wo kann dieser Platz in der Zukunft für mich sein.

Ich habe jetzt durch meine unternehmerische Erfahrung sehr viel mit der Autoindustrie zu tun gehabt und dann wäre jetzt für mich wichtig, würde ich diesen Weg weitergehen wollen, was ist die konsequente nächste Stufe in der Autoindustrie? Das wären dann gewisse Zukunftstechnologien rund um E-Antrieb, Wasserstoff, neue Treibstoffe und/oder Big-Data-Digitalisierung. Ich würde jetzt nicht unbedingt sagen, ich muss jetzt den neuesten Lack entwickeln oder irgendetwas anderes „Traditionelles", sondern ich würde mich auf diese Wachstumsfelder konzentrieren.

Wenn ich jetzt zum Beispiel Mediziner wäre und ich der Meinung bin, ich will ein innovatives Praxiskonzept machen, vielleicht entwickle ich dann auf dem Land eine Medizin GmbH, wo ich jungen Ärztinnen die Möglichkeit gebe, in einer Teilzeitvariante bei mir zu arbeiten, flächendeckend eine Region abzudecken, sodass sie sowohl Familie als auch Beruf miteinander kombinieren können. Die Tatsache, dass heute über 50 Prozent aller jungen Mediziner Frauen sind, verlangt hier auch neue Ansätze, die über das klassische alte Modell einer Landarztpraxis hinausgehen. So kann ich mir in unterschiedlichen Themenbereichen auch unterschiedliche Antworten vorstellen.

Das heißt, dass jeder zuerst sein Feld finden sollte, in dem er arbeiten möchte, um sich dann wiederum Gedanken zu machen, wie er mit den jeweiligen Herausforderungen umgeht. Ich habe meinen Sinn auch dadurch gefunden, indem ich sehr viel mit Menschen gesprochen habe; bis hin, dass ich mich auch professionell habe begleiten lassen. Sehen Sie das auch als Weg an oder empfehlen Sie das auch gerade jungen Leuten: Finde deinen Sinn, auch indem du dich begleiten lässt, vielleicht sogar von einem professionellen Begleiter? Oder ist das eher so: Geh mehr in dich und suche dort deine Bestimmung? Finde den Weg selbst.

Das ist beides aus meiner Erfahrung untrennbar miteinander verbunden. Denn der Weg nach innen führt über die anderen Menschen, weil sonst reduziere ich mich auf eine egozentrische Weltsicht und eine egozentrische Weltsicht führt in der Regel in die Verwirrung. Und die einfachste Übung, die ich Menschen empfehle, ist ihr Eigen- und Fremdbild immer wieder abzugleichen. In meinen Coachings bitte ich meine Teilnehmer immer wieder: Schreibe deine wichtigsten Persönlichkeitsmerkmale als deine Stärken, aber auch gewisse Unarten auf ein Blatt Papier, allerdings in maximal 10 Spiegelstrichen. Dann sprich einige Freunde, Familienmitglieder oder Arbeitskollegen an und bitte sie analog ein Blatt mit maximal 10 Spiegelstrichen in Bezug auf ihre Wahrnehmung deiner Person zu erstellen.

Es ist für die meisten Leute sehr schwer, überhaupt Leute für diese Übung zu erreichen. Wen nehme ich da? Oh Gott, wie peinlich ist es, so etwas zu erbitten. Und schließlich die Frage: Bin ich bereit, mit den Rückmeldungen offen und kritikfähig umzugehen? Und dann kommt der Moment der Wahrheit – wie sehr liegen Eigen- und Fremdbild übereinander oder auseinander?

Stichwort Begleiter: Ich bin großer Anhänger der stoischen Philosophie. Die berühmten Philosophen Epiktet, Marc Aurel und Seneca sind hier meine großen Vorbilder. Es ist erstaunlich, wie sehr ihre Weisheiten auch nach mehr als 2.000 Jahren noch aktuell sind. Oder anders gesagt: Die Menschen haben sich nicht sehr verändert, alte Wahrheiten gelten auch heute – was ich zudem sehr beruhigend finde.

Ich habe meinen Sinn oftmals auch gefunden, indem ich meine Fehler angeschaut habe. Was habe ich falsch gemacht im Leben, was hätte ich anders entscheiden können, sollen und vielleicht sogar müssen.

Fehler sind eine super Quelle. Da stimme ich Ihnen zu 100 Prozent zu! Fehler werden oftmals als ausschließlich negativ abgetan. Ich sehe dies anders. Fehler sind eine sehr gute Quelle, um seine Bestimmung und seinen Weg zu finden, denn leider lernen wir zumeist erst im tiefen Schmerz am meisten.

Fragen wie: Wo bin ich gegen eine Wand gelaufen? Wo bin ich auf einmal dagestanden und habe gemerkt, ich komme jetzt keinen Schritt weiter? Das waren und sind noch immer für mich wichtige Fragen, um den für mich richtigen Weg zu finden. Wie sehen Sie denn das Thema Fehlerkultur bei Sinnhaftigkeit, und lassen Sie uns gerne auch jetzt einen großen Schwenk machen: Wie sehen Sie denn das Thema Fehlerkultur in den

Unternehmen? Sind die Unternehmen schon so weit? Wird es endlich gemacht oder sehen Sie da auch noch großen Bedarf, mit Fehlern viel sinnhafter umzugehen?

Im Zusammenhang unserer Versuche, Sinn zu finden, ist eine gesunde Fehlerkultur absolut zwingend und das schließt Reflexion ein. Ich empfehle dann einen Brief an sich selbst zu verfassen. Der Tenor wäre: „Lieber Walter, jetzt ist das und das vorgefallen. Was ist passiert? In welchen Schritten? Mit welcher Dynamik? Was willst du daraus lernen? Welche Dinge wirst du ändern, was das nächste Mal anders machen? Für mich ist eine offene, schonungslose und ehrliche Fehlerkultur ein Ausdruck von Souveränität, nicht von Schwäche. Wenn Menschen souverän sind, wenn Führungskräfte souverän sind, dann entsteht im Unternehmen fast automatisch auch eine lernende Fehlerkultur. Wenn Führungskräfte schwach sind, dann ist die Fehlerkultur von Vorwürfen, Rechthaberei und Schuldzuweisungen geprägt und Themen wie Lernen aus Fehlern und gegenseitige Hilfe fehlen.

Dann gibt es aus unserer beider Erfahrung noch viel zu tun, oder? Wir erleben doch als Berater ständig das Zuweisen von Fehlern an andere Personen. Daran erkennt man sehr gut eine Unternehmenskultur.

An der Fehlerkultur erkennt man meiner Meinung nach wie bei einem Fieberthermometer die Gesundheit, die kulturelle kommunikative Gemeinschaftssinn-Gesundheit eines Unternehmens. Fehlerkultur fängt beim Chef an. Als Unternehmer habe ich immer wieder Fehler gemacht, falsche Dinge gesagt, falsch entschieden. Wenn ich als Chef nicht zu meinen Fehlern stehe, keine Verantwortung übernehme, dann kann ich dies auch nicht von meinen Mitarbeitern verlangen. Auch hier wird die sprichwörtliche Treppe von oben gekehrt. Als Unternehmer mehr als alle anderen setzen Sie den Ton und wenn Sie den Ton setzen, formen Sie die Kultur. Wenn Sie aber als Führungskraft rumwurschteln und eigene Fehler vertuschen oder gar zu Lasten anderer verschieben wollen, dann werden Sie erstens unglaubwürdig und zweitens vergiften Sie die Kultur. Deshalb ist Fehlerkultur aus meiner Sicht einer der schwierigsten und zugleich einer der besten Ethik- und Erfolgstreiber in Organisationen.

Sie haben gerade über Führungskräfte gesprochen, wie wichtig Fehlerkultur ist, wie wichtig auch Danke sagen ist, und ich habe das Gefühl, jetzt bin ich über 16 Jahre Trainer und Berater, dass viele Führungskräfte in ihrem Job überfordert sind. Dass sie nicht die Fähigkeiten haben, die sie eigentlich haben sollten, um mit den täglichen Herausforderungen, Krisen und Unwägbarkeiten umgehen zu können. Welche Tipps und Tricks haben Sie denn für Mitarbeiter, wenn diese sehr unzufrieden sind mit ihrer direkten oder indirekten Führung? Was würden Sie diesen Menschen empfehlen?
Das ist natürlich einzelfallabhängig. In der Regel würde ich zunächst einen gewissen inneren Abstand empfehlen. Die meisten Situationen in Unternehmen mit schwierigen Chefs, ich drücke mich einmal vorsichtig aus, entstehen dadurch, dass Fehler nicht sachlich, sondern persönlich verletzend und politisch behandelt werden.

Eine solche Kultur zermürbt. Wenn ich jetzt Ihr unangenehmer Chef wäre, rein hypothetisch, und Sie jeden Morgen letztlich mit geballter Faust in die Firma kommen, dann haben Sie aus meiner Sicht drei Optionen. Die eine Option ist zu sagen, ich ändere mein Verhalten und ich muss einfach für mich einen Weg finden, dass der Angriffspunkt, den er emotional hat – das geht ja nicht im Regelfall um die Sache, es geht um die Emotion –, dass ich dieses Tor für ihn, also meine Führungskraft, zumache. Wenn ich als Ihr fiktiver Chef immer wieder voller Empörung sage: „Wie kann man nur und überhaupt", dann müssen Sie irgendwann sagen: „Ja, ich bin halt so," oder auch mal in einer Abteilungssitzung sagen: „Wissen Sie, wir haben jetzt oft genug gesagt, dass ich so schlecht bin. Wiederholungen verbessern es nicht, alle wissen es, ich denke, es genügt jetzt mit solchen Aussagen." Das wäre eine Variante, sich zu wehren.

Die zweite Option ist den Arbeitsplatz zu wechseln. Doch Achtung, ein Wechsel allein genügt oft nicht, denn wenn ich mein Verhalten und die damit verbundenen Reaktionen der anderen nicht reflektiere, dann kann die neue Situation sich schnell zur alten Situation entwickeln, weil der neue Chef durchaus den gleichen alten Knopf in mir wiederfindet. Deshalb empfehle ich immer, schau erstmal bei dir, warum trägst du überhaupt diesen Knopf in dir? Wenn der berufliche Wechsel ein Neuanfang sein soll, dann sollten wir nicht mit dem Rucksack der alten, ungelösten Themen dort anfangen.

Ein Beispiel: Du suchst die Anerkennung deines Chefs, du suchst Fairness und Gerechtigkeit. Aber du bekommst weder Anerkennung noch existieren in diesem Umfeld Gerechtigkeit oder Fairness. Anstatt sich zu beschweren, sollte man für sich klären, was heißt denn Gerechtigkeit? Wie wichtig ist Gerechtigkeit für das eigene Selbstwertgefühl? Warum brauche ich die Anerkennung der anderen – und wie viel davon? In welchem Maße ist mein Selbstwertgefühl abhängig vom Applaus meines Chefs, der anderen? Kann ich ein gesundes Selbstwertgefühl haben in einem ungerechten Umfeld, weil ich diese Rahmenbedingungen einfach als für dieses Biotop typisch akzeptiere?

Das Umfeld und unser Umgang damit spielen eine entscheidende Rolle. Kein Mensch würde im Taunus auf 500 Meter Meereshöhe mit dem damit verbundenen kühlen Klima planen, eine Ananasplantage zu betreiben, das Biotop gibt dies nicht her. Eine Apfelplantage vielleicht, aber sicher keinen Ananasanbau. Übertragen auf ein Unternehmen lautet dann die Frage, welche Erwartungen man realistischerweise im jeweiligen kulturellen Unternehmensbiotop haben kann. Leider ist es so, dass wir andere Menschen so gut wie nie ändern können, wir können nur uns selbst, unsere Ansichten, Erwartungen und die Orte, an denen wir leben und arbeiten, ändern. Hier liegt unsere Gestaltungsmacht. Darauf sollten wir uns konzentrieren und uns nicht in Endlosschleifen aus Empörung, einer „das ist aber ungerecht" oder „das müsste ganz anders sein" verlieren.

Und das dritte Thema ist natürlich auch das Thema Kampf. Ich bin der Meinung, dass man sich überlegen muss, wie und ob man kämpfen will. Aber wenn ich kämpfen will, dann bitte mit kühlem Kopf. Praktisch bedeutet das, dass ich im Kampf nicht der Getriebene, sondern der Treiber sein will, also Ort, Zeit und Kraftansatz des Kampfes selbst bestimmen möchte. Es ist unklug, voller Impulsivität, quasi mit wehenden Fahnen, voller Empörung und einem hohen Gerechtigkeitsanspruch und dann auch noch ohne Plan in den Kampf zu ziehen. Vor dem Kampf sollte ich klären: Was ist mein Ziel, was will ich wie, wann und wo erreichen? Will ich zum Beispiel einen internen Wechsel erreichen? Will ich erreichen, dass ich eine andere fachliche oder personelle Kompetenz bekomme? Oder will ich erreichen, dass ich eine gute Abfindung bekomme, das kann ja auch ein Ziel sein. Nur wenn wir klar definierte, realistische und innerlich akzeptierte Ziele bestimmen, können wir diese auch erreichen. Wer einfach nur bergsteigen will, ohne den zu erreichenden Gipfel zu definieren, wird dort auch nicht ankommen.

Wenn wir uns auf die Seite der Führungskräfte begeben, was würden Sie Führungskräften denn raten, wenn die merken, okay, ich habe jetzt die von Ihnen gerade angesprochene Situation, ich habe vielleicht ein gesamtes Team, das mich anders betrachtet als ich mich sehe, oder andere Erwartungen hat als ich liefern kann, welche Tipps haben Sie für die Führungskraft? Ist auch hier Ihr erster Tipp, Abstand zu gewinnen?
Auf jeden Fall. Erstmal inneren Abstand zum Thema, zur Situation gewinnen. Denn egal, ob ich Führungskraft oder Mitarbeiter bin, zuerst bin ich Mensch. Warum haben wir als Menschen Probleme miteinander? Weil wir Spannungen, Reibungen ausgesetzt sind. Daher gilt es, diese Reibung zumindest zu reduzieren oder idealerweise völlig aus ihr herauszukommen.

Doch wie gelingt dies als Führungskraft? Innerer Abstand funktioniert am besten, wenn man sich aus der Situation herauszoomt, also wie ein Hubschrauber aufsteigt und bildlich gesprochen aus 20, 50 oder mehr Metern von oben gesamtheitlich die Situation betrachtet. Erst aus dieser Hubschrauberperspektive entsteht der notwendige Abstand und Überblick, um eine qualifizierte Analyse des Vorgefallenen vorzunehmen und sich auch zu überlegen, welchen Anteil habe ich, haben einzelne Teammitglieder.

Okay, also Abstand gewinnen ist für Führungskräfte essenziell aus Ihrer Sicht. Nicht in der Situation immer sofort reagieren, sondern sich Zeit nehmen und andere Perspektiven einnehmen. Wie sollte es dann weitergehen? Was passiert, wenn ich Abstand gewinnen konnte?
Dann ist die nächste Frage als Führungskraft, was ist denn das Interesse des Teams, wie lauten die unterschiedlichen Partikularinteressen? Und was ist die Kette, die das Team zurückhält, im Handeln beschränkt? Da sind sehr häufig Ängste, insbesondere unausgesprochene Ängste. Ängste im Sinne von, wenn wir jetzt dies und jenes ändern, wo bleibe ich denn in dieser neuen Zukunft? Gibt es noch einen Platz, eine Aufgabe oder Sicherheit für mich? Ängste im Sinne von, ist das, was ich bis-

her getan habe, jetzt alles falsch? Was es dumm, unnötig? Überflüssig? Umsonst oder gar sinnlos?

Eine gute Führungskraft kann in einer solchen Situation abstrahieren und kann aus der Perspektive des Betroffenen sprechen und denken. Und jetzt kommt der wichtige Schritt, die Betroffenen zu Beteiligten zu machen. Indem ich mich als Führungskraft in meine Mitarbeiter hineinversetzen kann, komme ich auch an die Wurzel des Problems. Einfach platt zu fragen: „Welche Ängste habt ihr?" ist nicht zielführend. Es gilt, das Unausgesprochene zu erkennen und dann die wahren Ursachen subtil herauszuarbeiten. Mit Hilfe dieses Perspektivwechsels, und ich bin ein ganz großer Freund von Perspektivwechsel, können wir die wahren Treiber der Situation aus Sicht der anderen verstehen.

Erst auf dieser Grundlage macht es Sinn zu handeln und zu entscheiden. Was ist akzeptabel, was nicht? Was muss wie und wann geändert werden, was nicht? Oft sind die tieferen Wahrheiten, die dabei ans Licht kommen, verblüffend.

Vor Jahren habe ich in einem Handelskonzern als Controller gearbeitet und es galt eine Tochtergesellschaft zu sanieren. Diese Tochtergesellschaft hatte unglaublich hohe Inventarverluste und Abschreibungen ohne Ende. Und keiner konnte sich in der Holding erklären, warum gewisse Sortimentsbausteine, die sich 20 Kilometer weiter gut verkauften, nur an diesem Standort so große Probleme hatten. Betriebswirtschaftlich war dies nicht zu erklären.

Daraufhin beauftragte mich der Vorstand, die Sache zu klären, und ich bin vor Ort gefahren, um Umstände, Beteiligte und Realitäten besser zu verstehen. Schnell wurde klar, dass gewisse Artikel, insbesondere Kinderjacken und Kinderbekleidung, auf eine besondere Weise „zwischengelagert" wurden, zwar im Verkaufsraum, aber hinter Stellwänden. Offiziell waren die Artikel also Teil der Verkaufsfläche, de facto aber konnten Kunden diese Artikel gar nicht sehen bzw. kaufen, da sie hinter den Stellwänden „geparkt" waren.

Dann habe ich gefragt, warum ist das so? Darauf gab es keine richtige Antwort. Ausflüchte in Richtung vermeintlicher Logistikprobleme konnten schnell geklärt werden. Eine weitere Untersuchung ergab, dass eben viele Jacken hinter den Stellwänden hingen in vorher von den Mitarbeitern ausgesuchten Größen. Dadurch konnten diese dann aber nicht verkauft werden und kamen durch die Automatismen der Warenwirtschaft in die Abschrift mit Personalrabatt. Mit dieser massiven Preisreduktion wurden die Jacken dann im großen Stil von den Mitarbeiterinnen selbst gekauft und im Bekanntenkreis verteilt. Es gab also ein System, bei dem bestimmte Artikel im Bereich Kinderkleidung auf Bestellung hinter Stellwände gehängt wurden, sodass diese nicht verkauften Artikel in die Preisreduktionen, also die Abschriften kamen. Diese Erkenntnis war für mich zunächst erschütternd. In dieser Situation hatte ich eine Entscheidung zu treffen: Melde ich diesen Zustand der Geschäftsleitung und mache daraus eine strafrechtliche Thematik oder recherchiere ich zunächst noch eine Ebene weiter und finde das Motiv, das Warum der Mitarbeiterinnen heraus.

Ich entschied mich für Letzteres und erfuhr, dass das Gefühl der Mitarbeiterinnen war, die Firma behandelt uns so schlecht, das ist unser gutes Recht. Das dürfen wir so tun. Warum? Die betreffenden Verkäuferinnen sagten: Wir verdienen fast nichts und wie sollen wir über die Runden kommen? Gerade Sonderkleidung ist für sie ein großes Problem, da teuer und immer wieder neuer Bedarf. Auch schwang ein tiefes Gefühl von „Wir werden eh in diesem Unternehmen nicht respektiert und nur herumkommandiert" mit. Es gab wenig bis keine Identifikation mit dem Arbeitgeber und diese Beschaffungsmethode wurde zu einer Art Selbstverteidigung gegenüber dem miserablen Betriebsklima hochstilisiert. Eine schräge Begründung, aber eine aus der Sicht der Mitarbeiterinnen gefühlt korrekte Logik.

Natürlich konnte ich dieses Verhalten nicht tolerieren, die Frage war nur, wie aus dieser Situation herauskommen? Dann haben wir uns darauf geeinigt, dass diese Masche sofort endet, dass ich nichts gesehen habe, allerdings unter einer Bedingung: Wir sanieren die Abteilung gemeinsam so gut im Sinne von Verkaufszahlen, Deckungsbeitrag und Kundenzufriedenheit, dass alle garantiert einen Zukunftsjob haben und neue Spielräume für Sonderzahlungen entstehen.

Die Lösung lautete: Vertrauen gegen Vertrauen und Betroffene zu Beteiligten machen. Das hat dann wunderbar funktioniert und die zuständige Erstverkäuferin, die auch im Betriebsrat saß und eine informelle Wortführerin war, sagte dann nur einen Satz: „Mit dem Kohl kann man reden!". Das Eis war gebrochen und die Sanierung konnte beginnen.

Das ist für mich der Schlüssel, dass wir bei allen betriebswirtschaftlichen Problemen und wie auch immer gearteten formalen Denkweise, den Menschen immer in den Mittelpunkt stellen müssen, denn Unternehmen werden am Ende des Tages nur erfolgreich über und durch Menschen. Das wird oft vergessen. Deshalb finde ich auch den Begriff des HR, Human Resources, schon fast entwürdigend, denn wir sprechen von Menschen und nicht von einer Ressource wie Öl oder Stahl. Am Ende muss immer der Mensch im Vordergrund stehen.

Sie haben eben auch das Thema Veränderung angesprochen. Es gibt heute eine enorme Geschwindigkeit in Sachen Veränderung, teilweise aus meiner Sicht schon so dynamisch und so hoch, dass es kaum mehr zu bewältigen ist. Wie würden Sie denn – oder wie gehen Sie denn bei Ihnen selbst mit Veränderungen um? Und vor allem bei Veränderungen, bei denen Sie selbst spüren, dass Sie jetzt gerade selbst keine Lust darauf haben. Wie gehen Sie so einen Weg?

Ja, da gibt es natürlich auch bei mir welche, auf die ich nicht immer so Lust habe. Persönlich unterscheide ich zwischen Veränderungen, die zwingenden Charakter haben, und Veränderungen, die kommen, aber deren Auswirkungen und Wucht noch unklar sind. Bei zwingenden Veränderungen sollte man nicht mit der Tatsache der Veränderung hadern, sondern sich auf die sich daraus ergebenden Chancen konzentrieren. Fast immer gibt es diese auch, aber nur wenn – und jetzt komme ich wieder zu meinem Thema innerer Abstand – ich die Veränderung aus einer gesunden Distanz betrachte, ich sie nicht als Angriff auf mich verstehe, sondern als eine Realität, als eine nun mit Sicherheit eintretende Situation. Manchmal sind Veränderungen wie Schwerkraft, ob man will oder nicht, man kann sich ihrer Energie nicht entziehen.

Ein Beispiel aus meiner unternehmerischen Erfahrung. Wir haben als Automobilzulieferer im Bereich Presstechnik die Problematik gehabt, dass plötzlich das Thema kunststoffbasierte Karosserien, insbesondere Carbon-Fahrzeuge, also keine Blechumformung mehr, als die Zukunft bezeichnet wurden. Ein Beispiel dafür war der damals sehr neue und innovative I3 von BMW. Und plötzlich entstand eine Diskussion in der Branche, ob überhaupt die klassische Umformtechnik, also unsere Kernkompetenz, noch gebraucht wird? Also potenziell eine echt disruptive

Situation. Für uns wuchs sich diese Thematik zu einer sehr grundsätzlichen Diskussion über Sinn und Zukunftsfähigkeit unseres Geschäftsmodells aus. Was passiert, wenn diese neue Technologie bezogen auf neue Modelle zur Hälfte kommt, und was passiert, wenn es gar nicht kommt? In Form von denkbaren Szenarien entwickelten wir Argumente für verschiedene Aspekte der Innovation. In solchen Situationen helfen SWOT-Analysen (Strength, Weakness, Opportunity, Threat), um ein möglichst belastbares Bild der Lage zu bekommen. Schließlich sind wir zu folgenden Schlüssen gekommen:

Erstens: Carbon wird sich nicht durchsetzen.

Zweitens: Es wird aber trotzdem eine Veränderung im Markt geben, Karosserieteile müssen zukünftig insbesondere verschärften Festigkeits- und Gewichtsanforderungen genügen, um im Benchmarking gegenüber Carbon nicht ins Hintertreffen zu gelangen Das heißt, hoch- und höherfeste Stähle werden wichtiger, weil sie leichter, aber auch viel schwieriger umzuformen sind.

Drittens: Eine weitere Erkenntnis war, dass der Werkstoff Aluminium im Karosseriebau eine zunehmend wichtigere Rolle einnehmen wird, da er die Gewichtsvorteile von Kunststoff mit der Haltbarkeit von Stahl am ehesten verbindet. In der Konsequenz mussten wir einen Teil unserer Kompetenz neu in Richtung Aluminium und gewissen Spezialstählen ausrichten. Somit wurde die Carbon-Herausforderung einerseits zu einer Veränderung und andererseits entstand die Chance eines neuen, erweiterten USPs, den wir konkret als Wachstumsmotor nutzen konnten. Und daraufhin haben wir unsere Firma ausgerichtet. Im Rückblick konnte ich sagen, zum Glück war es die richtige Wette.

Ich übernehme gerne den Ausdruck „richtige Wette", vor allem das Wort „richtig". Bei Veränderungen geht es ja auch darum, die richtigen Schritte zu gehen, um dann die Veränderungen zu schaffen und wieder am neuen Standpunkt anzukommen. Wie finden Sie denn den richtigen Weg?

Schritt für Schritt. Es gibt keinen richtigen Weg nach dem Motto, ich werfe einen Dartpfeil in die Zukunft, zum Beispiel 10 Jahre voraus, also in die frühen 2030er. Wir leben heute in VUCA-Zeiten (Volatility, Uncertainty, Complexity and Ambiguity), in disruptiven Zeiten. In einem solchen Umfeld müssen wir uns vorantasten, aber – und das ist für mich ganz wichtig – bitte mit einem klaren inneren Gerüst an Werten und an Kompetenzen. Abstand finden, Dialoge führen, offen für Beratung sein ohne beratungssüchtig zu werden, stets die Hoheit der letzten Entscheidung haben, das ist meiner Meinung nach unverändert wichtig.

Dieses Denken habe ich bei Victor Frankl gefunden, der stets betonte, dass die letzte Entscheidung immer bei einem selbst liegt. Es gilt Verantwortung zu übernehmen und damit auch zu akzeptieren, dass der Begriff der Antwort ja ein Wortbestandteil von Verantwortung ist. VUCA verlangt von uns Resilienz und Frustrationstoleranz aufzubauen und uns nicht bei jedem Kleinkram kirre machen zu lassen.

Sie haben gerade erwähnt, dass man aus der Vergangenheit auch lernen kann. Gibt es denn jemanden, wo Sie sagen, ja, von dem habe ich sehr viel gelernt? Das war und ist ein Vorbild für mich?
Ja, von meinem Großvater väterlicherseits, Hans Kohl. Er war ein einfacher Mann im Sinne von Schulbildung, aber zugleich ein sehr lebenserfahrener kluger Mann, gezeichnet durch seine Erlebnisse in zwei Weltkriegen. Er war Soldat in beiden Kriegen, Frontsoldat im Ersten Weltkrieg, und er ist 1975 im Oktober gestorben. Damals war ich zwölf Jahre alt. Der letzte Tag seines Lebens hat mich bis heute geprägt.

Es war an einem Montag, aber wir wussten nicht, dass es sein letzter Tag sein würde. Ohne es zu ahnen, habe ich ihn wenige Stunden vor seinem Tod das letzte Mal gesehen und gesprochen. Er war schon sehr gezeichnet von der Situation, sehr schwach. Er lag im Bett und sagte dann zu mir mit brüchiger Stimme: „Walter, komm nochmal her." Ich war, wie gesagt, zwölf Jahre alt und setzte mich zu ihm auf die Bettkante. Er nahm meine Hand und sagte: „Ich möchte dir etwas Wichtiges noch sagen." Und dann gab er mir eine Weisheit mit, die ich nie vergessen werde:

„Walter, wenn du mal groß bist, dann musst du dich rasieren, und richtige Männer rasieren sich nass." Und ich verstand: „Ja, Opa, richtige Männer rasieren sich nass." Dann hat er gesagt: „Gut, und wenn du dich dann nass rasierst, dann schaust du in den Spiegel und du kannst dich nicht bewegen, weil sonst schneidest du dich, und reden kannst du auch nicht." Ich darauf: „Ja, ich darf mich beim Rasieren nicht bewegen." – „Und wenn du dann in den Spiegel schaust, dann stellst du dir eine Frage." – „Ja, Opa, dann stelle ich mir eine Frage." Ich habe diese Situation wie ein YouTube-Video in mir abgespeichert. Und dann sagte er: „Und die Frage ist: War das, was ich gestern getan habe, auf der Grundlage meines Wissens von gestern so richtig, dass ich es in zwei Monaten oder in zwei Jahren wieder tun würde? Und wenn die Antwort ‚Ja' lautet, dann hast du es richtig gemacht und dann bist du ein glücklicher Mensch."

Was für ein letztes Gespräch. Ich war mit zwölf Jahren überfordert von diesem Gespräch, aber ich wusste, dass gerade etwas Wichtiges und Wertvolles passiert war. Noch heute habe ich diese Szene – als wäre es gestern gewesen – vor meinem inneren Auge. Aber erst viele Jahre später habe ich die volle Bedeutung seiner Worte verstanden und diesen Rat meines Opas zu einem zentralen Leitmotiv meines Lebens unter der Überschrift „Der Rasiertest" gemacht. Eine kleine Ironie am Rande. Bis heute rasiere ich mich nass – ein kleines Erbe von Hans Kohl. Dabei stelle ich mich immer wieder dem Rasiertest, insbesondere an schwierigen Tagen und bin Opa dankbar für dieses letzte Geschenk.

Immer wieder erlebe ich Stille und Nachdenklichkeit in meinen Veranstaltungen, Seminaren oder Coachings, wenn ich diese Geschichte erzähle. Sie ist prägnant, praxisorientiert und es gibt keine Entschuldigungen, sich nicht diesem Test zu stellen. Dank solcher Methoden haben wir eine Feinsteuerung und müssen gar nicht in diesen großen Schritten denken, sondern können unseren Weg situativer und alltagsbezogener gestalten. Wir können dann Schritt für Schritt unseren Weg gehen, unser Leben gestalten.

Ich denke, dass die überwiegende Mehrzahl unserer Probleme Alltagsprobleme sind und wenn wir diese ein Stück weit reduzieren, dann gewinnen wir ein enormes Maß an Sicherheit und an Lebensqualität. Aus einer solchen inneren Stabilität sind wir dann auch viel offener für Themen wie Fehlerkultur, die sowohl im betrieblichen als auch im privaten Kontext wichtig sind.

Um das natürlich zu schaffen, ist auch Reflektieren ein wichtiger Punkt.
So wie wir einen Garten pflegen, so sollten wir Reflexion einfach als Bestandteil unseres bewussten Lebens sehen, als eine Form, unser Leben zu pflegen und zu hegen.

Ich selbst bin ein Reflexionsfan, ich reflektiere fast täglich, weil mir das wichtig ist, immer wieder hinzuschauen, um auch dann die Wege zu finden, die ich gehen muss. Wie sehen Sie das Thema Reflexion in den Unternehmen?
In vielen Unternehmen wird Arbeit vor allem als Aktion, als Wegarbeiten von Themen verstanden. Wer nicht permanent macht und tut, gilt als faul, wird gar schräg angeguckt. Dazu fällt mir ein kleiner Witz zum Thema Reflektion und sich Zeit nehmen ein.

Zwei Männer sägen wie wild schweißüberströmt an einem Baumstamm. Da kommt ein Dritter vorbei und beobachtet die Szene. Plötzlich sagt er: „Euer Sägeblatt ist aber sehr stumpf, wechselt doch die Säge." Beide Männer stöhnen auf: „Geht nicht, keine Zeit, wir müssen doch sägen."

Manchmal ist eine halbe Stunde Reflexion und Nachdenken mehr wert als zehn Stunden arbeiten. Die Frage, die wir uns immer wieder stellen müssen, ist, wenn wir von einer Situation, einer Herausforderung vereinnahmt werden, warum ist das so und wie gehen wir damit um? Und das ist auch ein zutiefst stoisches Thema. Epiktet sagt: Es gibt Dinge, die wir beherrschen, insbesondere unsere Gedanken, unsere Worte und unsere Taten, aber es gibt auch viele Dinge, die wir nicht beherrschen, und diesen sollten wir dann auch nicht hinterherlaufen.

Ich finde, das ist ein ganz großartiges Schlusswort. Dingen, die wir nicht beherrschen nicht hinterherzulaufen. Vielen Dank, dass Sie mein Buchprojekt unterstützen. Ich denke, dass Sie den Lesern sehr viele Impulse geben und die Leser daraus sehr viel für ihr Leben ziehen können.
Sehr gerne.

Vielen Dank für die Zeit und ich freue mich, wenn wir uns wiedersehen.
Ganz meinerseits und viel Glück mit dem Buch.

© privat

Thomas Helmer wurde am 21. April 1965 in Herford geboren und ist ein ehemaliger deutscher Fußballspieler sowie heutiger Sportmoderator. In seiner sportlich aktiven Zeit war Helmers größter internationaler Erfolg der Triumph bei der Europameisterschaft 1996 in England. Helmer begann seine Karriere beim SC Bad Salzuflen und wechselte 1984 als Profi zu Arminia Bielefeld. 1986 wechselte das damalige Jungtalent zu Borussia Dortmund. Er setzte sich auf Anhieb durch und wurde Stammspieler. In den ersten Jahren meist im defensiven Mittelfeld und später in der Innenverteidigung gehörte Helmer sechs Jahre lang zu den wichtigen Säulen des Dortmunder Spiels. Am 26. Juni 1989 konnte der Defensivspieler seinen ersten nationalen Titel feiern. Die Dortmunder erreichten das Finale um den DFB-Pokal und gewannen gegen Werder Bremen. 1992 wechselte Helmer in dem bis dahin teuersten Transfer der Bundesligageschichte für 7,5 Mio. DM zum FC Bayern München, wo er zwei Jahre lang Kapitän war. Mit Bayern München gewann er drei Meisterschaften, den DFB-Pokal sowie den UEFA-Pokal. Anschließend wechselte er zum Ende seiner Karriere nach England zum AFC Sunderland und wurde kurzzeitig an Hertha BSC ausgeliehen.

THOMAS HELMER

Herr Helmer, vielen Dank, dass Sie sich Zeit genommen haben, mit mir über das Thema Herausforderungen im Beruf, Herausforderungen als Moderator, aber auch über Herausforderungen damals als Fußballspieler beim FC Bayern München, Borussia Dortmund und der deutschen Nationalmannschaft zu sprechen. Vielen Dank dafür, dass Sie da sind, hier im wunderbaren Hotel Grand Elysée in Hamburg.
Sehr gerne. Sie haben auch ein spannendes Thema.

Das sehe ich auch so. Gerade jetzt zu Coronazeiten noch mehr als bereits schon vor Corona. Herr Helmer, wie gehen Sie denn mit Herausforderungen um, wenn Sie jetzt zum Beispiel als Moderator in der Fernsehsendung sind und Sie merken, das läuft irgendwie nicht so, wie es laufen sollte?
Es gibt zwei Möglichkeiten, entweder merkt man, ah Mensch, läuft ja gar nicht. Und man groovt sich dann auf die schlechte Stimmung ein. Aus meiner Sicht allerdings wäre das in der Situation eine falsche Einstellung bzw. der falsche Weg. Oder man macht es so: Jetzt erst recht. Und so war oft auch meine Vorgehensweise, meine Haltung, gerade auch auf dem Platz, als ich noch aktiver Profifußballer war. Immer in dieser Art „Trotzreaktion". So, jetzt eine Schippe drauflegen, du musst auch wieder ein bisschen mehr machen. Lauf schneller, lauf mehr. Und als Moderator: Jetzt kannst du vielleicht wieder das Gespräch an dich reißen, vielleicht einen neuen Aspekt bringen, das war immer eine Herausforderung für mich. Oder ist immer noch eine. Manchmal auch eine sehr große allerdings.

Das glaube ich sofort. Sie sind also früher auch schon als Fußballer damit auf diese Art umgegangen, nach dem Motto: Jetzt erst recht? Wenn Sie zum Beispiel in Rückstand geraten sind und gesagt haben, hey, wir müssen aber heute unbedingt gewinnen.
Ja, oder auch, wenn ich aus meiner Sicht zu Unrecht kritisiert wurde, vielleicht ein Spiel vorher. Oder auch im aktuellen Spiel, oder der Trainer in der Halbzeit irgendetwas Falsches zu mir gesagt hat. Dann hatte ich eher diesen Reflex „Pass auf, jetzt zeige ich es dir". Oder ich versuchte es zumindest, das hat auch nicht immer funktioniert, logischerweise. Bei einer Verletzung ist es ganz schwierig, ist es eine ganz andere Situ-

ation, da kann man es natürlich dann nicht so gleich zeigen. Das dauert dann Wochen. Erst wenn man wieder zurückkommt, wenn man wieder gesund ist, aber auch das war immer ein Ansporn für mich. Und eine Verletzung ist überhaupt nichts Schönes. Man geht erst einmal raus aus dem Team. Unter Umständen gewinnt das Team dann auch, was man auch unbedingt will. Unter Umständen spielt auch mein Konkurrent auf der Position richtig gut. Aber das war für mich immer Ansporn in der Herausforderung. Im ersten Moment geht man kurz mal runter, aber dann muss man wirklich schnell aus diesem Loch herauskrabbeln und es in Angriff nehmen. Das hat einfach sehr viel mit Einstellung, Haltung und Willen zu tun. Will ich wirklich wieder in die Mannschaft? Will ich Teil davon sein?

Genau, wieder angreifen, wieder in das Tun kommen. Gerade bei Verletzungen ist es für mich immer so faszinierend, vor allem bei schweren Verletzungen. Wie schafft man es da, wirklich diese Herausforderung zu stemmen und zu sagen, ich weiß, ich muss vielleicht monatelang jetzt meinen Muskel trainieren, jeden Tag, um vielleicht – aber auch nur vielleicht – dann wieder im Kader zu sein?

Genau, man weiß ja auch gar nicht, wie gut verheilt die Verletzung und wie fit werde ich wieder. Ich musste dann auch den Umgang damit erst im Laufe der Jahre durch eigene Erfahrungen lernen. Erstmal, je älter man wird und je mehr Verletzungen man hat, büßt man zum Beispiel Geschwindigkeit ein oder auch Reaktionsfähigkeit. Das ist dann schon wirklich nochmal eine ganz, ganz, ganz andere Hausnummer, das muss ich klar sagen. Und diese Ungewissheit, die ist natürlich erst einmal da und die beeinflusst einen sehr stark. Macht einen manchmal euphorisch und dann wieder fast depressiv. Dass man zuerst denkt und sagt, jetzt geht es aber vorwärts. Aber andererseits auch wieder, wenn dann ein Rückschlag kommt, eben doch nicht. Und ich fand immer am schlimmsten, das weiß ich noch, als ich bei Bayern war, oben im Kraftraum zu sein und unten haben sie trainiert auf dem Platz. Wenn du dann da runterguckst und dir das anschaust und denkst, wann kann ich da endlich wieder mitmachen, kann ich überhaupt mal wieder mitmachen, komme ich wieder auf das Niveau? Diese Fragezeichen, die man dann so vorm Kopf hat, also das waren mit die schwierigsten Situationen in meiner Fußballkarriere.

Und gibt oder gab es bestimmte Methoden, die Sie dann nutzten? Mentaler Art, oder sprechen Sie dann vielleicht mit mehr Menschen darüber, oder wie ist denn da Ihr Umgang damit gewesen?
Ich glaube, ja. Reden, also ich will nicht sagen, sich bei jemandem ausheulen. Aber trotzdem jemanden haben, mit dem man darüber reden kann. Bei mir waren es die Ärzte, die Physiotherapeuten, aber auch der eine oder andere Mitspieler, mit denen ich darüber gesprochen habe. Beziehungsweise damals war es immer Gerd Müller. Das war komisch, wir haben uns immer getroffen. Gerd war immer am Trainingsgelände und wir haben immer geredet. Aber auch, als ich gesund war, war er ein wichtiger Ansprechpartner. Er hat mir dann auch gesagt, das machst du falsch. Was war das denn? Das musst du nicht machen, das darfst du gar nicht machen. Gerd Müller hat mir sehr geholfen, das muss ich ehrlich sagen. Er war für mich auch immer ansprechbar. So wie Gerd Müller als Mensch einfach war. Also diese Gespräche braucht man einfach, ganz klar. Alles mit sich allein auszumachen, funktioniert vermutlich nicht. Man hat dann auch wieder ein besseres Gefühl, man hat ein gutes Gefühl, man gehört auch wieder ein bisschen dazu. Man ist dann nicht so im Abseits. Ich glaube, das ist die große Kunst. Weil eigentlich, wenn man in Anführungsstrichen dann „nicht funktioniert", auch für den Verein, ist man als Profi einfach ein wenig an der Seite. Das darf man sich aber nicht einreden. Sondern man muss echt sagen, komm, ich gebe alles, komme gestärkt zurück. Das merkt man aber erst nach einer Zeit, das muss ich auch fairerweise sagen. Das musste ich lernen.

Gibt es denn mentale Methoden, die Sie damals genutzt haben? Oder auch jetzt als Moderator, zum Beispiel Mediation vor einer Show? Oder gibt es ein Ritual, das Ihnen hilft?
Ja, Rituale gibt es schon. Also auch jetzt als Moderator. Dazu gehört für mich fünf Minuten vorher, wenn die Gäste schon am Set sitzen, dann nochmal kurz rauszugehen. Hört sich jetzt ganz albern an, vielleicht. Oder ganz simpel. Nicht albern, vielleicht simpel. Hilft mir aber nochmal, um mich zu erden. Ich brauche dann nochmal so ein, zwei Minuten Ruhe. Man ist nicht mehr total nervös, hat aber trotzdem die richtige Anspannung. Und die merkt man dann. Und mit der muss man dann umgehen im Sinne von: Ich freue mich jetzt auf die Sendung und nicht so, wie wir

eben gesagt haben, mit der falschen Haltung könnte ich jetzt in eine Verletzung laufen, ich könnte mich jetzt versprechen oder was auch immer noch passieren könnte. Das muss einfach auch ein bisschen Spaß machen. Und dieser positive Gedanke, der ist wichtig. Das versuche ich dann immer umzusetzen. Geht natürlich auch manchmal nicht, logischerweise, ist ja bei uns allen so. Wir sind Menschen. Aber in der Regel hilft mir sowas, so ganz einfache Dinge, wie eben einfach nochmals kurz den Raum verlassen. Sie machen das vermutlich auch als Berater und Trainer.

Ja, den Raum nochmals verlassen gehört auch zu meinen Ritualen. Oder hinter der Bühne vor dem Vortrag nochmals kurz in eine ruhige Ecke zu verschwinden. Das kann auch einfach mal die Toilette sein, wenn es gerade keinen anderen Raum gibt. Oftmals sind die simplen Schritte die besten.
Ja, jetzt nicht irgendwie, also nicht vorher noch eine komplexe Meditationsübung machen. Das würde mich dann auch, glaube ich, vielleicht zu sehr beruhigen. Das ist auch nicht gut, nein, nein, nein. Also es ist dieses Mittelding zwischen Anspannung und Ruhe.

Eine gewisse Anspannung ist notwendig, sonst ist man vielleicht zu lethargisch. Ihre Zuschauer erwarten einen eher leidenschaftlichen Moderator.
Ich bin auch jemand, der dann immer sehr gerne mit dem Team redet. Also mit meinen Kameraleuten, die Band ist dann da und alle, auch der Tonmann oder der das Kabel hält, sind wichtige Leute für mich vor der Show, bevor es losgeht. Und mit denen einfach zu reden, hilft mir. Und bringt mir dann diese Stimmung auch für die Sendung.

Haben Sie ein Vorbild im Umgang mit Herausforderungen, bei dem Sie sagen, ich habe jemanden kennengelernt, der mich im Umgang mit Herausforderungen beeindruckt hat? Für mich ist es Bruce Springsteen. Oder auch ein ehemaliger Lehrer von mir.
Also für mich sind alle Musiker Vorbilder, denn ich bin so unmusikalisch. Ich würde gern singen können. Ich kann auch kein Instrument spielen. Warum hat dich Bruce Springsteen beeindruckt?

Weil er mit Herausforderungen aus meiner Sicht wirklich sehr gut umgehen kann. Wie er mit 80.000 Zuschauern umgehen kann. Oder 100.000

oder mal „nur" 20.000. Ich habe bei ihm einfach das Gefühl, dass er aus dem Herzen agiert, egal, wie das Publikum reagiert. Es gibt ja auch Situationen, da funktioniert ein Lied vielleicht nicht so, wie er es sich erhofft. Und dann ist er zum Beispiel so flexibel, dass er im Gegensatz zu vielen anderen Musikern einfach seine Setlist verändert. Das ist etwas, was mich wirklich fasziniert.
Das glaube ich, können wenige Musiker.

Also vor 80.000 zu funktionieren, ich glaube, das ist schon ein Druck.
Ja. Der ist nicht ohne, viel mehr als bei einem Fußballer, denke ich.

Denn es findet auch eine Eins-zu-Eins-Rückkopplung im Konzert statt. Jubeln die Zuschauer beim Lied, oder jubeln die nicht? Tanzen sie mit, singen sie mit? Du bekommst als Musiker sofort Rückmeldung. Das ist aus meiner Sicht schon eine brutale und sehr kurzfristige Herausforderung.
Ich sage mal, als Fußballer, da muss ich Lothar Matthäus echt ein Kompliment machen. Denn, er hatte so schwere Verletzungen. Kreuzbandriss und was auch sonst noch alles. Er kam, glaube ich, nach viereinhalb Monaten wieder zurück. Weil, er hat sich damals in der Schweiz, ich glaube in Crans-Montana, Lothar wird mich verbessern, wenn es nicht stimmt, die Garage umgebaut und einen Kraftraum reingebaut. Und hat dann für sich trainiert. Für sich ganz allein. Denn er wollte unbedingt wieder einen Platz im Team haben. Er hatte dann einen Achillessehnenriss, da war ich dabei, in Bielefeld. Auf einmal macht es peng, ich stand daneben. Er konnte nicht mehr auftreten, da hat er sich auch ganz schnell von dieser Verletzung erholt. Also Lothar war ein Tier, was das angeht. Also ich meine jetzt einfach nur, aus einer Verletzung rauszukommen. Er hat nicht umsonst 150 Länderspiele gemacht. Und was weiß ich wie viele Jahre gespielt. Also auf dem Sektor war Lothar schon ein Vorbild, was diese, wie soll ich sagen, diese Einstellung und diesen unbändigen Willen angeht. Und nicht aufgeben, ich komme wieder zurück, und er hat es immer wieder geschafft. Und er war trotzdem immer noch einer der Besten, das muss man wirklich sagen. Wenn nicht der Beste. Und das nach diesen vielen Verletzungen. Ich habe immer gesagt, Lothar, den besten 40-Meter-Pass kriegst immer noch du hin.

Lothar Matthäus hat definitiv eine faszinierende Karriere hingelegt.
Ja, dafür habe ich ihn echt bewundert, muss ich sagen. Außerdem ist er ein total gutmütiger Mensch. Kommt manchmal vielleicht anders rüber, aber ich schätze ihn da sehr. Und wie gesagt, in Sachen Disziplin und sich wieder zurückkämpfen, war Lothar wirklich ein Vorbild.

Wenn Sie drei Tipps an Menschen in Unternehmen geben würden, wie diese mit Herausforderungen oder Veränderungen umgehen sollten, was wären Ihre drei Tipps? Nehmen wir an, Sie stehen jetzt vor einem Unternehmen mit 500 Mitarbeitern. Was sagen Sie diesen Mitarbeitern, wie sie damit umgehen sollten?
Also ich bin immer, und da lege ich auch Wert drauf, ein Teamspieler. Ich glaube, man muss das Team mitnehmen, man muss sich mit dem Team beschäftigen. Auch mit den Leuten einfach mal reden. Haben wir eben schon kurz angedeutet, Kommunikation finde ich ganz, ganz wichtig. Gerade wenn man in einer Führungsposition ist, muss man auch mal wirklich auf die Bedürfnisse der Mitarbeiter eingehen. Natürlich, Entscheidungen muss man am Ende selbst treffen. Aber ich glaube, dass das Klima auch eine ganz, ganz wichtige Rolle spielt. Also bei uns ist das so. Und deswegen finde ich den Teamgedanken sehr, sehr wichtig. Auch öfter mal loben, wenn etwas gut gelaufen ist. Ich glaube, das gehört sogar auf jeden Fall dazu, da muss man ein Gefühl für entwickeln, das hat vielleicht aber nicht jeder. Ich finde es immer nur schwierig, wenn man nicht zuhört und meint, alles allein entscheiden zu können und zu müssen. Ich glaube, das geht auch in Unternehmen nicht, ohne den Unternehmenden oder den Unternehmensverantwortlichen irgendetwas Böses zu wollen. Aber ich glaube, Kommunikation ist dann sehr wichtig. Einfach ein Gefühl dafür zu entwickeln, wie ist das Klima, was läuft gerade nicht so. Gerade in Krisen. Und dazu brauche ich das Reden.

Ein weiterer Tipp ist, „auszuflippen" und sich selbst dann reflektieren. Auch ein wichtiger Aspekt, finde ich. Was habe ich gerade falsch gemacht? Ich bin auch jemand, der zum Beispiel manchmal, wenn ich das Gefühl habe, Ungerechtigkeit herrscht, ich mag das überhaupt nicht – aber, wenn ich das Gefühl habe, ich bin ungerecht behandelt worden oder werde es gerade – dann reagiere ich im ersten Moment sehr emotional. Und genau das meine ich aber, das tut mir nachher dann schon wieder leid. Also deswegen habe ich gelernt, warte doch erst einmal. Reflektiere oder warte auch mal einen Tag, lass es erst einmal sacken. Hat mir allerdings auch meine Frau beigebracht, ich gebe es zu. Hilft aber extrem und ist auch nur zu empfehlen.

Man lernt auch viel von Ehefrauen. Sehr viel sogar. Vor allem, wenn man in einem Gespräch richtig zuhört.
Ist so, ja. Ich habe viel von meiner Ehefrau gelernt.

Da gibt es immer wieder schöne Rückmeldungen.
Doch, das ist schon so. Das ist, auch wenn wir es ungern zugeben, es ist schon so.

Gab es denn Unterschiede in den Vereinen? Sie waren Profifußballer bei Borussia Dortmund, dem FC Bayern München, der deutschen Nationalmannschaft, gab es denn da Unterschiede im Umgang mit Herausforderungen? Sagen Sie, bei Dortmund haben wir es anders gelöst als bei Bayern, und in der deutschen Nationalmannschaft wieder ganz anders?
Man kann diese Zeiten leider nicht so ganz vergleichen. Als ich in Dortmund war, da war noch alles sehr familiär. Wir sind freitags zum Beispiel vor dem Abschlusstraining mit vier, fünf Leuten immer frühstücken gegangen. Also wir Spieler. Auch wenn das Konkurrenten waren. Trotzdem haben wir das einfach gemacht. Wir haben uns schon ein bisschen auf das Spiel eingestimmt.

Als ich bei Bayern war und dann in der Nationalmannschaft, nur allein vom Anspruch her hieß es ja immer, du darfst nicht verlieren. Unentschieden war schon grenzwertig. Das galt für beide, also für die Nationalmannschaft und für Bayern. Wenn man das sieben Jahre macht und alle drei Tage spielt – oder zumindest sehr häufig spielt – und dann immer wieder diese Anforderung spürt, braucht man einen anderen Umgang damit. Wir alle wissen, es gibt Tage, da wacht man morgens auf, vielleicht hat man auch einen kleinen Schnupfen oder irgendetwas anderes, meist tut irgendetwas weh – man ist ja nicht jeden Tag gleich gut drauf, also körperlich und natürlich mental auch nicht –, aber das war eine ganz andere Herausforderung, das bei Bayern und der Nationalmannschaft zu stemmen. Deswegen glaube ich, dass nur die Spieler auch so lange bei Bayern dabei sein können, die damit umgehen können und das hinbekommen. Die für sich Methoden entwickeln, das zu stemmen. Ein gemeinsames Frühstück in kleiner Runde hilft da nicht mehr. Denn das ist wirklich extrem schwer. Man merkt dann auch, irgendwann ist der Ofen aus. Man kann diese Höchstleistung nicht mehr bringen.

Wann haben Sie das bei sich bemerkt?
Bei mir war es 1996. Ich hatte zu diesem Zeitpunkt schon Probleme mit dem Knie, also wirklich körperliche Schmerzen. Es war dann ein kleiner Zweikampf mit Carsten Jancker. Carsten Jancker, der hat mir nur ganz leicht gegen den Fuß innen geschlagen und schon ist mir das Knie sofort weggehauen, also das Innenband ist gerissen. Erstmal habe ich natürlich gedacht, wie blöd, das kann doch jetzt nicht sein. Im Nachhinein aber war ich ganz froh. Ich konnte mich danach erholen, mein Körper brauchte diese Erholung einfach, ich konnte nicht mehr, mehr war nicht drin. Lernt man dann auch als langjähriger Profi.

Ja, man darf oder muss oftmals auch schmerzhaft lernen, dass es körperliche Beschränkungen gibt. Bei mir erlebe ich gerade, dass ich aufgrund der vielen Videokonferenzen, die durch die Corona-Maßnahmen jetzt natürlich vermehrt stattfinden, abends mit kaputten Augen das Büro verlasse. Damit musste ich auch erst für mich einen Umgang finden. Was ist oder war für Sie anstrengender? Der Fußball-Job oder jetzt Ihr Moderatoren-Job?
Das werde ich oft gefragt. Was ist einfacher oder was ist anstrengender, Fußballer oder eben Moderator? Und ich finde Moderator viel anstrengender. Ich finde es vor allem mental anstrengender. Wenn die Sendung vorbei ist, habe ich das Gefühl, ich habe drei Spiele hintereinander gemacht. Man hat als Sportler ein anderes Gefühl, wenn man richtig ausgepowert ist, denke ich. Es ist ein anderes positiveres Gefühl. Beim Moderieren ist es so, toll, es ist vorbei, schön, aber ich brauche erst einmal Ruhe. Als Fußballer war man eher euphorisch, vor allem bei einem Sieg.

Körperlich weiß man, was man getan hat als Sportler. Das ist vielleicht der „bessere" Beweis für die eigene Leistung.
Ja, irgendwie hat man einen direkteren Nachweis, genau.

Wenn Sie rückblickend nochmal Ihre Fußballerkarriere betrachten, würden Sie jetzt etwas anders machen, wenn Sie nochmal in der gleichen Situation wären? Oder sagen Sie, nein, ich habe alles bei den Herausforderungen und dem Stress so gemacht, wie ich es zum damaligen Zeitpunkt konnte und auch wollte?
Es gibt immer ein, zwei Punkte, die man besser oder anders hätte machen können. Aber ich habe viel Glück gehabt, ich habe Kreisliga A gespielt, war zu diesem Zeitpunkt in keiner Auswahl. Dann bin ich zu Arminia Bielefeld gekommen. Und dann auf einmal zu einem Bundesligisten. Also dieser Weg war schon gut. Und die Entwicklung für mich war auch gut. In Bielefeld dann ging es los. Zuerst Bundesliga, dann Abstieg, dann zweite Liga gespielt, dann zu Dortmund wieder in die erste Liga. Also immer zum richtigen Zeitpunkt auch zu den Vereinen gekommen, wo es eben nicht so lief. Und bei denen ich mich dann immer weiterentwickeln und auch besser werden konnte. Natürlich hätte ich in diesem Verlauf vermutlich auch das ein oder andere noch besser machen können.

Und dann kam Bayern, dann kam die Nationalmannschaft und so weiter und so fort. Das war alles prima. Natürlich war bei Bayern mein Phantomtor gegen Nürnberg ein großer Fehler. Das habe ich jetzt auch schon oft erklärt. Dazu stehe ich, also zu diesem Fehler. Und am Schluss meiner Karriere, als Bayern sagte: „Nein, der Vertrag wird nicht verlängert." Da wusste ich auch, dass ich nicht mehr in der Bundesliga bleiben will. Ich hatte ein gutes Angebot von Stuttgart, aber ich habe, Ralf Rangnick war damals Trainer, zu ihm gesagt: „Nein, ich habe keine Lust mehr. Ich weiß, die gucken sowieso alle jetzt nur noch auf mich, wie läuft der alte Mann noch?" Ich hatte aber ein halbes Jahr davor ein Angebot von Liverpool, und das habe ich nicht angenommen. Also im Nachhinein, was jetzt Liverpool betrifft, diese Entscheidung war vielleicht ein Fehler. Hätte man ruhig mal machen können. Aber ich bereue das jetzt nicht.

Das ist wichtig, dass man das nicht bereut. Oder denkt, man hätte es machen können und dann ewig trauert.
Ich glaube, ich bin eigentlich auch sehr bodenständig. Ausland war auch nie so richtig mein Ding, hatte ich immer das Gefühl. Und ich

habe bei Dortmund, bei Bayern gespielt und in der Nationalmannschaft. Ich meine, als Fußballer, als Defensiver vor allen Dingen, sage ich mir, das war schon in Ordnung. Damit kann ich sehr gut leben.

Gibt es noch etwas, was Sie zum Ausgleich bei Herausforderungen und stressigen Situationen machen? Dass Sie sagen, ich gehe weiterhin regelmäßig joggen? Als ehemaliger Profisportler ist Sport vermutlich noch immer wichtig?
Ja, joggen muss ich. Ich habe mir letztes Jahr beim Tretbootfahren so eine blöde Verletzung geholt. Ich habe mir den kompletten Muskel abgerissen, als ich mit meinen Kindern Tretbootfahren war. Ja, man lacht darüber. Ich weiß, das haben alle gemacht.

Sich beim Tretbootfahren zu verletzen, ist aber auch eher selten.
Ich bin weggerutscht, und später gab es eine OP. Anschließend sieben Wochen Krücken und drei Monate gar nichts machen ist dann plötzlich auch eine Herausforderung. Deswegen jogge ich jetzt wieder ein bisschen. Aber ich merke, dass ich eine Verletzung hatte. Aber das Joggen ist jetzt kein Ritual.

Was ich diesbezüglich oft gefragt werde, ist, ob ich golfe. Nein, nein, nein. Da wird es mit Sportarten schon eng. Also das war es eigentlich schon, was Sport angeht. Ich habe allerdings auch meine Kinder, meine Familie. Wir machen viel zusammen. Aber ein bestimmtes Ritual habe ich wissentlich nicht. Das Wochenende ist eigentlich wie früher auch. Früher hat man gespielt, jetzt darf man über die Spiele reden, also hat sich jetzt vom Ablauf her nicht viel für mich geändert. Der Unterschied ist, dass ich jetzt den Montag meistens frei habe. Gibt es wirklich kein Ritual bei mir? Ich überlege gerade. Nein. Also ab und zu gönnt man sich dann eine Massage oder Floating, was es alles in diesem Bereich gibt. Also etwas zum Entspannen, das muss sehr wohl sein. Das mache ich dann auch mit meiner Frau meistens alles zusammen.

Sind Sie ein Familienmensch? Schöpfen Sie daraus auch Energie und Kraft?
Ja, ich glaube schon.

Also mir hilft Familie sehr. Ich tanke mit und bei meiner Familie sehr viel Energie.

Ja, Familie und auch meine Freunde geben mir Energie. Als Beispiel: Wenn jetzt die Champions League ist, dann sind wir mit dem Fernsehen in Dortmund, wie es im Moment aussieht. Und ich bin in einer WhatsApp-Gruppe, die heißt Mannschafts-Lunch. In dieser Gruppe ist der ehemalige Busfahrer von Borussia Dortmund, Hartmut Wiegand, dann Günther Kutowski, Frank Mill, Michael Rummenigge und noch weitere, also alles ehemalige Spieler. Wir sind dann immer so 10–15 Leute und treffen uns einfach nur zwei Stunden zum Essen, Quatschen. Man sieht sich dann einfach. Und das gibt auch sehr viel Energie. Freunde sind auch wichtig, um Herausforderungen, Krisen und vieles andere meistern zu können. Wer alles allein versucht, wird letztendlich aus meiner Sicht scheitern oder zumindest weniger erfolgreich sein.

Die Gruppe gibt Ihnen dann Energie und vermutlich auch viele Ideen und Impulse.

Ja, das finde ich einfach super. Ich freue mich immer sehr darauf. Das passiert dann alle zwei, drei Monate. Das finde ich auch wichtig, dass man diese Kontakte einfach nicht verliert. Das ist vielleicht eine Art Ritual, diese Freunde immer wieder mit ins Boot zu nehmen, sich anzurufen. Das finde ich schon wichtig und tut mir auch gut.

Soziale Kontakte sind sogar sehr wichtig. Ich bin gespannt, wie dieses Thema sich dann jetzt in den Corona-Zeiten verändert. Ich finde das Thema Freunde ist ein sehr schöner Abschluss unseres Gesprächs hier in Hamburg.

Herr Helmer, vielen, vielen Dank für das Gespräch. Es war mir eine Ehre und ich muss es Ihnen jetzt noch sagen, Sie gehören zu meinen Lieblingsspielern des FC Bayern München.

Sehr gerne. Ihnen viel Erfolg bei Ihren Lesern und Kunden. Ich danke Ihnen, dass Sie mich in Ihr Buch einbeziehen.

Hat viel, viel Spaß gemacht. Ich wünsche Ihnen alles Gute, bleiben Sie gesund.
Das Wichtigste momentan.

Genau! Und beim nächsten Tretbootfahren bleiben Sie bitte auch unfallfrei.
Ich bin schon wieder gefahren, aber ich habe mich nur hinten reingesetzt und war ganz vorsichtig. Beim Aussteigen sagten alle nur: „Oh, oh, oh, bitte, bitte, ich will dir helfen." Das hat man dann davon.

Als Dankeschön habe ich zwei meiner Bücher mitgebracht, die ich bereits veröffentlicht habe.
Oh, vielen Dank.

Vielleicht haben Sie ja mal Lust darin zu blättern.
Ich lese immer, wenn wir im Urlaub sind. Dann lese ich wirklich sehr intensiv. Ich bin allerdings auch ein Schnellleser. Also nicht, dass ich das nicht richtig lese. Nein, sondern einfach, wenn ich einmal anfange, dann geht's schnell durch. Super. Klasse. Ich freue mich sehr darüber. Danke nochmals für die Bücher.

Sehr gerne, sehr gerne.
Cool. Echt. „Jammern stand nicht im Vertrag" ist auch gut, der Titel ist schon gut.

Danke. Haben mittlerweile viele Vorstände für ihre Führungskräfte gekauft. Frei nach dem Motto: „Hey, Jammern stand nicht im Vertrag bei euch und macht jetzt etwas aus der Situation und tut etwas".
Ja, das ist jetzt lustig, denn ich war gestern mit jemandem unterwegs, der auch so eine Art Coach ist. Und der sagte mir auch, er hatte vor Kurzem eine Veranstaltung, und keiner der Teilnehmer hat wohl zugehört. Da sitzen 14 Oberärzte, und er musste die erst einmal packen, also so richtig. Aber wenn das natürlich dann der oberste Chef so vorlebt, am besten noch aufs Handy guckt, das finde ich also abartig, sorry.

Das geht aus meiner Sicht auch nicht. Es gibt bestimmte Verhaltensweisen, die können nicht akzeptiert werden. Vor allem nicht, wenn das obere

Management diese vorlebt und sich dann wundert, wieso „unten" nichts funktioniert.

Was sagen Sie dem dann?

Ich gebe jemandem dann auch eine klare Rückmeldung. Also ich bin bekannt dafür, dass ich sehr klare Worte spreche. Das sehe ich aber auch als wichtig an. Berater, Trainer, Coaches sollten doch genau das tun. Alles andere ist doch Geld- und Zeitverschwendung.

Genau, das sehe ich genauso. Aber das finde ich korrekt, das finde ich absolut korrekt, so die Rückmeldung zu geben.

Ich denke, die erfolgreichsten Trainer sind auch die, die klare Worte sprechen. In diesem Sinne nochmals vielen Dank, Herr Helmer. Es war ein Vergnügen. Kommen Sie gut nach Hause.

Andreas Ronken wurde 1967 in Solingen geboren und ist ein erfolgreicher deutscher Manager. Seit 2015 ist er der CEO der Alfred Ritter GmbH & Co. KG (Ritter Sport). Außerdem ist er in mehreren Aufsichtsrats- und Beiratsfunktionen tätig. Ronken begann nach dem Studium zum Maschinenbauingenieur als Trainee beim US-Nahrungsmittelkonzern Mars. Später wurde er Entwicklungsleiter – zuständig für Süßwaren und Tierfutter. Nebenher absolvierte er den Master of Business Administration (MBA). Dann kam das Angebot von Ritter: Er begann in Waldenbuch als Geschäftsführer Produktion und Technik, dann machte ihn die Familie Ritter zum obersten Chef.

ANDREAS RONKEN

Wie ist Ihr persönlicher Umgang mit beruflichen Veränderungen und Herausforderungen?

Unterscheiden würde ich klar zwischen Change-Herausforderungen und Krise – das sind für mich zwei verschiedene Themen, die ich unterschiedlich angehe. Veränderungen und damit einhergehende Herausforderungen sind das Salz in der Suppe. Ohne Veränderungen gibt es Rückschritt, daher sehe ich in Veränderungen grundsätzlich eher etwas Positives. Nichtsdestotrotz gilt auch für mich „jeder will verändern und keiner will verändert werden", was in der täglichen Arbeit die Veränderung zur Herausforderung werden lässt.

Für mich wichtig ist ein „Nordstern", ein Kompass – wohin soll es gehen? Und warum ist das eine gute Richtung? Die Frage nach der Sinnhaftigkeit ist wesentlich und diese Frage sollte immer eine Antwort bekommen. Rein pragmatisch sind Veränderungen am besten verdaulich, wenn man schnell selbst die ersten Schritte geht und ins „Tun" kommt. Abwarten bringt selten etwas. Wer ins „Tun" kommt, kann zumindest erkennen, ob der Weg richtig ist.

Kommen wir zum Thema Krise. Krise ist ein Thema vor allem für die Chefetage – hier werden schnelle und klare Entscheidungen benötigt. Eine geeignete Einbindung der Top-Führungskräfte ist jedoch auch essenziell, da die Umsetzung der Maßnahmen fast immer über die Führungskräfte geht. Weiterhin muss viel und gut intern wie extern kommuniziert werden und das wesentlich öfter als sonst üblich.

Welche Methoden oder Vorgehensweisen nutzen Sie, wenn Sie Krisen oder Herausforderungen gegenüberstehen?

Wichtig aus meiner Sicht ist es, selbst fokussiert zu sein und in Krisen oder Change-Herausforderungen nicht noch parallel zum Beispiel weitere Baustellen aufzumachen. Vor allem auch dann nicht, wenn die weiteren Baustellen keinen Krisencharakter haben. Das Freiräumen von Zeit und Fokussierung ist hier sehr wichtig und sollte von jedem konsequent durchgeführt werden. Alles, was nicht wichtig und dringend ist, runter vom Tisch.

Fokus und Cash sind Kings in der Krise! Umso größer die Krise, umso kühler muss auch der Kopf bleiben, Panik ist kontraproduktiv, Zuhören und Denken sind essenziell.

Für mich persönlich wichtig ist meine „me time" in der Natur, auf dem Mountainbike oder beim Joggen mit dem Hund. Das sind für mich perfekte Zeiten zum Reflektieren. Wichtig ist für mich auch immer die Chance zu sehen und die positive Grundhaltung in der Krise zu behalten. Wer das beherrscht, hat definitiv viele Vorteile.

Welche Tipps und Tricks haben Sie für Menschen in Unternehmen im Umgang mit „Herausforderungen meistern", wenn Sie Ihre Erfahrungen transferieren würden? Ihnen ist ja auch Sport sehr wichtig, um Herausforderungen zu meistern. Gibt es hierzu aus Ihrer Sicht auch Parallelen?
Im beruflichen wie im sportlichen Bereich sind Fairness, Teamgeist und Ausdauer wesentliche Erfolgsgaranten. Weiterhin ist die Visualisierung des Gewinnens im Sport sowie im Beruf wesentlich, um erfolgreich zu sein. Visualisierungen helfen enorm, um wichtige Themen und Punkte klarer zu sehen.

Ganz wichtig ist aus meiner Sicht auch die emotionale Bindung der Teammitglieder untereinander. Reine Zweckgemeinschaften werden nicht so erfolgreich sein wie Teams, die eine hohe emotionale Bindung mit klarem Purpose aufweisen. Emotionale Bindungen helfen, dass jeder jeden verstehen und dass jeder jeden unterstützen will. Wenn alle nur allein nebeneinander herlaufen, schaut jeder nur auf sich. So gehen Energie, Kraft und Fokus verloren. Gemeinsame Visionen und Ziele helfen hier enorm.

Wenn Sie Menschen drei Empfehlungen im Umgang mit Herausforderungen und Krisen geben würden, welche drei sind dies aufgrund Ihrer Erfahrungen?
Ein wichtiger Punkt ist, der Krise Platz und Raum zu geben: Frühzeitig eine Krise ausrufen, und dann die Kalender rigoros leerräumen, einen geeigneten Krisenstab mit Menschen, die einen kühlen Kopf bewahren, etablieren und dann 100-prozentiges Fokussieren auf das Meistern der Krise.

Als zweiten wichtigen Punkt sehe ich die Kommunikation: Zuhören, reflektieren und entscheiden – in Krisenzeiten erwartet die Organisation klare Führung und Orientierung sowie schnelle Entscheidungen. Und dabei sind die drei genannten kommunikativen Kompetenzen mitentscheidend. Wichtig ist hier jedoch, dass rechtzeitig erkannt wird, wenn die Krise beendet ist und jetzt auch wieder Empowerment der Führungskräfte etc. angesagt ist. Wer zu lange im Krisenmodus verharrt, verändert potenziell die Unternehmenskultur.

Kommunikation ist in diesen Situationen und Momenten enorm wichtig! Viele Menschen haben in Krisen große Ängste – das ist normal und deshalb muss noch mehr als sonst kommuniziert werden, was getan wird und wie die Situation ist – nicht wöchentlich, sondern täglich. Transparenz und Aufklärung sind jetzt noch wichtiger und müssen mit aller Energie angegangen werden. Von allen Führungskräften.

Gibt es für Sie ein Vorbild im Umgang mit Herausforderungen und Krisen? Wenn ja, weshalb und wer? Was konnten Sie von diesem Vorbild für sich lernen?

Chesley B. Sullenberger, der Pilot der 2009 erfolgreich die Notlandung im Hudson River gemacht hat. Eine wahre Krisenmeisterleistung: Die Krise wurde von Minute zu Minute größer, er blieb mit seinem Co-Piloten trotzdem sehr ruhig und 100 Prozent fokussiert auf einen Ausweg und das mit perfekter Umsetzung und unter höchstem Druck. Ich bin selbst früher als Hobbypilot geflogen. Chesleys Leistung zeigt auch, dass Krisenmanagement erlernt werden kann. Sullenberger war bestens ausgebildet für diesen Notfall und hat 100-prozentig performed. Er hat das Richtige getan und hat mutig das für viele Piloten Undenkbare gemacht. Wir sollten uns deshalb auch immer mal wieder hinterfragen, ob wir das notwendige Rüstzeug an Bord haben, um dann in Krisensituationen und bei Herausforderungen das Richtige tun zu können.

Was würden Sie heute anders machen, wenn Sie an eine große Herausforderung von früher denken?

Ich hatte früh viele Chancen, Krisen zu durchleben. Im Nachhinein bin ich dafür dankbar, da ich viel Wertvolles erlernen konnte. Diese Krisen haben mich auch zu dem gemacht, der ich heute bin. Es überwiegt definitiv mehr Dankbarkeit als Trauer. Mit meiner heutigen Erfahrung würde ich noch mehr kommunizieren und auch mehr die Führungskräfte geeignet in das Krisenmanagement einbinden. Eine Krise ist auch eine große Chance im Hinblick auf die Etablierung einer guten Unternehmenskultur. Diese Chance sollte man viel stärker für die unternehmerische Zukunft nutzen.

Welche Fähigkeiten sollte jemand besitzen, um aus Ihrer Sicht Herausforderungen, Krisen o. Ä. entspannt zu meistern?
Aus meiner Sicht geht es viel um Haltung und Einstellung. Krisenmanagement ist eine wichtige Aufgabe und keine Plattform, um sich wichtig zu tun oder sich selbst zu inszenieren. Egoismus ist hier fehl am Platz und sollte von niemandem gezeigt werden.

Wichtige Fähigkeiten, die ich jedem empfehlen möchte, sind: Besonnenheit im Sinne von „einen kühlen Kopf bewahren“, strukturiertes Vorgehen und kein planloses Springen von Aktivität zu Aktivität, von Maßnahme zu Maßnahme. Die Fähigkeit, gut zu abstrahieren und den Fokus auf dem Wesentlichen zu halten, hilft sehr, Krisen zu meistern. Ebenso eine einfache und klare Kommunikation zu zeigen. Mir hilft es auch, zu reflektieren, um das eigene Handeln zu verstehen. Des Weiteren auch Einfühlungsvermögen sowie emotionale Intelligenz und Ausdauer, da Krisen oftmals nicht innerhalb von wenigen Tagen beendet sind.

Herr Ronken, vielen Dank für Ihre Antworten und Ihre Impulse für die Leserinnen und Leser. Und auch vielen Dank für die wunderbare Schokolade, mit der Sie den Tag versüßen können. Ihnen alles Gute und bis bald wieder.

© www.davidrasche.de

Dr. Jörg Ehmer wurde am 11. September 1966 geboren und ist ein deutscher Spitzenmanager. Er selbst bezeichnet sich als Insider mit Meinung – eine Meinung, die er sich über Jahre gebildet hat. Der gelernte Jurist hat zehn Jahre die Wachstumsphase von Vodafone in Deutschland mitgestaltet, überwiegend in Vertriebsfunktionen. Zuletzt verantwortete er im Vodafone Executive Committee (Geschäftsleitung) den nationalen B2B-Vertrieb. Die nächste berufliche Station war ebenfalls in der Telekommunikationsbranche: als Vertriebsgeschäftsführer der E-Plus-Gruppe. Den Handel kennt Jörg Ehmer besonders intensiv aus seiner Zeit als Sprecher des Vorstandes der ElectronicPartner Handel SE. Seit Juli 2014 verantwortet er das Deutschland- und Österreich-Geschäft von GrandVision, der weltweit führenden Unternehmensgruppe im Augenoptik-Handel; er ist CEO von Apollo Optik, des filialstärksten Optikers Deutschlands, Aufsichtsratsvorsitzender von Pearle Österreich und Member of the Board des indischen Filialisten Vision Express. Durch diese Aufgaben hat er intensive Erfahrungen in Industrie und Handel gesammelt. Er hat eine Meinung, lässt Interessierte auf seinem Blog daran teilhaben und gerne auch mitdiskutieren. Es geht um alles, was ihn bewegt und Diskussionsstoff liefert: konkrete Themen aus dem Handel genauso wie Spannendes aus Arbeitswelt, Wirtschaft und Gesellschaft. Ihre Meinung ist dort willkommen, er freut sich auf anregende Diskussionen mit Ihnen.

DR. JÖRG EHMER

Herr Dr. Ehmer, welche Gedanken und Emotionen hat Corona bei Ihnen als Führungskraft bzw. in Ihrer Funktion als CEO von Apollo Optik ausgelöst?

Als Corona in mein Leben kam, wurden Sorge und sportlicher Ehrgeiz zugleich ausgelöst. Sorge vor den möglichen sozialen und ökonomischen Folgen, gleichzeitig hoher Ehrgeiz, diese Situation bestmöglich zu managen und mein Unternehmen bestmöglich durch die Krise zu führen.

Worauf haben Sie dann Ihren Fokus gelegt? Und aus welchem Grund haben Sie diesen Fokus so gewählt?

In erster Linie war mir der Schutz der Gesundheit von Menschen wichtig, sowohl bei unseren Mitarbeitern als auch bei den Kunden. Aus ethischen Gründen, aber auch, weil dauerhafte Leistung Vertrauen voraussetzt. Darüber hinaus war es in dieser Krise noch mehr als sonst wichtig, sehr intensiv zu kommunizieren unter Nutzung verschiedenster Medien und Kanäle – zu erklären, warum etwas passiert und wieso wir so entscheiden, Menschen einzubinden und dabei den „Puls dieser Menschen zu fühlen".

Wie in jeder Krise war und ist es aus meiner Sicht wichtig, besonders engen Kontakt zu den Leistungsträgern des Unternehmens und – gerade auch zu den informellen – Leadern zu halten. Dieses Mal war es mitentscheidend, wirklich nahe an den Menschen zu sein. Inhaltlich war uns natürlich auch wichtig: Cash is king ... denn ohne Cash können wir das Unternehmen nicht aufrechterhalten und somit auch nicht die Mitarbeiter in ihrem Leben schützen.

Welche Tipps und Tricks haben Sie für Menschen in Unternehmen im Umgang mit Krisen?

In erster Linie: Ruhe bewahren! Erst denken, dann noch einmal darüber nachdenken, dann schnell und entschlossen handeln.

Und neben dem aktiven Krisenmanagement auch Zeit dafür einsetzen, über die Chancen der Krise nachzudenken – welchen Nutzen kann ich langfristig aus der Situation ziehen, wie kann ich meine Marke stärken, wo schwächeln welche Wettbewerber, wie kann ich das für mich nutzen ... was kann ich persönlich als Mensch von der Krise für mich und meine Persönlichkeit lernen. Ich denke, wir alle könnten aus den Krisen noch viel mehr lernen und für uns erkennen, wenn wir neben der Krisenbewältigung eben auch Zeit für Krisenreflexion einbauen würden.

Wie ist Ihr persönlicher Umgang mit beruflichen Veränderungen und Herausforderungen? Welche Methoden oder Vorgehensweisen nutzen Sie? Beispiele: Mentaltraining, Entspannungsübungen, Optimismus, Teamgemeinschaft ...
Ich habe keine besonderen Methoden. Ich agiere aus dem Jetzt und versuche dann, die besten Schritte daraus abzuleiten und mutig Entscheidungen zu treffen.

Gibt es für Sie ein Vorbild im Umgang mit Herausforderungen und Krisen? Wenn ja, weshalb und wer? Was konnten Sie von diesem Vorbild für sich lernen? Meine Vorbilder sind zum Beispiel ein Vorstandsvorsitzender und seine ruhige Ausstrahlung sowie Bruce Springsteen mit seiner Disziplin und Anpassungsfähigkeit.
Mich inspirieren Menschen, die existenzielle Krisen erfolgreich überwunden haben und daraus gestärkt hervorgegangen sind. Menschen, die die Krise eben als Chance gesehen haben. Dazu fallen mir zwei Beispiele ein, von denen ich einiges gelernt habe. Heinrich Popow hat mich vor einigen Jahren sehr beeindruckt, vor Kurzem hatte ich eine spannende Begegnung mit Sebastian Wächter.

Was würden Sie heute anders machen, wenn Sie an die ersten Wochen und Monate der Corona-Zeit denken?
Ich würde beginnen, noch früher in noch extremeren Szenarien zu denken. Zu Beginn war ich vorsichtiger in den Szenarien. Würde aber zukünftig noch extremer in die Herausforderungen einsteigen und noch mehr Möglichkeiten berücksichtigen. Ich denke, wir haben Corona und die Herausforderungen zu lange unterschätzt. Vieles, das dann eingetroffen ist, war in unserer Vorstellung nicht vorhanden oder wollte vielleicht auch nicht vorhanden sein. Ich denke, wir hätten einiges anders entscheiden können und auch müssen, wären wir mutiger gewesen, uns gewisse Szenarien vorzustellen. Unabhängig, ob diese dann eintreten oder eben nicht.

Welche Fähigkeiten sollte jemand besitzen, um aus Ihrer Sicht Herausforderungen, Krisen o. Ä. „entspannt" meistern zu können?

Aus meiner Sicht sind die Eigenschaften Souveränität, innere Ausgeglichenheit und sehr hohe Belastbarkeit gepaart mit hohem sportlichem Ehrgeiz wichtige Voraussetzungen, um entspannt - wie Sie es nennen - durch Krisen gehen zu können. Darüber hinaus sind ausgezeichnete kommunikative Skills und Empathie gerade in großen und dezentralen Organisationen sehr wichtig.

Charly Klauser (voller Name Charlotte Klauser) wurde am 16. Juli 1990 in Bergisch Gladbach geboren und ist eine deutsche Musikerin, Multi-Instrumentalistin, Singer-Songwriterin und Produzentin. Neben ihrer Tätigkeit als Solokünstlerin ist sie in verschiedenen Formationen als Instrumentalistin, Sängerin und Songwriterin tätig, u. a. bei Peter Maffay, Sasha und Carolin Kebekus. Charly Klauser ist mit ihren 31 Jahren eine Multi-Instrumentalistin, die keine Facetten auslässt. Die Kölnerin ist Tochter einer Musikerfamilie und stand mit zweieinhalb Jahren das erste Mal mit einem Instrument in der Hand auf der Bühne – in der ersten Reihe eines Geigenorchesters.

Heute ist sie Sängerin, Schlagzeugerin, Percussionistin, Geigerin, Pianistin, Gitarristin, Songwriterin und Produzentin und über Deutschland hinaus aus den unterschiedlichsten Projekten nicht mehr wegzudenken. Derzeit arbeitet sie hauptsächlich an ihrem Soloprojekt, ihren eigenen Songs und ihrem ersten Album, welches sie 2022 veröffentlichen wird.

CHARLY KLAUSER

Charly, vielen Dank, dass du dir heute Zeit genommen hast, mit mir über Herausforderungen im Berufsalltag zu sprechen. Danke, dass wir auch hier in Köln in deinem privaten Proberaum sein können. Du bereitest dich ja hier sicherlich auch immer auf die Tourneen mit Peter Maffay, Tim Bendzko oder Sasha vor. Du bist schon viele, viele Jahre Profimusikerin bei Peter Maffay, bei Sasha und mit deiner eigenen Band, und ich freue ich mich ganz besonders, dass wir heute Zeit haben, uns auszutauschen.
Super, gerne! Vielen Dank für deine Einladung, Teil deines Buches zu sein.

Sehr gerne! Charly, wenn du an deine Karriere zurückdenkst, die Jahre als Profimusikerin betrachtest, was waren denn für dich Herausforderungen, bei denen du sagst, „okay, das war schon teilweise schwierig" und du vielleicht auch nicht gleich wusstest, was du zu tun hast oder was du tun kannst, um diese zu meistern?
Na ja, das Spannende an dem Job des Berufsmusikers ist ja, dass man die ganze Zeit vor neuen Herausforderungen steht, und das macht es eben auch so spannend. Und das ist auch das, was schön ist, was aber auch schwierig ist. Das, was es für uns spannend macht, was teilweise auch ein bisschen süchtig macht, dazu komme ich wahrscheinlich noch. Und diese Herausforderung heißt letztendlich, dass man die ganze Zeit versucht, über sich hinauszuwachsen. Insofern hat man auch die ganze Zeit einfach körperlich so was wie Adrenalin, was einmal mental wie auch physisch etwas ist, was man ja schon fast greifen kann, und das macht sehr viel mit einem und verändert einen und prägt einen. Und bei mir speziell, ich suche mir letztendlich auch immer die neuen Herausforderungen, weil ich nicht einfach so einen geraden Weg gegangen bin und auch nicht unbedingt gehen wollte. Ich habe nicht mal Musik studiert. Das wäre auch ein Anfang gewesen, um zu sagen, okay, ich suche mir ein Instrument aus, ich studiere das und am Ende habe ich einen Bachelor of Music in Jazz-Schlagzeug. Aber selbst das habe ich nicht gemacht, das heißt, es ist eigentlich die ganze Zeit ein Schauen, ein Prüfen, in welche Richtung gehe ich und was gibt einem am meisten.

Und deswegen liebe ich es, auch in ganz viele Richtungen zu schießen. Was natürlich positiv vielseitig ist, aber im negativen Sinne steht man vor so vielen Herausforderungen, dass das einen auch fast verrückt macht. Letztendlich ist das auch schon das, was schwierig daran ist, mit den Herausforderungen umzugehen und die zeitlich richtig zu dosieren. Einfach auch, weil man da ja auch keinen Alltag, keine Struktur hat von außen, die muss man sich dann schon selbst geben. Grundsätzlich stehe ich aber Herausforderungen positiv gegenüber und vielleicht sehe ich sie dann oftmals auch gar nicht so sehr als Herausforderung, sondern vielmehr als meinen Alltag.

Ich als Berater sage oftmals zu den Zuhörern, dass sie Veränderungen nicht als großen Change betrachten sollten, sondern einfach als gegeben ansehen, denn damit wird die Bewertung und dann natürlich auch die Schwierigkeit anders. Ich glaube, wir beide sind hier ganz nah beisammen. Gibt es Methoden, die du immer wieder anwendest, zum Beispiel mentale Methoden, mit denen du dann deine Herausforderungen stemmst, jetzt mal unabhängig, ob im Studio- oder Tourneeleben, oder gibt es vielleicht auch Rituale, die dir dabei helfen?
Ob Rituale helfen, Herausforderungen zu meistern? Oha, darüber habe ich noch nie aktiv und bewusst nachgedacht. Also es ist ja immer wieder ein Zusammenspiel aus gewissen Teilen in sich. Zum Beispiel gehört aus meiner Sicht natürlich ein gewisser Teil an Selbstsicherheit dazu, bei allem, was man macht und vor allem, wenn man eine neue Herausforderung annimmt. Wer nicht von sich überzeugt ist, und das meine ich jetzt nicht als Arroganz, sondern einfach als Vertrauen in sich, der wird bei Herausforderungen immer Probleme haben, den richtigen Weg zu finden. Aber letztendlich ist es bei mir, na ja, Vollgas geben und dranbleiben und sich nicht von diesen schwierigen Anfangsproblemen rausbringen zu lassen. Einfach weitermachen, ausprobieren, testen und wieder den nächsten Schritt gehen. Und das mit möglichst viel Selbstüberzeugung.

Würdest du dich dann eher als Menschen bezeichnen, der optimistisch an die Sachen rangeht und sagt, ich habe so einen hohen Grundoptimismus oder so eine Grundenergie, ich überrolle die Herausforderungen dann einfach?

Ich muss gerade schmunzeln, weil das tatsächlich was ist, womit ich mich gerade sehr viel befasse. Ich glaube, ich bin ein Mensch, der schon prinzipiell sehr viel Energie hat und auch reinstecken kann. Und zwar deswegen auch so viel, weil ich so motiviert oder so musikverliebt bin, dass ich manchmal alles Drumherum vergesse. Was für die Sache gut ist, aber langfristig nicht so gut ist für mich als Mensch. Denn jeder mehr oder weniger erwachsene Mensch, und ich bin aktuell irgendwie so in der Mitte, braucht auch einfach Pausen und man muss sich realistische Ziele setzen, damit man am Abend nicht immer traurig ins Bett geht: „Ach, ich habe es schon wieder nicht geschafft." Und ich glaube, ich setze mir super viele Ziele, super viele Aufgaben, meine To-do-Listen pro Tag platzen und ich platze aber auch voller Energie und ich schaffe auch einen Teil. Ich würde ja nicht sagen, dass ich in den letzten zehn Jahren untätig war, aber trotzdem muss ich sehr damit aufpassen, das zu dosieren, dass ich nicht unzufrieden ins Bett gehe. Und zurück zu deiner Frage, Peter, diese Grundenergie überrollt viele Herausforderungen gar nicht. Ich gebe mir keine Zeit zu jammern und groß zu hinterfragen. Los geht's, Vollgas!

Ich habe nicht nur gesagt, ich werde jetzt Schlagzeugerin, sondern ich mache bewusst Verschiedenes und theoretisch ist jeder Bereich eine neue Dimension an Herausforderungen und Aufgaben, die kann man gar nicht alle gleichermaßen bewältigen. Ich kann nicht an einem Tag Schlagzeug, Klavier, Geige, Gitarre und Gesang üben und auch noch produzieren und irgendwie eine Wohnung haben, die okay aussieht. Mein Privatleben spielt auch irgendwo eine Rolle und deswegen muss ich eigentlich immer Kompromisse in meinem Leben finden. Ich werde nie so gut Klavier spielen, wie ich es gerne wollen würde, nie so gut Geige spielen, einfach weil mir die Stunden am Tag nicht ausreichen.

Ich finde, die richtige Dosierung zu finden, ist heute noch schwerer als vor vielleicht 10 oder 15 Jahren. Alles wird gefühlt mehr, schneller und komplexer. Wie gehst du dann damit um, dass du gerne besser Gitarre oder Klavier spielen möchtest? Ist es dann trotzdem noch so ein Anreiz für dich, weiterzumachen und weiter zu üben? Oder sagst du, nein, es ist für mich auch okay, das Level zu haben, das ich habe und ich mache einfach?

Ja, ich glaube dieser Schritt passiert gerade in meinem Leben. Ich bin kurz vor 30 und da passiert auch sehr viel bei vielen Menschen in diesem Alter. Also alle, die in meinem Umkreis sind, die sind jetzt fast zehn Jahre aus der Schule raus. Man hat jetzt zehn Jahre sein Berufsleben irgendwie gelebt und ist in eine Richtung geschossen, und nach zehn Jahren finde ich, kommt dann bewusst oder unbewusst ein Cut, um zu gucken, will ich das jetzt mein Leben lang machen? Reicht mir das? Wie viel schaffe ich, mich noch in bestimmten Bereichen zu verbessern? Und ich glaube, ich bin gerade dabei anzuerkennen, dass ich halt ein gewisses Niveau an gewissen Instrumenten habe. Natürlich ist immer Platz nach oben und das wäre auch schade, wenn man das nicht mehr sehen würde, denn das hält uns ja auch irgendwie am Leben, dieser Ehrgeiz. Dieser Drang nach mehr. Aber ich muss trotzdem immer wieder zurückgehen und sagen, okay, bei mir ist es dann vielleicht einfach die Vielseitigkeit, die für bestimmte Jobs auch total wichtig und sehr befruchtend ist, aber es ist halt nicht das, dass man zehn Geiger in einen Raum stellt und ich werde einer der Top drei sein, sondern vielleicht Top sieben.

Und das Gute ist, man braucht eben auch beide Menschen: die, die vielseitig sind und welche, die totale Spezialisten sind.
Ja genau. Und das wird wahrscheinlich ein ständiges Auf und Ab auch in meinem Leben bleiben.

Okay, ich stelle es mir sehr kompliziert vor, wenn du weißt, heute Abend spielst du vor 20.000 Menschen. Also wenn ich Speaker bin, dann sind es mal 100, 200 oder vielleicht auch 1.000 Zuhörer. Und da bin ich natürlich unterschiedlich aufgeregt. Aber dann stelle ich mir das mal 20 vor, wie ist das bei dir? Ist es dann noch eine Herausforderung und was machst du vor dem Konzert? Hast du da irgendwelche Aktivitäten, die du dann für dich machst? Probst du vielleicht sehr lange? Oder gehst du nochmal spazieren? Meditierst du? Bruce Springsteen zum Beispiel schottet sich circa eine Stunde vor Konzertbeginn komplett ab. Da dürfen nur ganz wenige Personen in seinen Raum. Die typischen Alkoholgeschichten von Tourneemusikern kannst du gerne weglassen.

Stimmt, ich wollte gerade sagen, so ein Gläschen Wein, aber okay, diese Geschichten lasse ich jetzt weg. Nein, ich habe nicht wirklich ein Ritual, das ist auch bandabhängig, denn jede Band hat dann natürlich auch ihr eigenes Ritual. Ich war vor vier Jahren mit Tim Bendzko auf Tour. Der hatte einen Schlachtspruch, kurz bevor wir auf die Bühne gegangen sind. Bei einer anderen Band stößt man tatsächlich immer mit einem gewissen alkoholischen Getränk an. Bei anderen wiederum umarmt man sich vor der Show. Aber ich für mich habe da kein Ritual entwickelt, und es ist bei mir auch positionsabhängig und funktionsabhängig, je nachdem, welche Aufgabe ich in dieser Band übernehme.

Und deswegen spielt die Menge der Menschen für mich nur eine sekundäre Rolle. Weil, klar, letztendlich, wenn man vor 20.000 Leuten spielt, das ist immer überwältigend. Jetzt hatten wir gerade den Tour-Start mit Peter Maffay und man kommt auf die Bühne, ist in einer großen Arena und die Leute sind gespannt und jubeln. Das ist ein Gefühl, das wird nie weggehen, das ist unfassbar gut. Aber die Aufregung oder das Ritual hängen letztendlich von der Funktion ab. Wenn ich zum Beispiel bei Peter Maffay mal – das ist ja ab und zu vorgekommen – Schlagzeug spiele, dann bin ich total nervös. Weil ich da einfach eine Wahnsinnsverantwortung habe, weil man den Laden für den Moment zusammenhält. Und wenn man selbst nicht funktioniert, funktioniert auch die ganze Band nicht gut. Weil man auch selbst am Metronom sitzt und man weiß, alle hören alles, den letzten Schlag gibt der Schlagzeuger an. Das ist einfach eine große Verantwortung. Hingegen wenn ich jetzt irgendwo Background-Vocals mache oder Percussion, weiß ich, klar, man versucht immer 110 Prozent zu geben, trotzdem weiß ich, dass nicht die ganze Band auseinanderfällt, wenn ich jetzt nicht 110 Prozent gebe. Auch der Zuhörer wird einen Fehler nicht sofort bemerken. Und das ist dann einfach eine andere Verantwortung. Es gibt für mich je nach Instrument innerlich Verantwortungsstufen. E-Gitarre, jetzt zum Beispiel bei Sasha hätte ich die Tour E-Gitarre gespielt. Da ist die Verantwortung schon nah an der Schlagzeug-Verantwortung. Backings ist etwas entspannter, aber dafür ist man total dafür zuständig, Lücken zu füllen, auch auf der Bühne, und für die Leute da zu sein. Also ja, verschiedene Funktionen, verschiedene Herausforderungen. Und je nach Herausforderung und Verantwortung bereite ich mich dann anders vor bzw. suche mir andere Methoden. Rituale in dem Sinne habe ich jetzt selbst nicht. Vielleicht muss ich mich hier mehr beobachten, vielleicht habe ich doch welche, die ich nur noch nicht bewusst wahrgenommen habe.

Gibt es denn jemand in deinem Leben, den du vielleicht als Vorbild nimmst im Umgang mit solchen Situationen? Einen Menschen, bei dem du sagst, an dem orientiere ich mich oder ich habe von jemandem was gehört, das mich beeindruckt hat, im Umgang mit diesen Herausforderungen, mit diesen Verantwortlichkeiten, wie du es nennst?
Ja, tatsächlich beeindrucken mich Leute, die ständig Gas geben und die ganze Zeit auch liefern, weil da frage ich mich, schlafen die überhaupt noch? Das ist für mich dann immer sehr faszinierend. Es gibt einen Bassisten von Snarky Puppy, das ist eine bekannte Jazz Fusion Band, und er veröffentlicht als Produzent gefühlt täglich Platten. Er hat ein Label gegründet, veranstaltet Festivals, bringt Menschen zusammen, vereint Musikstile, und das finde ich letztendlich total faszinierend, wie man so was meistern kann.

Es gibt in der Tat auch in Unternehmen oder im Privatleben Menschen, die einfach mehr powern und mehr umsetzen können als andere. Ich vermute hier sehr viel Leidenschaft in der Sache an sich. Wie geht es dir auf der Bühne damit?
Auf der Bühne finde ich immer bewundernswert, wenn man Künstlern überhaupt nicht anmerkt, dass sie vielleicht einen schlechten Tag hatten oder eigentlich 40 Grad Fieber haben, und diese Leute bewundere ich sehr. Ich bekomme das dann auch bei Peter Maffay mit, der hat tatsächlich nie irgendwas. Der ist einfach dafür geschaffen und gibt immer 150 Prozent. Peter Maffay macht vor der Show auch noch Liegestützen, um sich zu powern. Peter ist wirklich ein Phänomen.

Und dann ab auf die Bühne und los geht es vor 20.000 Zuschauern. Ich saß mal ein paar Plätze weiter neben Peter Maffay bei einem Bruce Springsteen Konzert in München.
Diese Disziplin finde ich schon sehr bewundernswert. Er macht das ja schon seit zig Jahren so erfolgreich.

Wie geht es dir, wenn einer deiner Auftraggeber, also zum Beispiel Peter Maffay oder Sasha oder wer auch immer, dann auf der Bühne sich plötzlich umentscheidet? Es gibt bestimmt auch mal Situationen, wo ein Lied länger gespielt oder kürzer gespielt wird, das Gitarrensolo verlängert wird, das Publikum länger den Gesangspart übernehmen darf und so weiter. Wie gehst du denn damit um? Ich als Fan von Bruce Springsteen weiß, dass seine Band vor der Show nie wirklich weiß, welche Setlist gespielt wird. Die entscheidet Bruce Springsteen auf der Bühne, spontan. Und wie geht es dir damit, wenn dann plötzlich die Setlist oder das Lied an sich verändert wird? Wie gehst du damit um? Wie agil bist du da und auch hier wieder die Frage, welche Methoden nutzt du, um die Situation zu meistern?

Tatsächlich ist Spontanität auf der Bühne etwas, was man auch irgendwie üben muss, was auch tatsächlich mit sehr viel Berufserfahrung zu tun hat. Weil erst dann, wenn man wirklich auf der Bühne ist und loslassen und sich gehen lassen kann, mit den anderen mitgehen kann, die Vibes spüren kann, erst dann, glaube ich, ist man dazu in der Lage, spontan zu agieren und sich davon nicht beirren zu lassen. Das hat einfach etwas mit Erfahrung, aber natürlich auch mit Können zu tun. Wenn ich Tonarten und Instrumente einfach gut beherrsche, dann bin ich flexibler, als wenn ich das nicht tue.

Bei gewissen Gigs fände ich es jedoch katastrophal, wenn auf einmal die Set-Liste geändert werden würde. Ich spiele auch Schlagzeug in der Fernsehshow von Carolin Kebekus und da gibt es bei der Probe im Vorhinein, die ist ungefähr zwei Stunden vor Aufzeichnung, da wird manchmal etwas über den Haufen geworfen, geändert, und dann sagen sie: „Oh nein, eine andere Tonart hier" und: „Der Song wird doch nicht gespielt." Das ist einfach eine große Herausforderung für mich und ich weiß dann auch, in der Fernsehshow muss es perfekt laufen. Denn es wird nicht wegen der Schlagzeugerin oder jemandem aus der Band nochmal was wiederholt. Wir müssen dann schon liefern, und das ist schon ein enormer Druck und da geht es schon an meine Substanz, wenn in der Show etwas geändert wird, weil ich weiß, ich am Schlagzeug habe auch die Verantwortung dafür, dass es läuft und dass wir richtig einsetzen. Und das sind ja auch viele Komponenten mit der Moderatorin, dem Publikum. Comedy-Show ist ja was ganz anderes als eine Rock-Show.

Bei so einer Rock'n'Roll-Show finde ich Änderungen eher sehr lustig und ich freue mich dann, darauf eingehen zu können, wenn irgendwas geändert wird. Das sind dann auch eigentlich die Momente, wo dann die Band auch so wachgerüttelt wird. Also gerade, wenn man zwei Monate auf Tour ist, hat man eine Setlist, die relativ gleichbleibend ist, und wenn dann Sasha auf einmal eine andere Strophe singt, dann drehen sich alle um und fragen sich, wie gehen wir damit um? Und das ist manchmal auch noch viel spannender, weil die Band sich neu kennenlernen muss, oder letztendlich anders gesagt, wenn eine Band sich sehr gut kennt, kann man dann gut funktionieren. Wenn man zusammengewürfelte Musiker hat, ist das, glaube ich ...

... eine größere Herausforderung.
Ja, auf jeden Fall! Dann kann das auch mal auseinanderfallen.

Ist dir das schon mal passiert?
Ja! Ja klar! Aber trotzdem Daumen hoch und weiter. Das Gute ist ja, dass die Zuschauer oft auch nicht wissen, was gekommen wäre. Und das nimmt dir dann auch wieder Druck.

Auch bei meiner eigenen Band, bei The Black Sheep früher, mit der ich zehn Jahre viel unterwegs war. Es sind immer wieder auch mal technische Sachen, Fehler passieren nun mal. Wir hatten damals eine Rockpalast-Aufzeichnung beim WDR, irgendwie kurz bevor unser Album rauskam, das war 2008, da war ich ungefähr 17 Jahre alt. Also wir waren schon auf der Bühne, es war aufregend und dann ist unser Rechner abgestürzt, auf dem wir unter anderem auch unser Metronom und noch weitere Funktionen hatten, und dann musste ich irgendwie heimlich beim Singen noch irgendwie ein Kabel reinstecken. Ja, da kommt man ins Schwitzen.

Jetzt hast du einen sehr abwechslungsreichen Berufsalltag. Du bist mal auf Tournee, du bist mal im Studio, du schreibst mal zuhause an deinen Liedern, bist wahrscheinlich auch in der Natur unterwegs und schreibst an Liedern. Viele Mitarbeiter, die ich als Trainer und Berater betreue, die haben einen meist strukturierteren Alltag als du. Die gehen in ein Gebäude rein und haben dann acht, neun Stunden vor sich. Welche drei Tipps wür-

dest du denen geben, jetzt mit deiner Erfahrung als Profimusikerin, im Umgang mit Herausforderungen?

Prinzipiell hat das natürlich viele Vor-, aber auch Nachteile, wenn man einen so unstetigen Beruf hat wie ich. Man hat letztendlich keine Sicherheit und man steht die ganze Zeit vor neuen Herausforderungen und vor Fragezeichen. Ich finde aber, dass, wenn man der Typ dafür ist, der diesen Thrill manchmal braucht, es auch sehr viel Gutes an sich hat. Und wenn ich jetzt einen Beruf hätte, der eher stetig verläuft, glaube ich, würde ich mir diese Herausforderungen bewusst und aktiv suchen, damit ich wach bleibe. Das ist vielleicht Tipp eins. Was ich oft mache, ist, mir Herausforderungen zu suchen, denen ich erstmal noch nicht so ganz gewachsen bin. Wie gesagt, ich habe Musik nicht studiert, deswegen habe ich immer das Gefühl, dass ich auf keinem Instrument so allgemeingebildet bin, dass ich jeden Stil spielen kann, und deswegen sage ich gerne bei einer Band zu, obwohl ich vielleicht noch nicht perfekt bin. Damit ich dann auch eine Deadline und einen Grund habe, mich einzuschließen und Vollgas dafür zu geben. Das ist dann mein persönliches Studium, das ich dann nachhole. Denn bei Projekten von außen hat man meistens eine klare Deadline. Und das ist ja auch etwas, was einem für den Kopf ziemlich viel bringt, was einem aber auch Stress bereiten kann. Und dann weiß ich, okay, hier haben wir das Konzert, die und die Songs muss ich auf dem und dem Instrument üben, und dann gebe ich Vollgas. Und früher war das sogar auch so, dass ich dann auch manchmal nicht gegessen habe und Tag und Nacht einfach in meinem Zimmer Gitarre geübt habe. 2012 hat mich die Metalband Rage gefragt, ob ich Lust hätte mit denen, ich glaube sogar auch auf Europatour zu gehen. Ich dachte, ja klar, ich bin dabei. Also sucht euch eure Herausforderungen im Berufs- wie im Privatleben. Das hält wach und macht fit für neue Herausforderungen.

Würdest du dich dann auch als disziplinierten Menschen bezeichnen? Wenn du sagst, du hast dann eine Deadline und du auch weißt, am Soundsovielten geht die Tour los. Bist du dann jemand, der morgens früh aufsteht und loslegt? Würdest du dich als disziplinierten Menschen bezeichnen und siehst du das auch als wichtig an, um größere Herausforderungen zu meistern?

Ja. Doppel-Ja! Also ich bin leider und Gott sei Dank, es ist ja immer ein bisschen Fluch und Segen zugleich, ein sehr disziplinierter, hart arbeitender Mensch. Mir macht das auch total Spaß. Dies hat, wie gesagt, Vor- und Nachteile. Aber ich glaube, dass das sehr wichtig ist, wenn man sich hohe Ziele setzt. Das ist eine der wichtigsten drei Zutaten oder Tipps, die ich gerne weitergebe. Disziplin gepaart mit Spaß. Ich denke, das ist es.

Jetzt wirkst du sehr, sehr fröhlich. Machst du auch irgendwas in Richtung Mentaltraining oder Ähnliches, das dich unterstützt in deiner Fröhlichkeit, deinem Optimismus?
Das ist eine sehr interessante Frage. Tatsächlich, also ich bin momentan dabei, mich sehr viel damit auseinanderzusetzen, worüber wir gerade sprechen, denn ich habe ja auch die ganze Zeit immer wieder auch von den Kehrseiten gesprochen, wenn man Vollgas gibt. Ich lebe sehr viel für meinen Beruf oder für die Leidenschaft und gebe dann immer Vollgas. Umso größer fallen diese Tour-Löcher aus, die man dann einfach hat. Also ein Tour-Loch hatte ich schon immer, das ist normal und kenne ich bei allen Musikern. Man ist drei Monate oder länger immer zusammen. Auf engstem Raum, gefühlt 24 Stunden. Und da fällt man immer in ein tiefes Loch und fragt sich immer, okay, wer bin ich? Wenn ja, wie viele? Wer bin ich wirklich? Und wie komm ich damit klar?

Da bin auch ich in der letzten Zeit in ordentliche Löcher gefallen, die mich eben nicht so fröhlich gestimmt haben, und deswegen suche ich gerade nach einem Ausgleich, dass das einfach nicht so ein krass großer Unterschied ist, sondern sich vielleicht ein bisschen mehr Richtung Alltag bewegt. Und wenn du mich nach den Tipps fragst oder nach den Ideen, die ich dafür habe: Es ist einfach so, dass Bewegung und Sport unfassbar gut sind, um alles zu relativieren. Ob es jetzt der Kopf oder der verkrampfte Körper beim Schlagzeug spielen oder zu viele Aufgaben sind, die ich mir setze, das ist irgendwie das A und O – Bewegung und Sport. Gesunde Ernährung sowieso, das ist selbstredend. Und da bin ich gerade dabei, das zu begreifen. Deswegen lass uns mal in einem Jahr sprechen, da kann ich wahrscheinlich noch viel mehr Tipps dazu beisteuern. Aber letztendlich hast du ja eine andere Frage gestellt, mehr in Richtung mentales Training.

Spazieren gehen oder Sport ist ja auch schon eine Art Mentaltraining. Absolut! Genau, jetzt hast du schon zweimal erwähnt, du wirst jetzt bald 30. Wenn du an die Jahre zurückdenkst, wie hast du früher Herausforderungen gemeistert? Wie machst du es jetzt? Was war so das größte Learning für dich in den letzten Jahren, bei dem du gesagt hast, wenn ich das schon gewusst hätte mit 17, mit 16, mit 15, dann wäre manches einfacher, schöner, leichter gelaufen?
Es ist sehr witzig, dass wir darüber sprechen, weil ich einen Song habe auf meinem Album, der heißt: „Wenn wir wüssten!" Wird auch der erste Track auf dem Album sein und er geht ganz genau darum. Er geht darum, dass ich für mich in meinem Leben überlege, wie ich mir helfen kann, jetzt Entscheidungen zu treffen und dass ich immer versuche, mich in die Zukunft reinzuversetzen, um dann zu denken: Was möchte ich erzählen? Was möchte ich meinen Enkeln erzählen, welche Fotos will ich an der Wand haben, was will ich erlebt haben? Und dann weiß ich viel besser, was ich jetzt zu tun habe. Das ist ja deine Frage, nur eine Dimension weiter, und letztendlich bereue ich nicht sonderlich viel oder würde jetzt Dinge anders machen. Ich will jetzt lieber die Dinge so machen, wie ich sie auch früher gemacht habe, nämlich Vollgas geben. Ich kam früher von der Schule nach Hause, habe mir nicht mal meinen Rucksack ausgezogen oder meine Schuhe und habe am Klavier schon Songs geschrieben, wo meine Mama gesagt hat: „Du musst auch mal was essen!" Und ich bin einfach so übergesprüht voller Energie und Kreativität. Das ist mir in den letzten paar Jahren aufgrund von Business und Organisation, und ich nenne es jetzt mal ganz negativ „erwachsen werden", ein wenig verloren gegangen. Da würde ich gerne wieder zurückkommen.

Okay, in das Spielerische, mit Leichtigkeit, ins Träumerische.
Ja, weil mir das viel, viel besser bekommt als verkrampftes Arbeiten. Also wenn man diszipliniert ist, das ist immer zu einem gewissen Maß gut. Aber wenn man das übertreibt, dann wird man verkrampft und gestresst, und das ist genau das, was ich und letztlich keiner von uns hier braucht. Deswegen würde ich lieber von meiner Kindheit lernen als jetzt zu sagen, dass ich etwas anders hätte machen sollen.

Wenn es vielleicht einen Punkt gibt, dann hätte ich mir gewünscht, ein bisschen mehr auf mein Herz zu hören, ein bisschen mehr auf mein

Bauchgefühl zu hören, weil wir schon mit meiner Band sehr viele Kompromisse eingegangen sind, weil andere Leute aus dem Business uns gesagt haben, das wäre besser, denn, ich bin viermal so lange im Musikbusiness wie du alt bist. Ich werde schon wissen, was richtig für dich und deine Band ist. Aber kein Mensch, egal wie viel Erfahrung er hat, kann mir sagen, was ich selbst möchte und was zu mir passt. Und das ist was, was ich jetzt verstanden habe. So circa seit einem Jahr. Und das empfehle ich auch deinen Lesern. Hört hin, was euer Herz sagt. Was in euch schlummert und hört nicht so sehr auf andere, die meinen, eure Leben besser zu kennen. Ich denke, das ist wichtig zu verstehen.

Eine gute Erkenntnis, finde ich. In meinen Begleitungen erlebe ich oft Menschen, die mir sagen, dass sie den Job nur machen, weil jemand anders sie dazu gebracht hat. Charly, die letzten Wochen haben uns durch Corona durcheinandergerüttelt. Gab es denn für dich eine Erkenntnis, die du dadurch gewinnen konntest? Also im Sinn von „Das ist mir jetzt nochmal bewusst geworden, damit hätte ich nicht gerechnet, dass mein Business dadurch beeinflusst werden kann." Wie bei meinem Business, ich kann jetzt seit Monaten nicht zu Kunden gehen. Ich habe mir ehrlicherweise nie gedacht, dass ich nicht zu Kunden gehen kann. Gab es da etwas für dich?

Auf jeden Fall, eine Menge! Ich finde die Zeit sowieso sehr, sehr spannend. Wenn man von der Krankheit an sich und den wirtschaftlichen Faktoren, die ganz viele Menschen und Firmen zerstört, absieht – ich leide mit allen mit, bei denen das passiert ist und die es hart getroffen hat –, gibt es wichtige Erkenntnisse. Ich glaube, dass das eine wertvolle Zeit für unsere Psyche ist und ich auch bei mir natürlich gemerkt habe, okay, auf einmal bricht alles Berufliche weg, was ich mir die letzten 15 Jahre aufgebaut habe. Das hat mich insofern wachgerüttelt, dass man nichts für selbstverständlich halten sollte. Wir können uns sehr glücklich schätzen, auf diesen paar Quadratmetern gerade zu wohnen und nicht 3.000 Kilometer in eine andere Richtung. Also ich merke noch mehr, obwohl ich mich sowieso schon viel damit auseinandersetze, was man hier für ein Leben hat. Das ist eher so die Reaktion, die ich habe. Ich merke in meinem Umfeld, dass ganz viele sich fühlen, als würde man denen was wegnehmen und als würden wir unserer Freiheit beraubt werden. Ich weiß nicht warum, ich habe diese Gedanken nicht. Ich merke dadurch, dass mein Job wegfällt, meine Karriere wegfällt, dass das sowieso nicht das Wichtigste sein sollte im Leben, und ich denke, dass das sehr viele Menschen wachrüttelt. Ich wette, es gibt ganz viele Familienväter, die zum ersten Mal Zeit mit ihren Kindern verbringen müssen. Die zum ersten Mal rausgehen in die Natur, weil das eigentlich das Einzige ist, was jetzt die letzten Monate geblieben ist. Und das finde ich sehr, sehr wertvoll.

Gibt es irgendwas, was du jetzt auch erkannt hast, dass du das noch lernen darfst oder auch lernen möchtest, damit, wenn so was wiederkommen sollte, du besser darauf vorbereitet bist? Also bei mir zum Beispiel, ich habe jahrelang das Thema Videokonferenzen ein bisschen nebenbei betrachtet. Ja, ich bin ein Präsenz-Mensch. Ich will mit Menschen live zu tun haben. Gibt es etwas, das habe ich erkannt und das werde ich die nächsten Monate, Jahre erlernen, ändern, damit ich vorbereitet bin, wenn es denn wiederkäme?
Definitiv. Punkt eins ist, dass mein Job zu fast 100 Prozent wegfällt und ich dadurch theoretisch 100 Prozent Freizeit habe, oder ich sage bewusster freie Zeit habe, die mir jetzt zur Verfügung steht. Die Struktur dabei ist das Wichtigste, weil eine Art Alltag einfach generell guttut. Es kommt ja keiner, der mir eine E-Mail schreibt und sagt, wann ich wo zu sein habe und wie der Zeitplan aussieht. Auf Tour sein ist stattdessen so einfach wie früher in der Schule sein. Du kriegst einen Stundenplan, nach dem richte ich mich, da gibt es gar keinen Platz für Entscheidungen, was ich lieber tun möchte. Das ist einfach total klar, da wird einem alles abgenommen, und wenn man zuhause ist, dann kann ich jeden Tag aufs Neue bestimmen, was ich mache. Und das kann einen glücklich oder aber auch verrückt machen.

Ja, absolut! Menschen, die mit viel Struktur leben, kann Freiheit oder wenig Struktur extrem nerven und in den Wahnsinn treiben.
Das ist Punkt eins und Punkt zwei ist diese ganze Online-Streaming-Geschichte. Ich habe auch Streaming-Konzerte gemacht, zum Beispiel auch ein Wohnzimmerkonzert. Trotzdem fühle ich mich irgendwie unter Druck gesetzt, oh Gott, der macht das, der macht jenes. Ich

glaube letztendlich, das ist auch das Gleiche wie es vorher war, nur im Online-Universum. Man hat die gleichen Möglichkeiten, man kann gleich diszipliniert sein, man kann gleich viel tun.

Hilft dir eine Fähigkeit, die du für dich in den letzten zehn Jahren entwickelt hast, auch jetzt gerade im Umgang mit der Krise? Etwas, mit dessen Hilfe du aktuell entspannter durch diese Krise gehen kannst?
Ja, auf jeden Fall. Wie gesagt, man hat ähnliche Möglichkeiten und auch da zählt Disziplin und Ausdauer. Aber was noch wichtiger ist, ist sich auch Pausen zu nehmen. Das ist was, was ich auf Tour gelernt habe. Ich bin auf Tour, vielleicht für einen Monat, nehme mir aber für mein persönliches Soloprojekt auch noch Sachen mit und schreibe an meinen eigenen Liedern. Und ich möchte gerne nachts zum Beispiel immer Gesang aufnehmen oder Texte weiterschreiben und eigentlich sollte man da ja besonders viel Social-Media-mäßig aktiv sein, weil man auf Tour ist und was erlebt und die Fans natürlich etwas von unserem Tourleben mitbekommen möchten. Und da merke ich, diese Anhäufung, das funktioniert einfach nicht, wenn du auf Tour bist. Ich bin auf Tour, weil ich da meinen Job machen muss, und der ist anstrengend und das würde reichen, damit ich ausgefüllt bin mit Arbeiten. Und das habe ich auf jeden Fall bitter auf Tour gelernt, dass ich in der Zeit auch mir meine Ziele nicht zu hoch setzen sollte und auch einfach mal nur auf Tour sein sollte, und genauso ist das auch jetzt, dass ich mir vielleicht eine Sache vornehme und nicht hundert.

Was ist dein nächstes Projekt? Worauf bereitest du dich aktuell vor, Charly? Lass bitte deine Fans und meine Leser noch ein wenig in dein Musikerleben blicken.
Mein nächstes Projekt? Jetzt gerade baue ich mein Home-Studio tontechnisch noch besser aus, weil ich beschlossen habe, den Gesang für mein Album, ich sitze ja gerade an meinem Album, zuhause selbst aufzunehmen. Und da habe ich jetzt eben gerade erst Technik gekauft, um die Aufnahmen klangmäßig noch etwas zu optimieren. Und sobald das durch ist, werde ich die ganzen Gesänge einsingen und hoffe, damit den letzten Baustein für mein Album gesetzt zu haben.

Ich wünsche dir von Herzen, dass das alles für dich so gelingt, wie Du es dir wünschst.
Danke schön!

Danke, Charly , für das Gespräch! Danke, dass du dir Zeit genommen hast. Hat mir Spaß gemacht, mit dir in dein Profimusikerleben einzutauchen.
Sehr, sehr gerne, Peter. Mir auch, vielen Dank für die Einladung, meine Gedanken in dein Buch aufzunehmen.

© privat

Laura Vetterlein wurde am 7. April 1992 in Rheinfelden geboren und ist eine deutsche Fußballspielerin. Ihre Fußballkarriere begann Laura Vetterlein von klein auf beim Spiel mit ihrer älteren Schwester als Vorbild. Im Alter von fünf Jahren wurde sie beim Rheinfelder Ortsteilverein SV Nollingen Mitglied, spielte in der F-Jugend, E-, D-, C- und zuletzt der B-Jugend in den Jungenmannschaften. Auch als der Verein eine Mädchenmannschaft einrichtete, spielte sie mit einer Sondergenehmigung weiter bei den B-Junioren der Jungen im offensiven Mittelfeld mit. Ihre erfolgreiche Karriere in der deutschen Nationalmannschaft begann schon früh. Sie spielte bereits erfolgreich bei den deutschen U-15-Juniorinnen. Die Innenverteidigerin steht seit 2021 beim FC Zürich Frauen in der höchsten Schweizer Liga unter Vertrag.

LAURA VETTERLEIN

Wie ist Ihr persönlicher Umgang mit beruflichen Veränderungen und Herausforderungen? Welche Methoden oder Vorgehensweisen nutzen Sie?
Als professionelle Fußballerin bin ich es gewohnt, ständig auf neue Herausforderungen zu treffen. Die regelmäßigen Herausforderungen in Form von Ligaspielen jeden Sonntag gehe ich dabei mit einer gewissen Routine an. Am „Gameday" habe ich spezielle Abläufe, die immer gleich sind. Beispielsweise gehe ich vor dem Treffen mit der Mannschaft immer 20–30 Minuten spazieren und schalte nochmal etwas ab, bevor der Fokus dann richtig hochgefahren wird, sobald wir am Spielort eintreffen.

Für mich persönlich ist es immer wichtig, eine gewisse Lockerheit beizubehalten, damit ich nicht zu sehr verkrampfe. Der Wettkampf soll das Highlight der harten Trainingswoche sein, daher sehe ich es als Belohnung, mich mit den besten messen zu dürfen.

Langfristige Herausforderungen versuche ich immer in kurz- und mittelfristige Ziele aufzusplitten, damit man nicht in eine Art Starre verfällt, wenn der Berg, der vor einem auftritt, erstmal extrem hoch erscheint. Diese kleinen Ziele nach und nach zu erledigen, geben mir dabei einen extra Motivationsschub und erleichtern es, den Fokus auf Dauer aufrechtzuerhalten.

Seit Kurzem habe ich auch die Meditation bzw. Achtsamkeitsübungen für mich entdeckt. Ich versuche täglich mindestens 10–15 Minuten den Kopf komplett auszuschalten und fühle mich bisher wirklich gut mit dieser für mich neuen Methode. Meiner Meinung nach sind wir viel zu häufig in unserem Strudel der täglichen Arbeit gefangen und verlieren uns ein wenig darin. Solche Achtsamkeitsübungen oder kurze Meditationen bringen alles wieder mehr ins Gleichgewicht.

Welche Tipps und Tricks haben Sie für Menschen in Unternehmen im Umgang mit „Herausforderungen meistern", wenn Sie Ihre beruflichen Erfahrungen als Profisportlerin transferieren würden?
Mein Tipp wäre zunächst das Herausarbeiten von Zielen. Wenn man weiß, warum man an etwas arbeitet, fällt einem das Ganze erfahrungsgemäß viel leichter.

Außerdem kann ich empfehlen, sich selbst nicht permanent unter Druck zu setzen. Der Druck, der von außen kommt, ist meist stark genug. Daher gilt für mich persönlich: Wenn man alles getan hat, eine super Vorbereitung hingelegt hat und 100 Prozent investiert hat, kann man mit einem guten Gefühl in die „Arena" gehen. Alles, was dann passiert, ist häufig auch von Faktoren beeinflusst, die man selbst nicht mehr in der Hand hat. Dann gilt es das abzurufen, was tage-, wochen- oder monatelang trainiert wurde, ohne sich zu sehr auf das Resultat zu fixieren.

Wenn Sie Menschen drei Hauptempfehlungen im Umgang mit Herausforderungen und Krisen geben würden, welche drei sind dies?
Im Umgang mit Krisen kann ich empfehlen, die Dinge in Relation zu setzen. Wir tendieren oft dazu, das eigene Problem größer zu machen, als es eigentlich ist. Ich versuche dann immer den Blickwinkel zu wechseln und oft sieht die eigene Krise dann plötzlich gar nicht mehr so erdrückend aus.

Der zweite Tipp ist, sich mit Freunden oder anderen engen Vertrauten auszutauschen. Damit meine ich kein Gejammer, wo der eine den anderen noch tiefer in die Sinnkrise stürzt. Vielmehr soll dort gezielt gecoacht werden bzw. Erfahrungen ausgetauscht und kleine Meilensteine definiert werden, die es zu erreichen gilt. So kann man sich dann Schritt für Schritt aus der Krise herausarbeiten.

Der dritte Tipp zum Thema „Herausforderungen meistern" ist der, den wir bei West Ham „trust the process" nennen. Damit meine ich, dass man kleine Rückschläge auf dem Weg zur Zielerreichung mit einplant und sich nicht sofort vom ersten kleinen Tal einschüchtern lässt. Ich habe für mich selbst gemerkt, dass ich am besten performen kann, wenn ich meine Arbeit genieße und den Weg zum Ziel mindestens genauso erfüllend finde, wie die Zielerreichung selbst.

Gibt es für Sie ein Vorbild im Umgang mit Herausforderungen und Krisen? Wenn ja, weshalb und wer? Was konnten Sie von diesem Vorbild für sich lernen?
Meine Vorbilder kommen überwiegend aus dem Sport. Besonders beeindruckt bin ich von LeBron James aus der NBA in den USA, da er eine extrem starke Ausstrahlung hat, eine Siegermentalität, die in

einem Team den Unterschied ausmacht. Dazu ist er seit Jahren einer der prägendsten Figuren in seinem Sport, das hat für mich mit unglaublich viel Arbeit und Hingabe zu tun.

Außerdem bin ich fasziniert von dem Trainingsfleiß eines Ausnahmespielers wie Cristiano Ronaldo. Wenn man glauben mag, was man in Interviews seiner Teamkollegen liest, ist er der Erste auf dem Platz und der Letzte, der geht. Ein klassischer „Hard-Worker", der bereit ist, mehr zu machen als alle anderen. Von solchen Persönlichkeiten versuche ich so viel wie möglich zu lernen und mir die ein oder andere Methode abzuschauen.

Was würden Sie heute anders machen, wenn Sie an eine große Herausforderung von früher denken?
Wenn ich eine Herausforderung von früher nochmal angehen dürfte, würde ich mit einer größeren Gelassenheit an die Sache gehen. Mit dem Wissen im Vorfeld alles dafür getan zu haben, lässt sich die Aufgabe einfacher bewältigen. Dieser permanente Fokus auf das Resultat hat mir manchmal den Blick für den Weg dorthin genommen; der Genuss der einzelnen Schritte auf dem Weg zum Gipfel steht für mich heute mehr im Mittelpunkt.

Welche Fähigkeiten sollte jemand besitzen, um aus Ihrer Sicht Herausforderungen, Krisen o. Ä. „entspannt" zu meistern?
Eine Fähigkeit, die man sich in jedem Alter antrainieren kann, um mit Herausforderungen umzugehen, ist „Dankbarkeit". Ich denke, wenn es einem gelingt, mit einem von Grund auf positiven Mindset an eine Aufgabe zu gehen, wird es schwierig zu scheitern. Einfach Atemtechnik- oder Achtsamkeitsübungen, bei denen man seine Umwelt wahrnimmt und dankbar ist, dass man sich an diese Herausforderung wagen darf, sind für mich essenziell, um mit einer gewissen „Lockerheit" an die Sache zu gehen.

Vielen Dank für den Einblick in Ihr Leben als Profifußballerin. Danke für Ihre Gedanken und Ihre Methoden, um mit Herausforderungen positiv umzugehen. Weiterhin alles Gute für Ihre Karriere, vor allem keine schweren Verletzungen!

© privat

Marion Brigitta Kiechle wurde am 4. April 1960 in Oberkirch geboren und ist eine deutsche Medizinerin, Wissenschaftlerin und Bestsellerautorin. Seit Oktober 2000 ist sie Direktorin an der Frauenklinik des Klinikums rechts der Isar der TU München und Inhaberin des Lehrstuhls für Gynäkologie. Seit 2015 ist sie Mitglied der Deutschen Akademie der Wissenschaften, Leopoldina. 2018 war sie für acht Monate bayerische Staatsministerin für Wissenschaft und Kunst. Seit April 2010 ist sie mit dem Sportjournalisten Marcel Reif verheiratet.

MARION KIECHLE

Hallo Frau Professor Kiechle, ich grüße Sie. Schön, dass es heute bei Ihnen passt, vielen Dank für Ihre Zeit.
Gerne. Auch Ihnen ein Hallo.

Es geht mir heute um das Thema Herausforderungen meistern und wie Sie als Professorin in Ihrem Arbeitsleben damit umgehen. Daher gleich die erste Frage: Wie gehen Sie denn damit um, wenn Sie vor einer speziellen Krise oder vor einer größeren Herausforderung stehen?
Es kommt drauf an, was es ist, oder? Also erstmal würde ich die Fakten analysieren und dann schauen, wie man das am besten meistern kann. Und wenn ich mich dazu selbst nicht in der Lage sehe oder auch Expertenwissen dazu notwendig ist, dann würde ich diese Person oder Personen entsprechend konsultieren.

Wenn Sie gerade von Experten sprechen, haben Sie denn vielleicht ein spezielles Vorbild, von dem Sie sagen: Ja, das ist so ein leuchtender Stern. An diesem Menschen kann ich mich orientieren?
Ehrlich gesagt: Nein. Ich vertraue auf meine Intuition, um die richtigen Entscheidungen zu treffen.

Intuition ist für viele Menschen ein wichtiger Faktor für die nächsten Schritte.
Ja, das stimmt. Ich meine, ich bin ja in meinem Beruf täglich irgendwelchen Herausforderungen ausgesetzt. Ich setze es mal ein wenig gleich mit Notfallsituationen in der Medizin. Da kann ich auch nicht groß andere zu Rate ziehen, mir überlegen, wie würde das jetzt jemand anders machen, sondern da muss ich auf meine Intuition und auf mein Know-how zurückgreifen können. Also man braucht in Krisen oder schwierigen Situationen schon auch Selbstvertrauen und ich glaube, das habe ich auch.

Wie stark verlassen Sie sich auf Ihre Intuition?
Ich glaube, das spielt eine große Rolle. Ja. Also die Erfahrungen nähren die Intuition und die Intuition umgekehrt nährt auch die Erfahrung. Ich

blicke ja jetzt auf 60 Jahre meines Lebens zurück bzw. auf vielleicht 40 Jahre mit Verstand, die anderen mit weniger Verstand.

Aber auch die Jahre mit weniger Verstand, wie Sie so schön sagen, nähren natürlich auch unsere Intuition. Oder?
Ja, natürlich. Das ist so. Auch ich ziehe daraus meine Erfahrungen, egal, ob bewusst oder unbewusst.

Gibt es denn Methoden, die Sie sich angeeignet haben, um sich auf schwierige Situationen vorzubereiten?
Also ich glaube, vorbereiten kann man sich darauf in meinem Metier eher schlecht. Ich glaube, Herausforderungen kommen ja meistens – jedenfalls in der Medizin – ganz plötzlich oder von einem Tag oder von einer Minute auf die andere. Aber ich habe eine Eigenschaft, ich werde dann ganz ruhig. Ich bin nicht aufgeregt, sondern es ist so eine Art, wie soll ich sagen, eine Art Selbsthypnose, um zu sagen, bleibe cool, bleibe ruhig, dann kannst du am besten denken. Ja, so möchte ich es ausdrücken. Es war schon in den Prüfungen so, das waren früher die Herausforderungen. Die erste Herausforderung, die größere, war, glaube ich, neben den Schulprüfungen der Führerschein. Da habe ich auch gedacht, besser cool bleiben.

Cool bleiben hilft in vielen Fällen, da stimme ich Ihnen sehr gerne zu. Panik und Hektik sind dann selten gute Ratgeber.
Und nutze deinen Verstand. Je schlimmer die Situation, desto ruhiger werde ich. Was aber auch gut ist, gerade in Notfallsituationen in der Medizin. Es nützt einem ja nichts, wenn man aufgeregt ist, sondern man muss versuchen, wirklich kühl zu analysieren und dann entsprechend zu handeln.

Wenn Sie mal an eine ganz große Herausforderung von früher zurückdenken: Würden Sie heute manchmal anders reagieren mit der heutigen Erfahrung? Oder sagen Sie: Nein, ich habe das damals auch wirklich alles so gemeistert und hinbekommen, wie ich es mir vorgestellt habe bzw. wie es für Sie dann in Ordnung war?
Also so richtig negative Erfahrungen habe ich, ehrlich gesagt, mit mir nicht gemacht. Ich bin mit mir sehr zufrieden.

Herzlichen Glückwunsch, das höre ich selten.
Ich habe mal einen Verkehrsunfall gebaut, weil ich nicht aufgepasst habe. Da habe ich auch gedacht, das machst du nie mehr. Aber da war ich in einer besonderen Situation. Da war ich in einer besonderen seelischen Belastung, besser gesagt, einer besonderen seelischen Belastung ausgesetzt und habe dann nicht im Straßenverkehr aufpasst und einen Unfall gebaut. Gott sei Dank nur Blechschaden. Aber das hat mich schon sehr aufgerüttelt, muss ich sagen. Da habe ich schon gedacht, das hättest du eigentlich nicht machen dürfen, das hätte dir nicht passieren dürfen. Aber gut. Man ist ja auch nur ein Mensch.

Zum Glück sind wir noch Menschen, ja.
Oh ja, das ist richtig.

Solange, wie Sie es sagen, nur Blechschaden bei so was entsteht oder nur mal ein größerer Schock, dann haben wir auch einfach mal Glück. Ich stelle die Fragen andersherum, negativ formuliert: Wenn Sie jetzt bitte mal an Mitarbeiter in Unternehmen denken. Was würden Sie diesen Menschen auf KEINEN Fall empfehlen im Umgang mit Herausforderungen?
Also ich würde empfehlen, auf gar keinen Fall diese Herausforderung abzulehnen. Weil ich denke, das frustriert mit der Zeit. Natürlich könnte man Herausforderungen auch ablehnen, aber ich glaube, das ist der falsche Weg. Man ist zwar dann im Moment vielleicht erleichtert nach dem Motto „Okay, das habe ich jetzt abgebügelt, das habe ich jetzt vom Tisch", aber ich glaube am Ende, wenn man dann zwei, drei Tage oder vielleicht auch Wochen später darüber nachdenkt, sagt man: Mensch, hätte ich es doch gemacht oder vielleicht hätte ich es doch ganz gut gemacht oder was auch immer. Ich glaube, man bedauert es im Nachhinein. Also ich kann nur empfehlen, nehmt Herausforderungen an.

Sehen Sie das also auch als Wachstumsmöglichkeit für den Menschen an?
Auf jeden Fall, ja. Vielleicht macht man dann dabei auch etwas falsch, das kann passieren. Aber aus seinen Fehlern lernt man letztendlich auch viel mehr als man denkt. Also ich denke, Niederlagen machen einen viel stärker am Ende, als wenn Sie immer sofort gewinnen. Da kann sich auch

schnell eine Art Überheblichkeit oder Gleichgültigkeit einschleichen und das wäre dann sehr kontraproduktiv.

Also ich glaube sogar, Niederlagen stärken uns stärker als Erfolge.
Ich gebe Ihnen völlig recht. Weil es einen emotional viel stärker trifft im Sinne von nachhaltig. Wenn ich zum Beispiel einen Forschungsantrag schreibe und dieser abgelehnt wird, dann bin ich so sauer und überlege sofort, was hast du denn falsch gemacht? Was könnte ich besser machen? Und ich gebe dann nicht auf, bis ich den Antrag irgendwie durchhabe. Und klar sollte auch sein, dass Erfolge nicht über Nacht kommen, sondern meistens vorher schon Niederlagen auf dem Weg zum Erfolg passiert sind. Also ich glaube, Niederlagen stärken einen und deswegen sollte man auch Herausforderungen annehmen, selbst wenn man sie jetzt nicht so gut bewältigt, aber man lernt draus. Und nochmals, ich glaube, man bereut, wenn man Herausforderungen abgelehnt hat. Egal, welcher Art diese Herausforderungen waren.

Ich bin ein Mensch, der immer betont, dass man durch aufgehende Türen immer durchgehen sollte, um zu schauen, was hinter der Tür kommt. Ich habe es in meinem Leben bisher noch nie bereut, hindurchgegangen zu sein. Sondern ich habe danach immer gesagt, zum Glück bin ich durchgegangen. Im Nachhinein war ich immer glücklich, dass ich es gemacht habe. Sie haben am Anfang des Gesprächs gesagt, dass Sie sich auch gerne Ratschlag von Experten holen. Haben Sie sich da auch bewusst ein kleines Netzwerk aufgebaut, bei dem Sie wissen, dass Sie Ihre vier, fünf Hauptansprechpartner haben, mit denen Sie sich dann austauschen können? Jetzt nicht im Sinne von Vorbild, sondern „Da weiß ich, dass ich mich hinwenden kann und dann bekomme ich hilfreiche Informationen".
Ja, in der Medizin auf jeden Fall. Dort habe ich mein Netzwerk, das mir in schwierigen Situationen weiterhilft. Aber ansonsten habe ich meinen Mann, der natürlich viel aushalten muss. Mit ihm bespreche ich schon einiges, wenn es um andere Herausforderungen des Lebens geht. Das tut, glaube ich, gut, selbst wenn einem die anderen auch nicht immer weiterhelfen können, allein das Gespräch ist hilfreich. Es ist etwas anderes, wenn man im eigenen Kopf überlegt und es bewältigt im Vergleich dazu, wenn man etwas mit anderen Menschen bespricht. Das hat noch-

mal eine ganz andere Kraft. Und wenn man ein Problem oder eine Herausforderung mit jemand anderem reflektiert, muss man es formulieren, man muss darüber nachdenken, und dann kriegt es nochmal eine andere Schärfe und eine stärkere Kraft und eine größere Dimension. Für mich wird dann alles klarer.

Und das heißt, ein Tipp von Ihnen ist, sprecht über eure Themen, sprecht über die Herausforderungen?
Unbedingt, ja. Sprechen hilft aus meiner Sicht immer. Viel zu viele Menschen versuchen ihre Probleme allein zu bewältigen. Sie verlieren dabei aus meiner Erfahrung Zeit, und auch der Lösungsweg ist oftmals nicht so kreativ oder erfolgreich, wie er mit Informationen von anderen hätte sein können.

Versucht es also nicht allein im Kopf im stillen Kämmerlein, sondern geht auf andere zu.
Ja, weil es dann einfach nochmal schärfer und fokussierter wird.

Sie waren vor Jahren auch in der Politik sehr aktiv. Sehen Sie da einen Unterschied im Sinne von Umgang mit Herausforderungen? Ich kann mir vorstellen, dass es in der Politik etwas einsamer ist als in Ihrem jetzigen Beruf. Stimmt das?
Ja, Politik ist schon unterschiedlich. Auf der anderen Seite hat es auch viele Überschneidungen, Ähnlichkeiten, dennoch gibt es andere Herausforderungen. Man muss zum Beispiel gut kommunizieren können. Es ist noch wichtiger, dass andere Menschen einen gut verstehen können. Man muss verständlich und glaubhaft rüberkommen. Der Patient wird auch nur etwas tun, wenn sie bei ihm ankommen. Wenn er sie verstanden hat und wenn sie authentisch sind. In der Politik ist das aber noch wichtiger, da sie sich das Vertrauen erst aufbauen müssen. Als Arzt gibt es natürlich schon ein Grundvertrauen

Gibt es eine Fähigkeit, bei der Sie sagen, diese möchte ich noch lernen, um noch leichter, entspannter mit Herausforderungen umzugehen?
Ach Gott, da gibt es auf jeden Fall etwas. Wenn ich als Person angegriffen werde, dann trage ich das immer relativ lange mit mir rum oder nehme

das persönlich und vielleicht nehme ich es mir viel zu sehr zu Herzen. Da wünschte ich, dass ich abgebrühter wäre. Das war früher noch schlimmer, aber es ist zum Glück auch schon sehr viel besser geworden. Auch das lernt man ja mit der Zeit. Das ist ein Vorteil des Alters, dass man sich dann bestimmte Themen doch nicht mehr so zu Herzen nimmt, weil man weiß, dass man eigentlich als Mensch gar nicht gemeint ist, sondern meistens als öffentliche Person oder in seiner Funktion als Chef oder Chefin angesprochen wird.

Das ist eine wichtige Fähigkeit, um in seiner eigenen Kraft zu bleiben. Jeder Mensch, der sich oft angegriffen fühlt und dies mit sich wochenlang rumträgt, der verbraucht sehr viel Energie und Lebensfreude. Mein Credo ist bei persönlichen Angriffen immer, dass ich den Angriff beim Gegenüber belasse nach dem Motto „Der Angriff ist dein Thema. Die Art und Weise, wie du mit mir sprichst, ist auch dein Thema."
Ja, da kann ich Ihnen vollkommen zustimmen. Aber ich konnte das anfänglich auch noch nicht so gut. In der Zwischenzeit kann ich das schon sehr, sehr gut, also es wird sehr schwierig werden für ein Gegenüber, mir heutzutage sein Äffchen auf die Schulter zu setzen. Je älter man wird, desto mehr Tricks des Gegenübers kennt man zum Glück. Ist es nicht mein Problem, dann bin ich nicht unbedingt bereit, dieses Problem zu übernehmen. Ich helfe gerne, übernehme aber keine Probleme von anderen. Herausforderungen – positive wie negative – habe ich selbst genug, da brauche ich nicht noch die von anderen.

Genau, die Affen der anderen bleiben die Affen der anderen.
Genau. Das hilft ungemein.

© privat

Der Tenor **Jay Alexander** zählt zu den beliebtesten und charismatischsten Künstlern innerhalb der deutschen Musiklandschaft und sorgt mit seiner strahlenden Stimme regelmäßig für Begeisterung. Bereits im Alter von drei Jahren zeigte sich Alexanders musikalische Begabung, als er beim Singen von vierstimmigen Kanons mit seinen Eltern und seiner Schwester mühelos seine Stimme halten konnte. Mit 16 Jahren erhielt der in Pforzheim geborene Sänger seinen ersten klassischen Gesangsunterricht und studierte später Gesang an der Staatlichen Hochschule für Musik Karlsruhe. Er verkörperte bereits zahlreiche Partien an verschiedenen Opernhäusern sowie in Oratorien und Messen. Mit Marshall & Alexander sorgte er über 20 Jahre für ausverkaufte Häuser, erhielt Goldene CDs und Auszeichnungen wie die „Goldene Henne". In seinen eigenen Konzerten lotet der Tenor, der u. a. schon mit José Carreras auf der Bühne stand, erfolgreich die Grenzen zwischen klassischer und populärer Musik aus. „Wenn ich singe, spüre ich Freiheit, Energie, Kraft und die Magie des Lebens" – pure Emotion und Leidenschaft, die man Jay Alexander mit jedem gesungenen Ton anmerkt. Zwei seiner sieben Solo-Alben, „Geh aus, mein Herz" und „Schön ist die Welt" positionierten sich aus dem Stand mehrere Monate auf Platz 1 der deutschen Klassikcharts. 2021 kam seine und Kathy Kellys CD „Unter einem Himmel – Just One Sky" auf den Markt. Im selben Jahr rief Jay Alexander auch seinen Podcast „Das Pausengespräch" ins Leben. 2022 erscheint das Album „Abendlieder" gemeinsam mit Tenor René Kollo.

JAY ALEXANDER

Wow, der Ausblick hier aus diesem Raum ist ja wundervoll. Direkt auf die Alte Oper. Sehr schön. Da könnte ich ja dann praktisch hinter die Kulissen von „Ein Fall für Zwei" schauen, wenn ich schon mal in Frankfurt bin.

Sie werden lachen. Als die Corona-Krise und damit auch Homeoffice kam, habe ich aus Zufall an diese Serie gedacht und sie online gesucht.
Das war ja mit Günter Strack und später mit Rainer Hunold, genau. Eine gute Serie, die auch ewig lange im Fernsehen zu sehen war. Ja, diese Serie ist wirklich Kult. Ich finde es auch schade, dass es „Matula" mit Claus Theo Gärtner nicht mehr gibt.

Dann lassen Sie uns den schönen Blick im Gespräch gerne genießen, Herr Alexander. Schön, dass wir uns heute sehen. Vielen Dank, dass Sie sich bereit erklärt haben, für mein neues Buchprojekt mit mir heute über „Herausforderungen meistern" zu sprechen. Und vor allem Danke, dass Sie hierfür Ihren Urlaub für einen Tag unterbrochen haben. Vielen herzlichen Dank! Wie gehen Sie denn persönlich mit Herausforderungen um? Haben Sie für sich eine bestimmte Methodik, die Sie da gerne anwenden?
Zunächst einmal vielen Dank für die Einladung. Ich freue mich sehr, hier zu sein und mit Ihnen dieses Gespräch zu führen. Danke für die erste Frage. Wir leben in einer besonderen Zeit mit den Corona-Herausforderungen. Ich finde es in solchen Situationen wichtig, darüber zu sprechen. Ich habe sehr viele Kolleginnen und Kollegen, die im gleichen Berufsfeld arbeiten, und man tauscht sich natürlich aus. Gerade diesen Austausch finde ich sehr hilfreich. Jeder sieht das ein bisschen anders, hat seinen eigenen Blick darauf, seine Situation oder seine Vorgehensweise. Und deswegen helfen mir diese Gespräche enorm.

Im Großen und Ganzen denke ich, wir sind überrascht worden, so als ob ein eiskalter Wassereimer über uns ausgeschüttet worden wäre. Und dass man für diese aktuelle Situation keinerlei Erfahrung im Umgang damit abrufen kann. Es ist schlagartig einfach eingetreten. Man hatte keinen Vorlauf, um sich daran zu gewöhnen. Plötzlich hatte man keine Proben mehr. Wir Künstler und Künstlerinnen, wir können nicht mehr auf die Bühne gehen und für uns ist das natürlich eine ziemlich harte Zeit. Künstler müssen auf die Bühne. Und jeder geht eben ganz anders damit um. Jeder einzelne hat so seine persönliche Meinung. Ich glaube, im Laufe des Gesprächs werden wir noch auf das eine oder andere stoßen. Aber mein Weg bezüglich Herausforderungen ist definitiv, mich mit anderen auszutauschen.

Wenn wir den Kulturbereich als Thema nehmen. Dieser ist ja wirklich auf null durch Corona runtergefahren worden. Wie geht es Ihnen denn mental damit und gibt es vielleicht auch mentale Übungen, die Sie dann nutzen, jetzt in dieser Zeit, um Ihre Bühnenfitness, Ihre mentale Bühnenpräsenz einigermaßen hochzuhalten? Denn es kann ja auch hoffentlich bald wieder losgehen.

Das wünschen wir uns alle. Zunächst einmal ist es so, dass man als Künstler, in meinem Bereich als Musiker, sehr diszipliniert einen bestimmten Tagesablauf lebt. Und den habe ich natürlich zu Beginn der ganzen Geschichte auch versucht, so lange wie möglich aufrechtzuerhalten. Ist mir auch ganz gut gelungen. Aber irgendwann kommt dann der Moment, wo man das Geübte und vielleicht auch neues Repertoire gerne auf die Bühne bringen möchte.

Dann kam das ständige Auf und Ab. Darf man, darf man nicht. Dann eine begrenzte Zuschauerzahl. Die Geschichte mit den Autokinos kam auf, Parkplatzkonzerte, Open Airs. Das ging alles so na ja, mehr recht als schlecht. Da merkt man einfach, was einem wirklich fehlt. Und dann kam bei mir eine Zeit der Resignation. Ich dachte: „Für was machst du das alles? Bringt doch gar nichts. Du übst neues Repertoire. Du kannst es niemandem vorspielen. Zuhause an die kahle Wand zu singen, das macht keinen Spaß." Dann habe ich mir überlegt, wie hältst du dich mental irgendwie über Wasser? Ein Freund erzählte mir, dass er gerade ein Einfamilienhaus baut. Da sagte ich: „Du, ich möchte dir gerne helfen. Ich habe noch nie in meinem Leben Stein auf Stein gemauert. Ich will jetzt mal was ganz anderes machen. Ich bin praktisch veranlagt, handwerklich veranlagt." Und ich arbeitete wirklich ab September 2020 monatelang vier Stunden von Montag bis Freitag auf dem Bau. Mit großer Freude und bei jedem Wetter. Dieses Suchen nach etwas Sinnhaftem hat mir in der Herausforderung wirklich Kraft gegeben. Kraft, um das Ganze mit etwas Positivem zu füllen. Wenngleich es auch dabei

Momente gab, in denen ich mir sagte: „Was tust du hier eigentlich? Normalerweise übst du zu Hause, normalerweise probst du mit deiner Pianistin, mit Orchester. Du bist unterwegs." Ich hätte 2021 wunderbare Aufgaben gehabt, zum Beispiel in Peking zum ersten Mal für mich die neunte Sinfonie von Beethoven zu singen – ist aber ins Wasser gefallen. Ich wäre in San Francisco gewesen, in Wien und hätte wunderbare Metropolen besucht. Das wäre so der normale Ablauf gewesen. War es aber nicht. Die Enttäuschung ist groß. Das Finanzielle ist eine Sache, was mich härter trifft ist das Emotionale, das Psychische. Und das nagt ganz schön.

Wie aber, wenn Sie gerade das emotionale Thema ansprechen, gehen Sie dann damit um? Wenn Sie morgens aufstehen oder abends kurz vorm Zubettgehen sagen: „Hey, jetzt bin ich aber emotional echt gerade schlecht drauf?"

Das ist nicht immer gleich. Natürlich habe ich das Glück, in einer Familie eingebettet zu sein. Wir haben zwei Kinder, meine Eltern leben beide noch, meine Schwester ist da. Also wir sind eine schöne Familienbande, so möchte ich es mal sagen. Und das tut gut. Das hilft schon enorm, wenn man sich austauschen und über seine Emotionen reden kann. Aber nicht jeder Tag ist gleich, und wenn ich morgens aufwache und denke: „Oh mein Gott, ich habe gar keine Lust aufzustehen. Mir fehlt der Antrieb." Vor Corona hätte man gesagt, das sind Anzeichen eines Burnouts oder eines Erschöpfungszustands. Und so fühlt es sich manchmal an. Und dann muss ich wieder an meine Disziplin appellieren. Und Sie werden lachen, ich habe eine kleine Hündin, eine Mischung aus Cockerspaniel und Pudel. Und wenn ich mit ihr fünf Minuten schmuse, dann kann ich unheimlich viel Energie aus diesem Tier ziehen. Ich weiß auch nicht warum. Ich habe das Gefühl, es versteht mich, es fühlt meinen Puls. Mag jetzt für alle Nicht-Tierliebhaber Fragezeichen aufwerfen. Für mich ist es eine ganz, ganz gute Kameradin, die mir zuhört und der ich mich so ein bisschen mitteilen kann. Und die sehr vieles an Seelenschmerz, an psychischem Schmerz abpuffert.

Es gibt aber durchaus auch Tage, an denen ich denke: „Hey, lass mich mal überlegen. Jeder sagt, es liegt auch irgendwo immer eine Möglichkeit oder eine Chance für einen Neubeginn, für etwas Neues." Ich muss

Ihnen aber ehrlich sagen, ich habe es in der aktuellen Zeit noch nicht für mich entdeckt.

Es ist aktuell auch schwer, etwas Positives zu entdecken.
Aber es ist nicht jeder Tag grau und es ist auch nicht jeder Tag rabenschwarz. Also wir stehen trotz allem, glaube ich, ganz gut da, also innerhalb der Familie. Wir dürfen gesund sein, toi, toi, toi. Das ist das große Credo sowieso. Ich glaube, das größte Gut. Dennoch sind der Wunsch und der Drang, wieder auf die Bühne gehen zu können, enorm groß. Denn das ist meine Berufung, die ich jetzt nicht ausleben darf.

Jetzt haben Sie gerade Ihre Hündin erwähnt. Sehr spannend für mich als Katzenfan. Und ja, mir geht es bei Katzen ähnlich wie Ihnen mit Ihrer Hündin. Tiere geben Menschen auch sehr viel Kraft. Gibt es denn vielleicht auch ein Vorbild in Ihrem Leben, bei dem Sie sagen: „Ja, wenn ich vor einer Herausforderung stehe, wenn ich eine Krise habe, dann erinnere ich mich an mein Vorbild. Und diese Person hilft mir dann weiter." Gibt es da jemanden in Ihrem Leben?
Ich habe viele Vorbilder. Ob das jetzt im musikalischen Bereich ist oder auch im ganz normalen Leben. Mein Onkel Walter zum Beispiel war ein Pionier auf dem Gebiet der Müllentsorgung. Er hat geschuftet und geschafft, mit einer eisernen Disziplin und einem Willen. Da konnte ich mir enorm viel abgucken. Er lebt leider nicht mehr, ist im letzten Jahr verstorben. Aber er schwingt ganz oft in mir mit. Der würde jetzt sagen: „Komm, du kannst deine Hände bewegen, du kannst deine Beine bewegen. Dein Kopf funktioniert. Geradeaus gucken. Mach das Beste daraus." Und das muss man sich, glaube ich, immer wieder innerlich repetieren und sich selbst sagen: „Glaube an dich weiterhin. Du hast so viele Stationen erleben dürfen in deinem Leben. Mach weiter. Egal wie. Stell dich den Herausforderungen, wenn es auch manchmal sehr schwerfällt." Ja, natürlich kommen auch Krisen. Die gehören aber zu jedem Leben. Das war schon vor Corona so, dass man manchmal in ein Loch fällt und denkt: „Ja, Gott, wie komme ich denn da wieder raus?" Es geht immer irgendwie weiter, das ist richtig. Die Frage ist nur, wie – und wie man damit umgeht. Und ich glaube, das muss jeder für sich selbst herausfinden. Mir hilft es, dass das soziale Konstrukt funktioniert, dass die Familie ganz, ganz dicht zusammenhält. Gerade in

dieser Zeit. Familie ist für mich ein ganz wichtiger Baustein, um mit Herausforderungen positiv umgehen zu können. Allein wäre ich, denke ich, oft aufgeschmissen und wüsste nicht, was und wie ich etwas tun sollte. Aber Familie hilft mir.

Was gibt Ihnen noch Kraft, Herr Alexander? Durch oder mit was können Sie Kraft tanken?
Ich bin ja ein sehr gläubiger Mensch und kann dadurch auch Positives tanken. Ich bin mir sicher, dass Glaube jemanden unterstützen kann, gerade in schwierigen, herausfordernden Situationen. Glaube an Gott und natürlich Glaube an sich selbst.

Wenn Sie bitte an Unternehmen unter den Bedingungen denken. Ich bin, wie Sie wissen, Unternehmensberater. Ich habe mit vielen Führungskräften zu tun. Wenn Sie jetzt aus Ihrer Branche heraus einer Führungskraft drei Tipps geben müssten und sagen: „Hey, aus meiner Branche als Sänger, als Musiker, gebe ich dir die drei Tipps und ich glaube, dann würdest du dich leichter tun im Umgang mit Krisen, mit Herausforderungen im Unternehmen." Könnten Sie bitte welche nennen?
Wenn ich diese Tipps hätte, dann hätte ich gar keine Zeit. Dann würde ich überall beraten oder sonstige kluge Dinge von mir geben. Ich glaube, das ist individuell verschieden und jeder Mensch tickt anders. Und für den einen ist der Tipp gut, den er in einem guten Ratgeber liest. Ein anderer kann damit vielleicht gar nichts anfangen. Ich glaube, wenn Menschen eine Firma aufgebaut haben, wenn Menschen Großes geleistet haben, gerade im wirtschaftlichen Bereich, dann brauchen diese eigentlich keine Tipps. Ich würde ihnen vielleicht diesen Rat geben: „Hör mal ganz gut in dich hinein. Du hast es bis hierher gebracht. Und es ist vielleicht nicht immer nur steil bergauf gegangen, sondern du hast auch mit Tiefen zu kämpfen gehabt. Und hast das auch gemeistert. Verlass dich auf deinen Instinkt." Und das würde ich als einzigen Tipp geben. Ich würde keine Ratschläge erteilen, denn das ist ähnlich wie mit einem Anzug, den ich mir beim Schneider machen lasse. Mir passt der wunderbar. Gebe ich Ihnen den Anzug, ersaufen Sie darin oder er ist Ihnen zu eng oder wie auch immer. Das würde ich mir nie anmaßen. Man kann sicherlich den ein oder anderen Tipp geben und es liegt dann am Gegenüber, ob er ihn annimmt.

Aber ich glaube im Grunde genommen, wenn der gesunde Menschenverstand und eine gewisse Intelligenz vorhanden sind, dann hat er oder sie Strategien – und natürlich haben viele auch ihre Berater, das ist auch klar. Eigentlich würde ich einfach nur daran appellieren: Was hat dich bis hierher gebracht? Was hat dich angetrieben? Lass es dich weiter antreiben. Geh in dich und reflektiere deine guten Seiten und nutze diese.

Dies finde ich einen spannenden Ansatz, denn mir geht es ähnlich. Ich bin jemand, der sehr viel reflektiert. Ich frage mich immer wieder, was ist gut gelaufen bei mir? Was habe ich getan? Welche Strategien konnte ich anwenden? Welche hat funktioniert? Welche nicht?
Das gilt übrigens für jeden Bereich. Das muss jetzt nicht nur im Wirtschaftlichen sein. Ich denke, Menschen, die auf der Bühne stehen, die singen, bildende Künstler, egal was – jeder weiß oder spürt für sich selbst am besten, was für ihn oder sie gut ist. Diesen – ich nenne es mal – Instinkt, sollten wir wieder viel mehr aktivieren. Ich glaube, die Welt ist zu laut, und deswegen können viele sich nicht mehr hören.

Wenn wir gerade beim Thema Reflexion sind. Wenn wir jetzt in Ihre Vergangenheit eintauchen oder vielleicht in eine größere Krise in Ihrem Leben gehen. Sagen Sie jetzt: „Ach, hätte ich damals das oder jenes getan oder doch schon gewusst, dann wäre ich damals leichter, entspannter, schneller aus der Krise gekommen." Gibt es da was? Oder sind Sie mit der damaligen Vorgehensweise noch immer zufrieden?
Diese Gedanken, glaube ich, hat schon jeder durchlebt. Bei mir ist es sicherlich so, dass ich in vielen Punkten rückwirkend viel gelassener hätte sein müssen – und wenn es in Beziehungsgeschichten war, wo man dann vorgeprescht ist und seinen Mannesstolz an den Tag legen wollte. Denn ich glaube, in der Gelassenheit klärt sich vieles von allein, und oftmals ist weniger einfach mehr. Ich glaube, diese Erkenntnis muss auch jeder für sich selbst herausbekommen. Es gibt Menschen, die haben diese Ruhe. Die ruhen in sich und können in entsprechenden Lebensbereichen oder Krisen sagen: „Moment, erstmal abwarten." Normalerweise kennt man so eine Haltung eher von älteren Menschen. Von an Lebenserfahrung reichen Menschen. Ein junger Mensch hat Energie und diese Power. Vorhin hatten wir die Geschichte mit dem Hund. Ich vergleiche das oft.

Ein Hundewelpe strotzt vor Kraft und Energie. Der macht ganz wilde Sachen. Und so ist es mit jungen Menschen und ich denke, das ist auch normal und ganz wichtig, dass man so einen Prozess in seinem Leben durchläuft. Dennoch denke ich, es ist müßig; ich bin zwar ein Mensch, der sehr gerne zurückblickt, der gerne in Fotoalben, in seinem ganz persönlichen Fotoalbum blättert. Und trotzdem glaube ich, es ist wichtig, den Blick nach vorne zu richten und zu schauen, was von dort auf mich zukommt. Dieses emotionale Nach-hinten-Blicken ist schon schön, aber es kann auch Melancholie hervorrufen. Man reflektiert möglicherweise Dinge, die vielleicht im Nachklang gar nicht mehr so schön sind. Wie auch immer. Das heißt nicht, dass ich mich meiner Vergangenheit nicht gerne stellen möchte. Aber im Grunde genommen ist es so, dass ich den Blick nach vorne richte und sage: „Was steht an? Jetzt lebe ich. Ich lebe im Jetzt und ich versuche die Zeit, die kostbare Zeit gut zu nutzen." Das Kostbarste, was wir Menschen haben, ist unsere Lebenszeit. Das ist ja jetzt keine besondere Weisheit. Aber ich denke, wenn man diese Zeit ausfüllt, mit ganz viel Energie und mit diesem Wissen dann auch lebt, dass dann auch Herausforderungen, Krisen, schwere Tage leichter zu meistern sind.

Gibt es auch jetzt schon etwas, bei dem Sie sagen, das habe ich in der aktuellen Krise für mich gelernt? Bei dem Sie sagen: „Das muss ich mir merken, weil dann werde ich es wieder anwenden. Wenn wieder mal eine ähnliche Situation kommt. Das war jetzt gut, wie ich es gemacht habe."
Kann ich Ihnen sagen. Man hat mir oft in der Vergangenheit nachgesagt, ich bin zu konservativ. Ich müsste viel spektraler und bunter sein. Und nein, muss ich nicht. Ich bin so, wie ich bin. Ich habe in den letzten Jahrzehnten gut gewirtschaftet, immer mit dem Hintergedanken, es könnte mal ein Karriereknick kommen. Jetzt ist dieser Karriereknick, Gott sei Dank, ausgeblieben. Aber es kam Corona. Und viele meiner Kolleginnen und Kollegen, die vielleicht eben dieses bunte, spektrale Leben auch finanziell gelebt haben, stehen jetzt mit dem Rücken an der Wand. Mir gibt mein Konzept nun die Kraft und die Ruhe, eine gewisse Gelassenheit an den Tag zu legen. Denn wenn jetzt noch die finanziellen Nöte hinzukämen, ich glaube, dann wäre vieles in meinem Lebensalltag, in unserem Familienalltag nicht so entspannt. Und das ist eine der wich-

tigsten Erkenntnisse für mich, dass es richtig war, eben nicht immer auf der Überholspur zu fahren. Obwohl ich manchmal auf die Überholspur hätte abbiegen können.

Und nicht immer alles mitzumachen, was andere auch einem soufflieren?
Oh ja, ich habe viele Berater oder Kollegen an meiner Seite gehabt: „Mach das so, mach das so. Und dann musst du da in Aktien und dort und überhaupt." Nein. Da habe ich mich auch ganz oft auf mich selbst konzentriert und habe wirklich das gemacht, von dem ich denke, da habe ich ein gutes Gefühl dabei. Egal, was andere über mich denken und sagen.

Springen wir auf die Bühne. Gibt es denn Situationen, über die Sie sagen: „Wow, ich kann mich noch gut erinnern, Konzert XY im Ort, zum Beispiel hier in der Alten Oper in Frankfurt, auf die wir gerade blicken, da ist nicht alles gut gelaufen?
Hier in der Alten Oper habe ich auch schon oft konzertiert.

Wenn Sie auf der Bühne merken: „Okay, irgendwie läuft es gerade nicht so." Also sich eine kleine Krise oder Herausforderung entwickelt. Wie gehen Sie denn damit um, wenn Sie auch wissen, jetzt sitzen da Tausende von Zuschauern vor Ihnen, die eine große Erwartungshaltung haben, die auch sagen: „Ich habe was bezahlt. Ich bin vielleicht Hunderte von Kilometern gefahren, der muss jetzt abliefern." Was tun Sie dann?
Also diesen Druck habe ich mir nie auferlegt, dass Menschen kommen und Geld bezahlen dafür, dass du jetzt eine Leistung erbringst auf der Bühne. Ich habe aber im Laufe meines Lebens festgestellt, und da spreche ich sicherlich im Namen vieler Künstlerinnen und Künstler, dass man oft einen Tag hat, an dem man supergut drauf ist. Körperlich, stimmlich, es läuft wie geschmiert. Und an dem Tag hast du dann leider kein Konzert. Dann wiederum hast du Konzerte und du denkst morgens schon: „Oh, mir kratzt der Hals. Ich bin müde, ich habe Kopfschmerzen. Ich fühle mich irgendwie schlapp. Und heute Abend muss ich auf dem Punkt sein." Das gelingt dann auch, toi, toi, toi, es hat bis jetzt immer funktioniert. Aber natürlich mit einer gewissen Anstrengung. Und das geht natürlich auch auf die Psyche. Und es ist für mich, Gott sei Dank, ein wunderbarer Zustand, dass ich von Natur aus eine ganz robuste und gesunde Physis habe. Eine Stimme, die

immer abrufbar ist. Morgens wie abends. Das ist, neben der Disziplin des Übens, vor allem auch ein großes Glück. Natürlich hatte man in der Vergangenheit schon Momente, wo man auf der Bühne stand und dachte: „Oh, das fühlt sich aber nicht so gut an." Dann macht man natürlich in der Moderation den ein oder anderen Joke. Und der kommt gar nicht an. „Der ist doch aber gestern und vorgestern gut angekommen. Warum guckt der mich so komisch an? Was ist mit der? Warum packt die jetzt ihr Bonbon aus, während ich hier singe? Das sind solche Dinge, die man dann wahrnimmt. Es gibt viele Künstler, die sagen: „Das sehe ich gar nicht, weil ich so in meiner Kunst bin. Das sehe ich überhaupt nicht." Das glaube ich aber eher weniger. Wenn du da oben stehst, nimmst du das alles wahr. Da kannst du noch so in deiner Interpretation und in deinem Moment sein. Du nimmst es wahr. Und dann liegt es an dir, was du daraus machst. Baust du das mit ein, das kann dann lustig sein. Kann aber auch für denjenigen beschämend und peinlich sein. Das muss jeder selbst wissen. Aber, um auf die Frage zurückzukommen, im Grunde genommen ist es so, dass wir diese Momente auf der Bühne sicherlich alle schon erlebt haben. Und da heißt es: Augen zu und durch. Und manchmal entsteht aus einer solchen Situation wieder etwas Tolles. Manchmal geht es auch komplett in die Hose. Aber es ist zum Glück nie so in eine Einbahnstraße, in eine Sackgasse gelaufen, dass ich dachte: „Mein Gott, also den Abend muss ich streichen." Gott sei Dank nicht. Wichtig ist es deshalb, ich wiederhole mich gerne, dass man sich den Druck nicht selbst noch stärker aufbaut. Dass man sich nicht klein macht, nur weil vielleicht einen Tag vorher der Abend nicht so gut gelaufen ist. Sich Druck machen ist ein Fehler aus meiner Sicht.

Also mir helfen oftmals vor meinen Auftritten, also Vorträgen, immer Rituale. Haben Sie für sich auch Rituale gefunden, bei denen Sie sagen, diese helfen mir, um mich zu erden, mich zu beruhigen. Fußballer zum Beispiel haben oft bestimmte Rituale. Sie ziehen die Stutzen erst rechts an, dann links, dann laufen sie eine Runde oder was auch immer. Bruce Springsteen trifft sich immer mit der Band zehn Minuten vor dem Konzert und sie halten Händchen. Und beten dann auch gemeinsam. Und pushen sich somit. Gibt es da bei Ihnen auch etwas, bei dem Sie sagen: „Mit diesen Ritualen meistere ich das dann?"

Nein. Ich sage Ihnen auch, warum. Ich habe viele Biografien und auch Autobiografien gelesen über Künstlerinnen und Künstler. Und dann liest man die Geschichte vom krummen Nagel auf der Bühne, den man sucht. Und wenn man ihn gefunden hat, dann läuft es besonders gut. Die Socken, die Gamaschen, der Schal. Das bestimmte Wässerchen, was weiß ich was. Es gibt die verschiedensten Rituale, zum Beispiel auch Gebete. Nein, ich verlasse mich auf mein Können. Ich habe es gelernt. Ich weiß, was ich kann. Und das versuche ich bestmöglich abzurufen. Und da hilft mir nichts anderes.

Diese Erkenntnis habe ich bereits in der Schule gewonnen. Ich war ja in der Schule in Mathematik immer ganz schlecht. Und irgendwann habe ich angefangen, mir das Mathematikbuch unter das Kopfkissen zu legen und zu beten: „Lieber Gott, mach, mach. Morgen ist die Arbeit. Gib mir bitte eine Eingebung und sei bitte bei mir." Hat aber nicht funktioniert. Ich habe mir einen Aufkleber auf meine unterste Schreibtischschublade geklebt: „Gott vermag all deine Probleme zu lösen." Was habe ich alles gemacht. Aber das hat einfach nichts gebracht. Bis die Erkenntnis kam, du musst was tun, und wenn du es tust, du es wirklich lernst, dann kannst du es auch abrufen, wenn du es brauchst. Zugegeben, Mathematik „kann" ich bis zum heutigen Tage nicht wirklich. Das zeigte sich auch im Studium bei der Harmonielehre, die einfach sehr viel mit Mathematik zu tun hat. Da war ich einfach immer eine Niete.

Wie gesagt, auf der Bühne habe ich mich freigemacht von solchen Ritualen. Stellen Sie sich mal vor, Sie haben den rostigen Nagel als Ritual und dann finden Sie den rostigen Nagel nicht. Sie haben die roten Socken anstatt der grünen Socken dabei. Sie haben die Socken vielleicht vergessen. Sie erreichen Ihren Gott, warum auch immer, nicht im Gebet. Gibt es ja alles. Was machen Sie dann? Was für ein psychischer Stress. Und deswegen habe ich mich da rechtzeitig davon losgesagt, damit ich gar nicht in so eine Situation komme. Also wohl dem, bei dem das funktioniert. Ich belächle das nicht. Also nicht falsch verstehen. Ich finde, das muss jeder selbst für sich herausfinden. Ich persönlich denke einfach, ich fahre besser, wenn ich mich einfach auf mein Können verlasse. Und deswegen kann ich jedem von Herzen empfehlen: „Lernen Sie Ihren Job richtig gut, dann werden Sie auch die Fähigkeiten haben, um Herausforderungen erfolgreich zu begegnen."

Ich nehme ein Stichwort nochmals auf, das Sie vorhin schon erwähnt haben. Das Thema Disziplin. Wie hilft Ihnen Disziplin, schwierige Situationen zu meistern?
Gut, die Disziplin ist auch nicht jeden Tag gleich stark ausgeprägt, und generell gibt es große Unterschiede. Nehmen wir mal mein Berufsbild des Sängers. Hat jemand ein sportliches Hobby und macht in der Freizeit viel Sport – ich glaube, diese Person hat dann auch einen leichteren Zugang zur Disziplin wie ein Nicht-Sportler. Ich bin ein Nicht-Sportler. Also ich muss mich schon sehr stark motivieren, um eine hohe Disziplin hervorzurufen. Gerade in dieser Zeit zu sagen, ich mache meine Gesangsübungen, ich besuche mal wieder meine frühere Gesangslehrerin oder meinen alten Gesangslehrer und knüpfe wieder an dieses Handwerkliche an, das ich vor vielen Jahren mal gelernt habe. Lasst es mich mal wieder überprüfen und so. Das muss ich dann immer in verschiedenen Etappen und Schritten angehen. Und manchmal gelingt es besser und manchmal eben schlechter. Grundsätzlich kann Disziplin einem aber in schwierigen Situationen wirklich helfen, leichter und vielleicht auch schneller wieder in eine gewisse Leichtigkeit zu kommen. Diese Person kann dann vermutlich Dinge tun, die jemand ohne oder mit weniger Disziplin einfach nicht tun kann. Wie ein durchtrainierter Sportler, der dann eben noch ein paar Kilometer mehr joggen kann.

Vielen Dank für das Gespräch, Herr Alexander. Vielen Dank, dass Sie uns einen Einblick in Ihr Künstlerleben gegeben haben, dass wir in Ihr Leben schauen durften.
Sehr gerne. Die Zeit ist wie im Fluge vergangen.

Ich wünsche Ihnen, dass Sie bald wieder dort drüben in der Alten Oper Frankfurt singen, dass Sie vor Publikum stehen und Ihren Beruf mit Ihrer Leidenschaft leben können.
I miss you, Alte Oper. :-)

Ich wünsche uns allen alles Gute. Bleiben Sie gesund, danke nochmal für das Gespräch.
Ich danke Ihnen herzlich für die Zeit, bis auf bald und bleiben Sie gesund.

© Julia Martin

Willi Grün wurde in den letzten Monaten des Zweiten Weltkriegs als viertes Kind des Kaufmanns Wilhelm Grün geboren und wuchs mit sechs Geschwistern in Lochham bei München auf. Mit 13 Jahren kam Willi ins Internat der Abtei Münsterschwarzach, wo sein Onkel, Pater Sturmius Grün (1904–1966), als Benediktiner lebte. 1964 legte er sein Abitur am Riemenschneider-Gymnasium in Würzburg ab und trat noch im selben Jahr in das Noviziat der Abtei ein, wo er den Ordensnamen Anselm bekam, der an Anselm von Canterbury erinnert. Von 1965 bis 1971 studierte er Philosophie und katholische Theologie in St. Ottilien und an der Benediktinerhochschule Sant'Anselmo in Rom. 1974 wurde Anselm Grün zum Doktor der Theologie promoviert. Von 1974 bis 1976 studierte Grün Betriebswirtschaftslehre in Nürnberg. Heute ist Anselm Grün ein bekannter und erfolgreicher Schriftsteller, Herausgeber der Monatszeitschrift „Einfach leben", Referent und spiritueller Begleiter. Seine Publikationen umfassen mehr als 300 aktuell lieferbare Titel mit einer Gesamtauflage von weltweit über 14 Millionen verkauften Büchern. Er gilt damit als der erfolgreichste deutschsprachige Autor religiöser Bücher. Mit seinen Tätigkeiten trägt er zum Unterhalt seiner Abtei bei. Der Benediktinerabt Notker Wolf bescheinigt Grün große persönliche Anspruchslosigkeit: „Seine Bücher haben Millionenauflagen, er könnte sehr reich sein, aber er braucht für sich keine 50 Euro Bargeld im Monat."

GEDANKEN VON ANSELM GRÜN

Herausforderungen meistern

Die Welt ist in einem ständigen Veränderungsprozess. Auch die wirtschaftlichen Rahmenbedingungen verändern sich laufend. Die Digitalisierung schreitet unaufhaltsam voran. Die Frage ist, wie wir als Führungskräfte auf diese Herausforderung antworten sollen. In der Betriebswirtschaftslehre ist es modern, darauf mit einem Change-Management zu antworten. Doch ich liebe dieses Wort nicht. Ich spreche lieber von Wandlungsprozessen, sowohl von persönlichen als auch von gemeinsamen Wandlungsprozessen.

Verwandeln statt verändern

Heute ist es modern, dass Firmen ständig umstrukturiert und verändert werden. Doch häufig bewirken die Vorstände oder die Sanierer bei den Mitarbeitern Widerstand mit ihren Änderungsvorschlägen. Ich kenne Firmen, vor allem Banken, die in den letzten zehn Jahren ständig Change-Management praktiziert haben und die Firma immer wieder neu umstrukturiert haben, einmal in die Richtung, dann wieder in eine andere Richtung. Die Mitarbeiter sind bei diesem ständigen Umstrukturieren immer unzufriedener geworden. Natürlich muss sich eine Firma wandeln. Denn die äußeren Umstände ändern sich ständig. Aber wie kann ich einen Wandlungsprozess einleiten, ohne dass die Mitarbeiter immer unzufriedener werden?

Wenn ein Unternehmensberater den Mitarbeitern einer Firma vermittelt: Ab heute muss alles anders werden. Die Firma muss eine andere werden, dann ist es verständlich, dass die Mitarbeiter Widerstand leisten. Es ist nicht nur der Widerstand, den jede Veränderung hervorruft. Denn jede Veränderung ruft ebenso Angst hervor. Das Vertraute wird verlassen. Bekanntes soll aufgegeben werden. Dieser Widerstand ist normal. Und es bedarf der Klugheit, diesen Widerstand ernst zu nehmen und mit den Mitarbeitern über ihre Ängste zu sprechen. Der Widerstand hat aber noch eine andere Ursache. Hinter dem Wort, alles muss anders werden, steckt etwas Aggressives: Ihr seid nicht gut. Die Firma ist nicht gut. Daher müsst ihr ganz anders werden. Und die Firma muss eine andere werden. Es ist ein Grundgesetz der Psychologie: Das, was ich ablehne, bleibt an mir hängen. Das, was ich in der Firma ablehne, was ich bekämpfe, das entwickelt eine Gegenkraft. Dann ist es schwierig, einen Veränderungsprozess einzuleiten.

Verwandlung für die Firma besagt etwas anderes. Verwandlung heißt zunächst: Ich würdige das, was bisher war. Ich würdige die Mitarbeiter, ihren Einsatz, ihre Leistung. Und ich würdige die Firma, wie sie bisher gearbeitet hat. Aber zugleich vermittle ich ihnen, dass keine Firma stehen bleiben darf. Sonst erstarrt sie. Jede Firma wie auch jeder Mensch muss sich wandeln, sonst erstarrt er. Verwandlung heißt: Alles, was war, war durchaus gut. Aber die Firma hat noch nicht die Gestalt gewonnen, die ihrem Wesen entspricht. Sie muss noch mehr in ihre ureigenste Identität hineinwachsen. Sie muss noch mehr sie selbst werden. Das bedeutet, dass ich zuerst einmal mit den Mitarbeitern die Stärken wahrnehme, die die Mitarbeiter haben, die die Firma bisher gezeigt hat. Und dann kann ich sie fragen, was noch nicht ihrer Vorstellung einer guten Firma entspricht, und wie sie auf die Herausforderungen von außen mit den Stärken, die die Firma bisher geprägt hat, antworten könnten.

Verwandlung geschieht in der Firma ähnlich wie in der Natur. Sie braucht Zeit. Der Baum wächst langsam. Allerdings brechen im Frühling die Blüten auf einmal auf. Und so kann es sein, dass in einer Atmosphäre, in der die Mitarbeiter sich gewürdigt fühlen, auf einmal neues Leben aufbricht und aufblüht. Verwandlung geschieht in der Natur von innen heraus. Das gilt auch für die Firma. Es hilft den Mitarbeitern nicht weiter, wenn ein Unternehmensberater von außen die Lösung präsentiert. Und alle müssen sich auf diesen Lösungsweg einstellen. Dann fühlen sich die Mitarbeiter nicht ernst genommen. Da ist jemand, der alles besser weiß. Das erzeugt berechtigten Widerstand.

Jeder Wandlungsprozess erzeugt Widerstand. Und es braucht viel Klugheit und Wertschätzung der Mitarbeiter, um mit dem Widerstand gut umzugehen. Wenn ich ihn sofort bewerte als Faulheit oder Unbeweglichkeit, dann wird der Widerstand nur stärker. Nur was ich angenommen und akzeptiert habe, kann ich verwandeln. Das gilt besonders für den Widerstand. Allerdings gibt es einen Feind der Verwandlung, der nicht sofort sichtbar wird: C. G. Jung, der Schweizer Therapeut, sagte einmal, der größte Feind der Verwandlung sei ein erfolgreiches Leben. Das gilt für den einzelnen. Jung beobachtet, dass auf Klassentreffen die Schüler, die in der Schule Überflieger waren, nicht die erfolgreichsten und auch nicht die reifsten Menschen geworden sind. Der Erfolg verleitet den einzelnen, sich auf dem Erfolg auszuruhen. Dann erstarrt man innerlich. Das gilt aber auch für die Firma. Die Firma, die meint, wir waren doch immer erfolgreich, tut sich schwer, demütig genug zu sein, um sich einem Wandlungsprozess zu stellen.

Der Wandlungsprozess bei den Führungskräften

Was für die Verwandlung für die Firma gilt, gilt auch für die Führungskräfte. Es werden heute viele Veränderungsmethoden auf dem persönlichen Entwicklungsweg angeboten. Vor Jahren habe ich in einer Flughafen-Buchhandlung in Rio de Janeiro ein amerikanisches Buch entdeckt mit dem Titel: „Wie du dich in sieben Tagen vollständig verändern kannst." Das ist für mich vollständiger Unsinn. Denn das Buch verheißt den Lesern und Leserinnen, dass sie sich innerhalb kurzer Zeit ändern können, wenn sie nur die drei Methoden anwenden, die in diesem Buch vorgestellt werden. Das ist typisch amerikanische Machermentalität, die aber dunkle Schattenseiten hat. Ich kenne Menschen, die alle zwei Jahre ihre Ernährungsmethode ändern, ihre sportlichen Methoden wechseln und ihre Führungsmethoden ändern. Doch sie bleiben persönlich immer die gleichen. Denn das, was sie ändern wollen, das lehnen sie ja bei sich ab. Aber je mehr sie es ablehnen, desto mehr bleibt es an ihnen hängen.

Verwandlung sieht auch hier anders aus: Ich würdige mich als Person und in meinem bisherigen Verhalten als Führungskraft. Aber ich frage mich: Bin ich schon in die Gestalt hineingewachsen, die meinem inneren Wesen entspricht? Oder habe ich bisher zu sehr darauf geachtet, die Erwartungen anderer zu erfüllen und mich dabei in meinem Wesen verbogen? Die Führungskraft muss sie selbst sein und nicht irgendein Führungsideal kopieren. Die Verwandlung geschieht im persönlichen Bereich. Und die geht einmal über ehrliche Selbsterkenntnis. Ich kenne Führungskräfte, die immer nur auf die Führungsinstrumente achten. Doch ihre Ausstrahlung widerspricht dem, was sie mit ihren Führungsinstrumenten erreichen wollen. Sie wollen durch bestimmte Gesprächsmethoden Vertrauen unter den Mitarbeitern schaffen. Doch von ihnen geht unbewusst ein tiefes Misstrauen aus. Weil sie sich selbst nicht wahrnehmen, mit ihren Stärken und mit ihren Schwächen, projizieren sie das, was sie bei sich nicht angeschaut haben, auf die anderen. Misstrauen strahlt von dem Menschen aus, der sich selbst misstraut, der Angst hat, seine eigene Wahrheit, seine eigenen Schattenseiten anzuschauen und anzunehmen.

Der Wandlungsweg geht für die Führungskraft über eine ehrliche Selbsterkenntnis. Der Heilige Benedikt verlangt vom Cellerar, dem wirtschaftlichen Leiter des Klosters, dass er weise ist. Das lateinische Wort für „weise" ist „sapiens". Das kommt von „sapere = schmecken". Die Führungskraft muss sich selbst schmecken können, sich selbst annehmen, dann geht von ihr auch ein guter Geschmack auf die Mitarbeiter aus. Die erste Arbeit auf dem Wandlungsweg ist also die Arbeit an sich selbst. Wenn wir in Einklang kommen mit uns selbst, dann können wir uns den äußeren Herausforderungen besser und letztlich auch effektiver stellen. Denn dann wird weder die Angst noch der eigene Ehrgeiz uns blind machen für die wirklichen Probleme. Wir können uns der Wirklichkeit offener und mit mehr Vertrauen und Hoffnung stellen.

Der Verwandlungsprozess in der Firma

Damit eine Firma sich wandelt, braucht es natürlich auch äußere Veränderungen. Insofern sind Verwandlung und Veränderung nicht nur Gegensätze. Sie ergänzen sich auch. Nicht der Mensch muss sich verändern, sondern manche äußeren Abläufe müssen anders werden, die einen Wandlungsprozess in der Firma behindern und die es der Firma unmöglich machen, angemessen auf die Änderungen, die von außen auf sie zukommen, zu reagieren. Die Frage ist, wie der Prozess der Verwandlung in der Firma aussehen könnte. Ich möchte vier Schritte beschreiben.

Der erste Schritt wäre, alles, was in mir selbst und in den Mitarbeitern aufkommt an Ängsten, an Widerständen, an Unruhe, an Traurigkeit, anzuschauen. Diese negativen Gefühle dürfen sein. Wir sollen sie nicht bewerten. Aber zu diesen negativen Gefühlen sollten wir auch alle Ideen aufschreiben, die ich selbst und die die Mitarbeiter entwickeln, wie wir auf die äußere Situation kreativ reagieren können.

Der zweite Schritt wäre dann, zuerst mit den negativen Emotionen zu sprechen. Was will mir meine Angst sagen? Rührt sie bei mir aus Ängsten, die aus meiner Kindheit stammen? Oder entsprechen sie meinem Charakter? Oder zeigt mir meine Angst, dass wir nicht auf dem richtigen Weg sind? Vor was habe ich konkret Angst? Was könnte denn passieren? Dann sollten wir uns vorstellen, wie wir uns fühlen würden, wenn das, wovor wir Angst haben, eintreten würde. Wir werden merken, dass es gar nicht so schlimm ist. Je mehr wir uns mit unseren Ängsten und dem, wovor wir Angst haben, vertraut machen, ohne zu bewerten, desto leichter werden sie sich auflösen. Dann sollten wir uns aber auch mit unseren Lösungsideen auseinandersetzen, sie einzeln anschauen, sie nicht gleich als utopisch ablehnen. Kreative Ideen entstehen nur in einem Raum von Freiheit. Und sie entstehen eher spielerisch als durch anstrengendes Nachdenken. Aber auch mit den guten Ideen sollen wir ein Gespräch anfangen. Entsprechen sie nur Wunschideen oder sind sie realisierbar?

Den dritten Schritt leite ich von einem Bild ab. Damit das Wasser in Elektrizität verwandelt wird, müssen wir einen Staudamm bauen und das Wasser anstauen, damit es durch die Turbine strömt und in Strom verwandelt wird. In der christlichen Tradition sprechen wir von Askese, Training in die innere Freiheit. Und die Askese besteht manchmal darin, dass wir bewusst einen Widerstand leisten gegen krankmachende Gewohnheiten. So sollten wir innehalten und überlegen, was schiefläuft und wo es eine Art Damm braucht, damit in der Firma das Wasser oder die Energie nicht nutzlos verrinnt. Wie kann die Kraft, die in den Mitarbeitern und in der Firma steckt, in eine Energie verwandelt werden, die für die Lösung der äußeren Probleme heute notwendig ist?

Der vierte Schritt der Verwandlung wäre: einfach etwas auszuprobieren. Manchmal grübeln wir zu lange über die nötigen Veränderungen nach. Aber wir wagen nicht, etwas wirklich anzupacken. Wir können noch so lange nachdenken und dann doch keine Lösung finden. Wir können nicht garantieren, dass unsere Entscheidungen Segen bringen. Mir hat in solchen Situationen immer das Wort geholfen, das Jesus zu dem Gelähmten sagt: „Steh auf, nimm dein Bett und geh!" (Joh 5,8) Wir würden alle gerne aufstehen, wenn wir voller Selbstvertrauen wären und die Lösung der Probleme klar vor Augen hätten. Aber der Gelähmte soll mitten aus seiner Schwäche und seinen Zweifeln heraus aufstehen.

Und er soll das Bett seiner Zweifel, seiner Grübeleien, seiner Ängste, seiner Widerstände unter den Arm nehmen und einfach weitergehen. Wenn ich früher ein Führungsseminar gehalten habe, habe ich auch oft nachgegrübelt, wie ich die nächste Einheit am besten gestalten sollte, damit alle zufrieden sind. Das hat viel Energie gekostet. Heute mache ich mir ein paar Gedanken. Aber dann gehe ich in den Konferenzraum mit dem inneren Wort: „Steh auf, nimmt dein Bett und geh!" Dann tue ich das, was mir spontan in den Sinn kommt. Das ist für den Kurs besser als mein langes Nachgrübeln.

Schluss

So wünsche ich Ihnen, dass Sie bei all den Herausforderungen, die die Zeit uns stellt und von denen wir noch gar nicht wissen, ob sie nicht im nächsten Jahr schon von ganz anderen abgelöst werden, sich einfach das Wort innerlich vorsagen: „Steh auf, nimm dein Bett und geh!" Das gilt für Ihren Umgang mit den eigenen Ängsten, aber auch für Ihren Umgang mit den Mitarbeitern in der Firma. Machen Sie ihnen Mut, aufzustehen und die Ängste und Zweifel unter den Arm zu nehmen und weiterzugehen. Sie werden dann spüren: Es geht schon. Sie werden einen guten Weg miteinander gehen.

P. Anselm Grün

Oliver Wnuk, Jahrgang 1976, stammt aus Konstanz, hat sein Schauspieldiplom in München erworben und lebt in Berlin. Er hat ein kleines Stück Fernsehdeutschland mitgeprägt durch seine Rolle als Ulf Steinke in „Stromberg". Seit 2011 ist er als Kommissar Hinnerk Feldmann in der ZDF-Erfolgsreihe „Nord Nord Mord" auf Sylt unterwegs. In den vergangenen 20 Jahren wirkte er in über 100 Film- und Fernsehproduktionen als Schauspieler mit; zur selben Zeit hat er Romane, Kinderbücher, Theater- und Hörstücke, Essays für Printmedien veröffentlicht und ist aktuell Drehbuchautor seiner eigenen ARD-Reihe „Das Leben ist kein Kindergarten".

OLIVER WNUK

Herr Wnuk, es ist mir eine Ehre und Freude, dass Sie mein Buch unterstützen. Als großer Fan Ihrer Serien „Stromberg", „Nord Nord Mord" oder auch „Das Leben ist kein Kindergarten" bin ich gespannt, wie Sie mit Herausforderungen umgehen. Wie ist denn Ihr persönlicher Umgang mit beruflichen Veränderungen und Herausforderungen? Welche Methoden oder Vorgehensweisen nutzen Sie? Als Beispiele nenne ich hier gerne Mentaltraining, Entspannungsübungen, Optimismus oder Teamgemeinschaft.

Als freiberuflicher Schauspieler und Autor stehe ich bei jedem neuen Projekt gewissermaßen vor einer Veränderung. Ich treffe auf ein neues Team, auf eine neue Rolle und auch möglicherweise auf einen neuen Arbeitgeber, den ich noch nicht kenne. Um dies alles zu bestehen und zu meistern, muss ich mir in erster Linie selbst guttun. Dabei gehe ich verschiedenen Ritualen nach und ich schaffe mir beziehungsweise. ich achte auf Arbeitsbedingungen, die mir guttun und mir helfen „zu funktionieren".

Ganz abgesehen davon wird die sogenannte „Herausforderung" schnell handhabbar, wenn ich sehr gut vorbereitet bin.

Welche Tipps und Tricks haben Sie für Menschen in Unternehmen im Umgang mit „Herausforderungen meistern", wenn Sie Ihre beruflichen Erfahrungen als Schauspieler, Schriftsteller und Drehbuchautor transferieren würden?

Wo heraus soll ich denn gefordert werden? Aus meiner Komfortzone? Aus der Herausforderung wird recht schnell ein Hineinfordern: Ich muss die neue Situation, die bevorstehende Aufgabe verinnerlichen – diese mir zu eigen machen. Die vielfältigen Aufgaben mit meiner ganz persönlichen Sicht auf die Dinge koppeln.

Im künstlerischen Bereich (aber nicht nur da) muss ich die Aufgabe in meine Gefühlswelt integrieren: Was macht es mit mir? Was daran berührt mich? Welches ist für mich der wichtigste Aspekt an der Aufgabe? Wie wird es aussehen, wenn genau ich diese Aufgabe verrichte? Dies empfehle ich auch Menschen in Unternehmen. Verinnerlichen der bevorstehenden Aufgabe(n). Sich hineinfühlen, hineindenken und dann die Aufgaben angehen.

Wenn Sie Menschen drei Hauptempfehlungen im Umgang mit Herausforderungen und Krisen geben würden, welche drei sind dies?
Mein erster Tipp: Dafür sorgen, dass das Momentum immer bestehen bleibt. Wenn die Lokomotive einmal steht, braucht es wahnsinnig viel Energie, sie wieder ins Rollen zu bringen.

Der zweite Tipp lautet: Never stop creating. Nie aufhören, etwas zu schaffen oder zumindest nie damit aufhören, darüber nachzudenken. Und mein dritter Tipp: Immer den Rat vom Berater trennen.

Gibt es für Sie ein Vorbild im Umgang mit Herausforderungen und Krisen? Wenn ja, weshalb und wer? Was konnten Sie von diesem Vorbild für sich lernen? Meine Vorbilder sind zum Beispiel Karl-Heinz Rummenigge und Bruce Springsteen.
Ich habe keine Vorbilder mehr. Ich habe einige Menschen kennengelernt, die ich beruflich inspirierend fand – menschlich haben mich dann doch einige davon eher enttäuscht. Auch was das Menschliche angeht, habe ich keine Vorbilder – ich will ja schließlich niemandem nacheifern. Ich bewundere viele Menschen für ihre Lebensführung – das schon. Und ich habe viele Menschen in mein Herz geschlossen – aber es sind keine Vorbilder im klassischen Sinne. Wenn jemand ein wertvolles, glückliches, ruhiges Leben führt – finde ich das faszinierend. Sein Geheimnis zum Glück wird mir aber nicht nutzen, weil ich ich bin und der Glückliche der Glückliche.

Wenn ich mir aber doch nochmal jemanden zum Vorbild nehmen würde, hätte ich partout kein Interesse, der Person persönlich zu begegnen.

Was würden Sie heute anders machen, wenn Sie an eine große Herausforderung von früher denken?
Ich wäre gerne ruhiger, gleichmütiger und selbstliebender gewesen. Aber daran kann ich mich heute wohl erst üben, da ich damals diese Erfahrungen der permanenten Unruhe und der Angst gemacht habe. Von daher würde ich wohl nichts verändern.

Welche Fähigkeiten sollte jemand besitzen, um aus Ihrer Sicht Herausforderungen und Krisen „entspannt" zu meistern?

Großer Luxus wäre es, wenn sie oder er aus dem Gefühl der Unabhängigkeit agieren könnte. Sich etwas vormachen, übermäßiger Optimismus, einer „das wird schon"-Haltung – davon halte ich nicht viel.

Vor meinem inneren Auge taucht in solchen Situationen wohl recht schnell das Scheitern auf. Die Möglichkeit des Scheiterns bedeutet für mich Antrieb. Ich weiß, das klingt für viele zu negativ, extrem „unentspannt" – ist aber nur eine Sache der Übung. Außerdem tut es dann nicht mehr so weh, falls man tatsächlich mal auf die Schnauze fallen sollte. Das Aufstehen, Krone richten und Weitermachen fällt dann viel leichter, wenn man Scheitern mit einkalkuliert.

Wie gehen Sie mit dem Thema Lockdown durch Corona um? Für viele eine existenzielle mentale und wirtschaftliche Lebenskrise.
Ich versuche gar nicht damit umzugehen. Wenn ich arbeite, werde ich jeden Tag getestet und übe mich ansonsten darin, so gut wie möglich mit dem zu jonglieren, was auf mich zukommt, was ich „anziehe". Natürlich muss ich dazu sagen, dass ich als Film- und Fernsehschauspieler zu den wenigen kreativen Arbeitern gehöre, die arbeiten dürfen, da wir kein unmittelbares Publikum brauchen. Es ist eine wahnsinnig schwierige Lage, die einen umso mehr lähmt, umso mehr man sich damit auseinandersetzt beziehungsweise auseinandersetzen muss.

Welche Kompetenz zum Meistern einer Krise mussten Sie erst „schmerzlich" erlernen, damit Sie diese Kompetenz dann nutzen konnten?
Die Macht der Gedanken. Es war ein wichtiger Moment, als ich in meiner Gesamtheit verstanden habe, dass meine Gedanken nicht ich sind. Gedanken sind nur Gedanken. Sie kommen und gehen. Nur wenn man sie festhält, sie bewertet – werden daraus Emotionen, aus denen Handlungen folgen. Diese kausale Kette – diese Erkenntnis hatte eine extrem befreiende Wirkung auf mich. Es hat mir den Weg aus so manch schmerzlichem Gedankenkarussell gezeigt. Ich konnte lernen loszulassen.

Allein meine Gedanken haben die allermeisten Krisen in meinem Leben hervorgerufen. Die Welt ist schließlich, wie sie ist – was man daraus macht, liegt an einem selbst.

Wie schaffen Sie es, sich am Drehtag zu motivieren, vor allem, wenn Sie merken, dass Sie mental „nicht auf voller Höhe" sind; Kolleginnen oder Kollegen Sie „nerven"?
Ich werde dafür bezahlt, das abzuliefern, was von mir erwartet wird. Da gibt es wenig Spielraum – und vor allem keinen Platz für Befindlichkeiten. The show must go on – oder man lässt es bleiben und räumt seine Position für den Nächsten. Ersetzbar sind wir alle und leichter, als uns lieb ist.

Wäre ein Leben ohne Krisen und Herausforderungen für Sie wünschenswert?
Ich musste in meinem Leben noch keine schweren Schicksalsschläge erleben, zumindest keine, die mich am Ende nicht gestärkt hervorgehen haben lassen. Vielleicht – und das sage ich bitte, ohne jemandem zu nahe treten zu wollen, ich spreche nur für mich – vielleicht steckt in jeder Krise doch eine Chance.

Jeder Tag birgt unzählige Herausforderungen – vielleicht ist es deswegen auch kein Thema, was mich besonders triggert, da es einfach so sehr zum Leben dazugehört. Eine Krise kommt über mich und ich lasse sie über mich kommen – eine Herausforderung schaffe ich mir selbst.

Welcher Aussage würden Sie mehr zustimmen und wieso? „Herausforderungen sind das Salz im Leben. Sie bereichern das Leben ungemein" oder: „Herausforderungen sollten vermieden werden, um ein ruhiges und entspanntes Leben zu führen?"
Eine Herausforderung bereichert das Leben – wenn ich es nicht übertreibe und es schaffe, eine Balance zu finden. Herausforderungs-Fanatismus oder Selbstoptimierungs-Sport finde ich anstrengend. Hinschauen, zuhören – daraus allein ergeben sich in allen Bereichen des Lebens tolle Möglichkeiten und viele wertvolle Herausforderungen.

© Manu Theobald

Andrea L'Arronge steht seit ihrem achten Lebensjahr vor der Kamera. Mit „Salto Mortale", dem Straßenfeger der 1960er- und 1970er- Jahre wurde sie als das Artistenkind „Biggi Doria" einem breiten Publikum bekannt. Während ihrer Schulzeit drehte und synchronisierte sie ununterbrochen. Unter anderem ist sie die deutsche Stimme von „Pippi Langstrumpf". In den 1980er-Jahren gehörten die Serien „Schwarzwaldklink", „Hotel Paradies Abel" zu ihren Paraderollen. Als „Baby Jane" drehte sie an der Seite von Günther Maria Halmer zehn Jahre lang „Anwalt Abel", eine der beliebtesten Reihen im ZDF. Die beiden galten als Traumpaar. Eine tolle Erfahrung waren die Dreharbeiten für den internationalen Film „Das Schlangenei" unter der Regie von Ingmar Bergmann. Seit 2001 steht sie in der Erfolgsserie „Soko Kitzbühel" als „Gräfin Schönberg" vor der Kamera. Insgesamt bringt sie es in ihrer über 50 Jahre währenden Karriere auf ungefähr 400 Filme, Serien etc. Aus der Ehe mit dem ehemaligen Kampfpiloten Reichenwallner stammt Tochter Jessica. 2002 schrieb sie ein Kochbuch, da Kochen eine ihrer großen Leidenschaften ist. Während eines Urlaubs in Spanien entdeckte sie Ayurveda. Völlig fasziniert begann sie ein Jahr später eine Ausbildung, 2007 brachte sie ihre selbst entwickelte Kosmetikreihe „Shanti" auf den Markt. Seit 2020 ist sie Botschafterin der Organisation Amalie, einer Beratungsstelle, die Zwangsprostituierten zurück in ein normales Leben verhilft. Sie lebt in München und Italien.

ANDREA L'ARRONGE

Frau L'Arronge. Vielen Dank, dass Sie Zeit haben, mit mir heute über „Herausforderungen und Krisen meistern" zu sprechen. Vielen Dank dafür! Ich steige gleich direkt in unser Gespräch ein. Wenn Sie an Herausforderungen denken, gibt es dann eine gewisse Art und Weise, von der Sie sagen, das habe ich mir über Jahre angeeignet, so gehe ich mit Herausforderungen um?

Nein, ich glaube, ich bin da ganz spontan. Ich bin in meinen eigentlichen Beruf als Schauspielerin reingewachsen. Ich habe mit acht Jahren bereits vor der Kamera gestanden und die Herausforderung früher war vielleicht, tolle Rollen zu bekommen und die dann zu meistern. Früher ging ja alles noch ein bisschen strenger zu. Also der Regisseur war sozusagen der Anführer, und ihm gegenüber war man wirklich demütig und hat sich wahnsinnig angestrengt. Damals war der Respekt vor diesen Menschen viel größer. Und ansonsten muss ich sagen, bin ich einfach reingewachsen über die vielen Jahre und zum Glück auch immer mitgewachsen. Ich denke, das zweite Standbein, das mich immer interessiert hat, nämlich eine Firma zu gründen, mich selbstständig zu machen – das war eigentlich, glaube ich, die größere Herausforderung in meinem Leben. Nicht unbedingt die Schauspielerei, denn diese ist gewachsen und ich mit ihr.

Lassen Sie uns gerne über Ihre Selbstständigkeit sprechen. Welche neuen Herausforderungen haben sich hierbei ergeben?

Es gehört ja leider nicht nur Kreativität dazu, eine Firma gründen zu wollen, sondern man muss dann auch Geschäftsfrau sein. Und das habe ich, glaube ich, bei Gründung des Unternehmens nicht so richtig bedacht. Ich habe damals eine Ausbildung in Ayurveda gemacht, habe mich sehr für alternative Heilmethoden interessiert und bin über Ayurveda auf das Thema Öle gestoßen. Dann kam noch das Puzzle dazu, dass ich bei Kosmetika Unverträglichkeiten hatte, die ich natürlich in meinem Job ununterbrochen im Gesicht hatte. Also habe ich mich mit dem Thema Kosmetik beschäftigt und gesagt: „Okay, Öle finde ich toll und wie bringen wir das jetzt zusammen?" Als nächsten Schritt habe ich eben, viel zu früh, nämlich vor ungefähr 15 oder 17 Jahren, die erste Naturkosmetikfirma gegründet, die nur auf Ölen basiert. Wir haben damals 55 Öle aus aller Welt verarbeitet, auf der Basis von altem Wissen, denn das war das, was mich so wahnsinnig interessiert hat. Leider waren wir damit unserer Zeit weit voraus. Öle für das Gesicht zu benutzen war für die meisten undenkbar. Trotzdem war diese Zeit wahnsinnig spannend, ich habe sehr viel gelernt, aber nie jemanden gefunden, der quasi als Partner das Management, den Vertrieb, das Marketing et cetera vom Start weg richtig gut übernommen hat. Das war dann für mich die große Herausforderung und ich habe es nicht wirklich auf die Reihe gekriegt, ich muss es ganz ehrlich gestehen. An was es letztlich gelegen hat, kann ich auch nicht sagen. Ich kann nur sagen, ich habe sehr viel gelernt und letztlich hat sich das für mich und mein Leben gelohnt.

Viele Unternehmer scheitern an Vertrieb und Marketing. Das ist oft die große Herausforderung von Selbstständigen. Was haben Sie hierbei vor allem gelernt?

Zum einen natürlich alles, was mit dem Thema Öle zusammenhängt. Und ich meine, 55 Öle, was die alles können, ich habe mich schon ein bisschen wie eine Kräuterhexe gefühlt. Und es hat auch mein Wissen um Heilpflanzen enorm erweitert. Und das begleitet mich bis heute, also ich beschäftige mich mit Kräutern und baue sie in meinem Garten an. Der Plan ist eine eigene kleine Kräuterapotheke zu haben, das alte Wissen wieder zu kultivieren und bei Beschwerden sich und anderen helfen zu können. Das sehe ich in der heutigen Zeit auch als Verpflichtung der jüngeren Generation gegenüber. Wer weiß, vielleicht wird das in der Zukunft wieder enorm wichtig.

Zum anderen habe ich aber auch gelernt, dass ich gewisse Tätigkeiten eben nicht so beherrsche wie die Schauspielerei. Wie schon erwähnt, waren die Themen Vertrieb und Marketing für mich eine große Herausforderung. Meine Talente liegen anderswo und sich das einzugestehen ist aus meiner Sicht ein wichtiger und auch richtiger Schritt.

Jetzt sind Sie schon sehr lange in der Schauspielerei tätig. Gab es denn in diesem Beruf auch Herausforderungen am Set, bei denen Sie dann morgens bereits gedacht haben: „Oh je, das wird schwer werden?" Oder der Regisseur war vielleicht nicht so, wie Sie es sich gewünscht haben? Wie sind Sie denn mit solchen Situationen umgegangen, denn Sie mussten ja praktisch dann funktionieren? Sie konnten das Drehset nicht einfach verlassen.

Also, dass wir natürlich alle mit Grippe gedreht haben, ist heute unvorstellbar. Man kann nicht ein ganzes Team nach Hause schicken, bloß weil einer ein bisschen erhöhte Temperatur hat. Ich habe zum Beispiel vor vielen Jahren in Mexiko mit 39 Grad Fieber gedreht, um den Tag nicht zu gefährden – das Motiv war eine alte Maya-Ruine und wir konnten dort nur an diesem einen Tag drehen. Es nochmal zu beantragen, hätte vier Wochen gedauert. Das sind Dinge, die man macht, wenn man jung ist. Oder eine andere Geschichte: Wir haben auf Mallorca gedreht, die Sonne ging schon langsam unter und ich sollte ganz schnell ins Wasser springen. Dabei bin ich durch die Leiter des Bootes in den Ausrichter gerutscht, der scharf wie ein Rasiermesser ist. Mein Zeh war fast abgetrennt. Ich bin dann in einem spanischen Krankenhaus zusammengeflickt worden und anschließend wurden vier Wochen lang alle Szenen im Sitzen gedreht mit einem hochgeschnallten Fuß.

Aber die wirkliche Herausforderung, die Sie jetzt vermutlich ansprechen, ist, wenn man mit Leuten zusammenarbeitet, die man nicht mag oder die einen auch nicht mögen, mit denen man sich einfach nicht gut versteht, mit denen man nicht auf einem Level ist, gedanklich oder emotional. Das sind tatsächlich die größten Herausforderungen für mich. Da heißt es wirklich den Po zusammenkneifen, irgendwie durchhalten und versuchen, professionell die Sache abzuarbeiten. Ich behaupte aber, das schlägt sich natürlich schon auf die Qualität der Darstellung nieder. Bei einem Team, das sich gut versteht, ist das Ergebnis wesentlich besser.

Gibt es irgendwelche mentale Methoden, die sie vielleicht auch nutzen? Manche meditieren dann oder machen Yoga oder nutzen bestimmte Rituale.

Als ich jung war, hat man von Meditation leider noch nichts gewusst. Da war einfach die strenge Erziehung, glaube ich, das Korsett. Die Disziplin, die ich von zuhause mitbekommen habe, hat mir – wenn wir das jetzt als Methode betiteln – in meiner Arbeit geholfen. Wir mussten viel schlucken. Heute ist man um die Psyche der Menschen am Arbeitsplatz besorgter, jedenfalls nach außen.

Gibt es denn ein Vorbild, bei dem Sie sagen: „Dieser Mensch hat mich inspiriert und ich habe mich an ihm orientiert?" Bei mir war es zum Beispiel Bruce Springsteen mit seiner Disziplin und seiner Fähigkeit, immer wieder neue Dinge auszuprobieren. Gibt es da jemanden, von dem Sie sagen, wenn ich an den denke, dann geht es mir besser und ich gehe leichter durch eine Krise, durch eine Herausforderung durch?

Ja, tatsächlich war das Gustav Knuth, wir haben damals „Salto Mortale" gedreht, da war ich zu Beginn der Dreharbeiten ein kleines Mädchen, und später bei den letzten Folgen war ich so zwölf oder dreizehn Jahre alt. Das war ein Mensch, der immer fröhlich und immer nett war, und einmal gab es eine Situation, die habe ich nie vergessen. Er saß in einem Aufenthaltsbus, den wir als Schauspieler immer zur Verfügung gestellt bekommen, während wir auf den nächsten Auftritt warten. Und da saß er drinnen – er war zu diesem Zeitpunkt auch schon älter, also über 60 – und man hatte vergessen, ihm zu sagen, dass er fertig ist. Nach Stunden kam dann jemand und hat ihm gesagt: „Mensch, Herr Knuth, das ist mir jetzt so peinlich, jetzt haben wir Sie vergessen und Sie sind schon längst fertig." Da hat er gelächelt und gesagt: „Macht nichts, mein Jungchen, ist schon in Ordnung. Ich fahr dann jetzt nach Hause." Und das, obwohl er ein Star war. Da habe ich gedacht, wow, das ist Größe, das finde ich toll, so würde und will ich auch gerne immer reagieren können.

Jetzt bin ich als Berater und Trainer überwiegend im Business-Bereich unterwegs und viele Menschen fragen mich: „Was soll ich denn tun, um Krisen erfolgreich zu meistern?" Haben Sie vielleicht drei Tipps für Menschen im Unternehmen? Drei Dinge, die Sie aus Ihrer Erfahrung heraus empfehlen, um mit Krisen leichter umzugehen?

Also das ist etwas, was ich mir erst die letzten Jahre aneignen konnte. Nämlich zu versuchen, den Point of View des Gegenübers zu verstehen. Das ist die erste Empfehlung. Dann nicht sofort mit Emotionen und Aggression zu reagieren, sondern versuchen, auf eine nette Art das Thema anzusprechen und sich dann anzunähern. Das ist eigentlich das Einzige, was ich den Menschen wirklich empfehlen möchte. Ansonsten passiert es mir trotzdem immer wieder, wenn dann gar kein Verständnis irgendwie kommt, dass man dann explodiert. Aber das haben Sie ja auch schon angedeutet, dass manchmal auch nur die Glut hilft.

Absolut, manchmal muss man explodieren, das reinigt eine Situation auch, so wie ein toller Regen, der dann auch die Luft reinigt. Wenn Sie an die Zeit Ihrer Schauspielkarriere zurückdenken, gibt es dann eine Situation von früher, bei der Sie heute sagen: „Hätte ich damals das schon so gewusst, würde ich es gerne nochmal drehen," oder sagen Sie: „Nein, es ist alles wunderbar, ich habe dadurch gelernt, wie es gelaufen ist, und es ist alles in Ordnung."

Man lernt eigentlich ununterbrochen. Man lernt immer wieder und ganz viel habe ich beim Theaterspielen gelernt. Dieses sich Vornehinstellen und sich quasi Exponieren. Da sitzen die Zuschauer in der ersten Reihe und erwarten jetzt von Ihnen die große Show. Das werden Sie als Speaker auch wissen, was ich damit meine. Das muss man aushalten können. Das ist nochmal was anderes, als wenn man dreht und weiß, alles kann geschnitten und notfalls nochmals gedreht werden. Also dieses Unwiderrufliche, da habe ich sehr, sehr viel gelernt. Und ansonsten gibt es nach so vielen Jahren viele Situationen, die ich heute anders machen würde. Ich erzähle gerne die Geschichte, als ich 18 Jahre alt war und mit Corinna Genest gedreht habe, das war auch eine wirkliche Grande Dame des deutschen Films. Sie war Karl Schönbecks Frau, der hat immer die Grafen gespielt, vermutlich kennen Sie ihn nicht mehr. Das sollten Sie später googeln. Und die hat gesagt: „Du, am Wochenende mache ich eine Party und da kommt Wolfgang Rademann!" Den kennen Sie wiederum bestimmt. Und da habe ich gesagt: „Oh, am Wochenende ist es schlecht, da treffe ich meinen Freund!" Und dann hat sie zu mir gesagt: „Kind, so wirst du nie Karriere machen!" Damals war ja viel Sex, Drugs und Rock´ n´ Roll, das habe ich immer alles abgelehnt, das wollte ich auf keinen Fall. Vielleicht wäre ich heute in einer Situation, wo ich sage, das kann man schon ein bisschen mitmachen. Ich habe vielleicht durch meine Erziehung gelernt, Distanz zu wahren. Damit konnte ich als junge Frau überhaupt nicht umgehen und das stürzt einen schon in ganz schöne Krisen, zumindest manchmal. Aber wir wissen auch, Krisen sind dazu da zu lernen und sich zu entwickeln.

Absolut. Und uns größer zu machen, stärker und zugleich aber auch entspannter. Also ich gehe gerne durch Krisen durch, weil ich dadurch mehr

Fähigkeiten in mein Leben kriege. Jetzt haben wir ja leider schon über ein Jahr das Thema Corona und die dazugehörigen Maßnahmen. Wie gehen Sie denn damit um?

Das habe ich von Anfang an sehr bewusst erleben können, müssen und dürfen. Wir haben es beide genossen, also meine Tochter und ich, dass uns der Stecker rausgezogen wurde. Dass man sagt: „Hey, was passiert denn da jetzt, wenn totaler Stillstand herrscht?" Und wir haben beide empfunden, dass es uns gefällt, was da passiert. Zumindest auf der einen Seite der Medaille. Andererseits hat man diese ganzen komischen Bestimmungen gesehen und empfundene Ungerechtigkeiten, weil man es nicht verstanden hat, zu wenig Informationen oder eben eine eigene Sichtweise darauf hatte. Und dann gab es plötzlich die Ersten, die aufgestanden sind und dagegen protestiert haben, und dann habe ich mir überlegt, was machst du jetzt? Denn einerseits möchte man auch aufstehen und die Faust recken und sagen: „Hey, hier stimmt irgendetwas nicht, was ist denn los?" Und andererseits hat man sich dann schon die eine oder andere blutige Nase geholt. Es gab dazu einen wunderbaren Vortrag von Tulku Lobsang, einem Mönch, den Sie vielleicht kennen. Und dieser hat gesagt: „Schwimm nie gegen die große Welle des Ozeans, sonst kann sie dich töten. Schwimm mit der Welle, dann kommst du schneller ans Ufer!" Dann kann man immer noch sehen. Ich habe diesen Ratschlag angenommen und habe gedacht: „Yes, das mache ich. Man kann sich im kleinen Kreis austauschen, aber ansonsten ist es vielleicht geschickter abzuwarten, was eigentlich alles passiert und wie ich dann damit umgehen muss."

Ich springe noch zurück zur Schauspielerei! Vor Kurzem konnte ich in der Nähe von Kitzbühel, das Sie bestens aufgrund der langjährigen Serie SOKO Kitzbühel kennen, bei den Dreharbeiten zur ZDF-Serie „Der Bergdoktor" zuschauen. Als ich im Urlaub dort war, wurde gedreht und ich fand es so faszinierend, dass die Schauspieler auf Knopfdruck funktionieren mussten. Wie gehen Sie damit um, wenn Sie jetzt wissen: „Hoppla, in 30 Sekunden geht es los?" Gibt es irgendwas, wo Sie sagen: „Ja, da spüre ich in meinen Körper rein oder da durchlaufe ich ein bestimmtes Ritual", um dann genau auf Knopfdruck liefern zu können?

Ich glaube, das ist bei mir wirklich Routine, denn das ist ja nicht so, dass ich nur funktionieren muss, jedenfalls sehe ich das so. Da sind eine Fülle von Informationen, die man auf die Schnelle verarbeiten muss durch Hinweise des Kameramanns, des Regisseurs und das, glaube ich, lässt sich nur mit Routine schaffen. Dann kommt die Emotion dazu, also das Spielen als solches. Deshalb ist die Vorbereitung so wichtig, also der Text muss sitzen und du musst wissen, warum du was so spielst. Dann funktioniert es.

Wie geht es Ihnen, wenn Kollegen nicht ganz so routiniert am Set arbeiten? Bei mir ist es zum Beispiel so, dass ich bei unvorbereiteten Kollegen, mit denen ich vielleicht einen Workshop moderiere oder gemeinsam auf der Bühne stehe, dann live an mir arbeite, um Schwächen des anderen auszugleichen.
Da kämpfe ich schon auch mal mit der Ungeduld, das muss ich ehrlich zugeben. Bei jungen Leuten ist es wieder was anderes, weil ich dann weiß, Mensch, da sind wir auch damals gedrillt worden und haben Blut und Wasser geschwitzt, da muss ich jetzt nachsichtig sein und ihm helfen, der muss auch erst noch lernen. Aber sagen wir mal, Leute auf Augenhöhe sollten es eigentlich genauso gut draufhaben. Wenn dies nicht der Fall ist, ist das schon eine Herausforderung, die Geduld nicht zu verlieren und mir letztlich selbst damit zu schaden, denn das macht sich im Spiel bemerkbar.

Sie hatten vorhin das Thema Disziplin angesprochen. Ist das auch ein Schlüssel für Sie, um gewisse Herausforderungen leichter zu meistern?
Auf alle Fälle ist dies ein Schlüssel, um Herausforderungen leichter zu meistern. Ich denke, mit Disziplin lässt sich vieles leichter bewerkstelligen und auch lösen. Auch wenn das Wort Disziplin in Deutschland häufig negativ betrachtet wird, sehe ich Disziplin oder, anders gesagt, Durchhaltevermögen als wichtige Fähigkeit.

Ihre Erziehung, die Sie vorhin angesprochen haben, hat anscheinend maßgeblich dazu beigetragen.
Absolut. Durch meine Erziehung habe ich das gelernt und verinnerlicht. Unsere Generation musste für vieles noch kämpfen und hart arbeiten. Das hat uns letztendlich jedoch positiv geprägt.

Wenn wir noch gedanklich ins Negative gehen, bei dem Sie sagen: „Mach das auf keinen Fall, wenn du eine Herausforderung hast!" Gibt es da was, dass Sie anderen empfehlen möchten? Ich zum Beispiel sage oftmals: „Wenn eine Krise herrscht, werde nicht panisch! Geh nicht in die Panik rein." Was ist Ihre Empfehlung?

Es ist ganz ähnlich wie bei Ihnen, also möglichst nicht panisch werden. Stattdessen durchatmen, in die Ruhe gehen. Das sind die Dinge, die ich gelernt habe. Wie heißt es so schön? In der Ruhe liegt die Kraft. Also aktuell ist meine größte Herausforderung, dass ich jetzt in den Corona-Zeiten nicht panisch werde. Ich habe mir deshalb ein Sabbatical selbst zugestanden, nachdem ich seit meiner Kindheit gearbeitet habe. In diesem ganzen Chaos lasse ich das jetzt mal mit der Schauspielerei ein paar Monate liegen. Da auch Soko Kitzbühel nach 20 Jahren beendet wurde und ich nicht gleich unter den jetzigen Umständen sofort wieder auf Jobsuche gehen wollte, gönne ich mir ein Sabbatical und da will ich, und das ist wirklich für mich eine Herausforderung, nicht in Aktionismus verfallen. Aber ich habe zum Beispiel ein paar Anfragen für Lesungen und auch für Hörbücher. Das werde ich jetzt mal in Angriff nehmen. Und ich habe natürlich mehr Zeit für Meditation und andere Rituale wie beten und das empfinde ich als großes Geschenk.

© Pascal Amos Rest

Dr. Raphael von Hoensbroech ist ein deutscher Musikwissenschaftler und Kulturmanager. 1977 in Tokio geboren, begann er im Alter von drei Jahren Violine zu spielen. Später studierte er Musikwissenschaft, Philosophie und Rechtswissenschaften an der Universität zu Köln und promovierte über Felix Mendelssohn Bartholdy. Neben dem Studium bildete er sich zum Dirigenten aus. Von 2005 bis 2013 arbeitete Hoensbroech als Unternehmensberater für die Strategieberatung Boston Consulting Group (BCG). 2013 wurde er Geschäftsführender Direktor des Konzerthauses Berlin und des Konzerthausorchesters Berlin. Seit 2018 ist er Intendant und Geschäftsführer am Konzerthaus Dortmund. Nebenher gibt er Seminare über Führung aus der Perspektive des Dirigenten, bei denen die Manager in einem professionellen Sinfonieorchester Platz nehmen.

DR. RAPHAEL GRAF VON UND ZU HOENSBROECH

Welche Gedanken/Emotionen hat Corona bei Ihnen als Führungskraft beziehungsweise in Ihrer Funktion ausgelöst?
Das kann ich eigentlich nur in Phasen beschreiben. Es war interessant zu beobachten, wie bei allen nach und nach der Groschen fiel, dass es sich bei Corona um ein ernsthaftes Problem handelt, und dass es unmittelbar etwas mit einem selbst zu tun hat. Dann kam der erste Lockdown und damit der erste Krisenmodus. Die ersten Wochen haben wir vor allem reagiert – einen solchen Betrieb fährt man nicht von einem Tag auf den anderen runter. Irgendwann fragte mich eine Kollegin: „Sollten wir nicht mal überlegen, wie wir uns jetzt neu aufstellen?" Das war für mich der Weckruf, aus dem Reagieren ins Agieren zurückzukehren und wieder strategisch zu denken.

Worauf haben Sie den Fokus gelegt und was war Ihr Antrieb dahinter?
Zunächst auf Szenarienplanung. Wir haben unsere Welt in Kunden, Künstler, Umfeld und Mitarbeiter eingeteilt und abgeleitet, welche Herausforderungen diese Gruppen jetzt eventuell meistern müssen. Dann haben wir Maßnahmen erarbeitet und priorisiert. Eine Maßnahme war ein Corona-Schutzkonzept für den Konzertbetrieb, weil wir davon ausgingen, dass man das bald von uns fordern würde. Dadurch waren wir das erste Haus mit einem öffentlichen Orchesterkonzert Anfang Juni 2020. Auch in verschiedenen anderen Bereichen konnten wir Pionierarbeit leisten, zum Beispiel die erste Aerosolstudie der ganzen Branche, weil wir immer wieder auf den Fragemodus umgeschaltet haben.

Welche Tipps und Tricks haben Sie für Menschen in Unternehmen im Umgang mit Krisen?
Den Kopf aus dem Sand und auch aus dem Krisenmodus ziehen, was manchmal gar nicht so leicht ist und in den Fragemodus wechseln: Ich habe mir ganz konkret ein weißes Blatt Papier genommen und ausgehend von unseren Stakeholdern einen Szenarienbaum gezeichnet. Die Situation auf ein Blatt zu bannen hilft mir ungemein, die Übersicht zurückzugewinnen und die Krise zu versachlichen. Dann kommen die

Fragen: Wer braucht was, wenn xyz eintritt? Was können wir jetzt schon vorbereiten? Und dabei im Hinterkopf immer die „Wozu"-Frage, damit man nicht in Aktionismus verfällt. Das ist alles keine Zauberei, aber man muss sich dazu zwingen.

Dann auch die Kompetenzen des Teams nutzen. Nicht denken, man könne und müsse alles allein lösen. Denn bei der Dynamik einer solchen Krise kann man leicht danebenliegen. Als nächstes ist es wichtig, Entscheidungen zu treffen. Keine Entscheidungen bringen uns alle nicht weiter.

Wie ist Ihr persönlicher Umgang mit beruflichen Veränderungen und Herausforderungen? Welche Methoden oder Vorgehensweisen nutzen Sie?

Klingt vielleicht ungewöhnlich, aber tatsächlich das Gebet. Ich versuche mir jeden Tag etwas Raum für „Stille Zeit" einzurichten, also mich vor das Kreuz zu setzen, zu meditieren. Daraus ziehe ich meine Kraft. Außerdem aus der Musik, die in den Lockdowns besonders gefehlt hat. Und nicht zuletzt erden mich natürlich unsere fünf Kinder. Kinder sind etwas Wunderbares und geben einem viel Freude und positive Energie.

Gibt es für Sie ein Vorbild im Umgang mit Herausforderungen und Krisen? Wenn ja, weshalb und wer? Was konnten Sie von diesem Vorbild für sich lernen?

Tatsächlich mein ältester Bruder, der ein guter Versachlicher ist. Und irgendein weiser Mensch hat mal gesagt: Wie kommt man über einen großen Berg? Schritt für Schritt.

Was würden Sie heute anders machen, wenn Sie an die ersten Wochen und Monate der Corona-Zeit denken?

Wir haben als Branche gemerkt, dass wir keine einheitliche Stimme in der Öffentlichkeit haben, während sich andere Bereiche große und effektive Lobbybüros leisten. Da hätten wir uns in der Kultur anders organisieren müssen. Und ich wäre noch früher aktiv auf die Politik zugegangen, um unsere Herausforderungen und auch konstruktive Konzepte darzulegen. Man kann der Politik nicht vorwerfen, unsere Prozesse nicht zu kennen. Deshalb ist der frühe Dialog so wichtig.

Welche Fähigkeiten sollte jemand besitzen, um aus Ihrer Sicht Herausforderungen oder Krisen entspannt und gelassen zu meistern?
Fähig und bereit sein, flexibel die Flughöhe zwischen Mikro- und Makroebene und sonstigen Ebenen zu ändern, von der oder denen aus ich auf meine Herausforderung blicke. Wer nur in der Mikro- oder Makroebene verweilt, wird viele wichtige Themen übersehen und dadurch auch manche Entscheidung falsch treffen. Ein regelmäßiges Wechseln ist aus meiner Sicht ein wichtiger Erfolgsfaktor.

Wolfgang Walter Wilhelm Bosbach wurde am 11. Juni 1952 in Bergisch Gladbach geboren. Er ist ein deutscher Politiker (CDU) und Rechtsanwalt. Von 1994 bis 2017 war er Mitglied des Bundestages, von 2000 bis 2009 stellvertretender Vorsitzender der Bundestagsfraktion der Union und von 2009 bis 2015 Vorsitzender des Innenausschusses des Deutschen Bundestages. Nach seiner mittleren Reife machte Bosbach zunächst eine Ausbildung zum Einzelhandelskaufmann bei der Konsumgenossenschaft Köln eG/COOP West AG. Nach Stationen als Supermarktleiter und dem Besuch der Rheinischen Akademie in Köln mit Abschluss „Staatlich geprüfter Betriebswirt" machte er sein Abitur auf dem zweiten Bildungsweg. Im Anschluss studierte er Rechtswissenschaften an der Universität zu Köln, wo er 1988 das erste und 1991 das zweite juristische Staatsexamen ablegte. Seit 1991 ist er als Rechtsanwalt in der Kanzlei Winter in Bergisch Gladbach tätig. Er engagiert sich in vielen verschiedenen Organisationen und erhielt eine Auszeichnung für Zivilcourage des Freundeskreises Heinrich Heine in Düsseldorf. Bosbach ist verheiratet und hat drei erwachsene Töchter.

WOLFGANG BOSBACH

Wie ist Ihr persönlicher Umgang mit beruflichen Veränderungen und Herausforderungen? Welche Methoden oder Vorgehensweisen nutzen Sie? Nutzen Sie zum Beispiel Mentaltraining, Entspannungsübungen, Optimismus, Teamgemeinschaft ...

Ganz ehrlich: keine einzige! Jede berufliche Veränderung in meinem Leben war bewusst und gewollt. Meine Devise ist: Ärmel hoch und mit ganzer Kraft ran an die neue Aufgabe! Kein Zögern, kein Zaudern. Wichtig ist immer: Keine Angst haben vor dem Neuen oder dem Unbekannten, Angst lähmt und verzögert Entscheidungen und das ist aus meiner Sicht kontraproduktiv.

Welche Tipps und Tricks haben Sie für Menschen in Unternehmen im Umgang mit „Herausforderungen meistern", wenn Sie Ihre beruflichen Erfahrungen als Politiker reflektieren?

Mein Drehbuch wäre sicher eine Mischung aus Doku, Scripted Reality und auch ein bisschen Comedy. Bei mir im Büro galt immer das Motto: Wo viel gearbeitet wird, da darf auch viel gelacht werden! Lachen bringt uns immer gute Energie, egal in welcher Situation oder vor welcher Herausforderung wir stehen. Ich denke, dass auch in Unternehmen mehr gelacht werden dürfte.

Wenn Sie Menschen drei Hauptempfehlungen im Umgang mit Herausforderungen und Krisen geben würden, welche drei sind dies?

Dazu fallen mir spontan in der Tat drei Empfehlungen ein. Die erste Empfehlung ist: Nie verzweifeln! Man muss immer versuchen, aus einer schwierigen Situation noch das Beste zu machen. Zweifeln und Verzweifeln hindern uns in der Lösungsfindung oder beim nächsten Schritt. Deswegen nie verzweifeln. Es gibt immer einen Weg. Meine zweite Empfehlung: Fehler oder Versäumnisse nicht vertuschen! Am besten ist es, dazu stehen und Konsequenzen zu ziehen. Es kommt sowieso eines Tages raus und je früher man mit Fehlern oder Versäumnissen transparent umgeht, desto früher kann man gegensteuern. Und mein dritter Tipp und vielleicht der wichtigste: Eigene Fehler nie anderen anlasten. Eigene Fehler bleiben eigene Fehler. Die Fehler der anderen bleiben bei den anderen. Wenn wir dies alle mehr beherzigen, dann kann jeder daran arbeiten. Und natürlich können wir alle gemeinsam daran arbeiten, sie nicht zu wiederholen!

Gibt es für Sie ein Vorbild im Umgang mit Herausforderungen und Krisen? Wenn ja, weshalb und wer? Was konnten Sie von diesem Vorbild lernen?
Ganz spontan fällt mir da Helmut Schmidt und sein Umgang mit der Hamburger Flutkatastrophe von 1962 ein: Zupacken und Führungsstärke zeigen. Helmut Schmidt war für mich immer ein Mensch der klaren Worte, der klaren Handlungen. Davon konnte ich einiges lernen.

Was würden Sie heute anders machen, wenn Sie an eine große Herausforderung von früher denken?
Für mein berufliches Leben fällt mir da nichts Grundlegendes ein. Im privaten Bereich sieht es schon etwas anders aus: Ich würde mehr Zeit für die Familie einplanen und weniger Raubbau an der Gesundheit betreiben. Beruflich fällt mir nichts ein, jedenfalls nichts Fundamentales.

Ich glaube, das Privatleben hätte mehr Zeit verdient und vermutlich hätte ich auch mehr Zeit einplanen können. Ebenso mehr Zeit für eine gesünderes Leben. Da habe auch ich mich doch gerne selbst etwas beschummelt, obwohl ich sicher Zeit für ein gesünderes Leben gehabt hätte.

Welche Fähigkeiten sollte jemand besitzen, um aus Ihrer Sicht Herausforderungen und Krisen entspannt zu meistern?
Oha. Die Kombination von Krise und Entspannung wäre für mich gewöhnungsbedürftig. Ich würde da eher die Begriffe Konzentration, Ruhe, Souveränität benutzen. Diese gefallen mir besser. Entspannung klingt mir zu sehr nach Yoga, Sauna, Schaukelstuhl. Ich bin der Meinung, dass wir in Krisen einfach konzentriert, ruhig und mit hoher Souveränität an die Herausforderung gehen sollten. Oftmals wird zu hektisch gehandelt, sodass dann gewisse Entscheidungen in der Praxis nicht oder nur schleppend funktionieren. Mit Konzentration, Ruhe und Souveränität die Lage betrachten und dann zupacken und loslegen.

Wie gehen Sie mit dem Thema Lockdown durch Corona um? Für viele eine existenzielle mentale und wirtschaftliche Lebenskrise.

Ich habe zwar aktuell noch keine Sinn- oder Lebenskrise, aber vielleicht kommt das ja noch. Richtig ist, dass ich trotz Corona gut zu tun habe. Beispielsweise in meinem Beruf als Anwalt. Aber ich habe auch mehr Freizeit, weil ich nicht permanent im Land unterwegs sein muss. Aber ich muss sagen, dass das mit fast 69 auch mal guttut. Ich bin natürlich auch in der glücklichen Lage, gerade aufgrund meines Alters nicht vor neuen großen Herausforderungen zu stehen, sodass Corona mich nicht in voller Härte trifft.

Haben Sie bezüglich Corona im Laufe der Monate Ihren Krisenumgang verändert? Wenn ja, wie und was?
Da antworte ich mal auf typisch rheinisch: Krise? Watt is datt? Da hann ich kinn Zick för. Im Ernst: Ruhig die Lage analysieren. Realistisch, nicht panisch handeln. Entscheiden und loslegen.

Welche Kompetenz zum Meistern einer Krise mussten Sie erst „schmerzlich" erlernen, damit Sie diese Kompetenz dann nutzen konnten?
Wenn es mal dazu kommen sollte, sage ich umgehend Bescheid.

Wäre ein Leben ohne Krisen und Herausforderungen für Sie wünschenswert?
Ohne Krisen könnte ich gut leben, jedoch ohne gelegentliche neue Herausforderungen nicht. Der Mensch soll doch angeblich genau daran wachsen. Krisen haben für mich einen stark negativen Touch, Herausforderungen fordern uns – wie der Name schon sagt. Und das finde ich für das Leben auch wichtig. Das macht das Leben spannender. Wirkliche Krisen gilt es zu vermeiden. Und wenn sie dennoch da sind: sie meistern.

Welcher Aussage würden Sie mehr zustimmen und wieso? „Herausforderungen sind das Salz im Leben. Sie bereichern das Leben ungemein" oder „Herausforderungen sollten vermieden werden, um ein ruhiges und entspanntes Leben zu führen".
Grundsätzlich nehme ich gerne „mit Salz". Wie vorher beschrieben, für mich sind Herausforderungen einfach auch wichtig fürs Leben. Wir wachsen daran. In welcher Form auch immer. Wir werden jedenfalls reicher an Erfahrungen und das kann uns helfen, ruhiger und souveräner zu werden.

© Beat Baschung

Urs Meier wurde am 22. Januar 1959 in Zürich geboren und ist immer noch einer der bekanntesten Fußballakteure der Schweiz. Als Urs Meier Ende 2004 offiziell seine Schiedsrichterkarriere beendete, hatte er in 27 Jahren 883 Spiele geleitet. Seit 1994 FIFA-Referee, erwarb er sich in zahlreichen Champions-League- und UEFA-Cup-Einsätzen die Hochachtung von Spielern und Fans. Es folgten 1998 die Berufung für die WM in Frankreich mit dem politisch brisanten Spiel USA – Iran, zwei Europameisterschaften 2000 und 2004 und die Weltmeisterschaft 2002, bei der er als Höhepunkt das Halbfinale zwischen Deutschland und Südkorea leitete. Im selben Jahr pfiff er auch das Champions-League-Finale Real Madrid – Bayer Leverkusen in Glasgow und wurde von einer Fachjury zum zweitbesten Schiedsrichter der Welt gewählt. Er ist Vater von zwei volljährigen Kindern und wurde im August 2013 nochmals Vater. Heute lebt er mit seiner Familie in Andalusien. Schon als Kind träumte er von der großen Fußballkarriere. Dass dafür das Talent nicht ausreichen würde, realisierte er mit 14 Jahren. Den Wunsch, als Aktiver im San-Siro-Stadion in Mailand vor über 60.000 Zuschauern einlaufen zu dürfen, wollte er sich als Schiedsrichter erfüllen. Sein Traum ging in Erfüllung.

URS MEIER

Hallo und guten Abend, Herr Meier.
Ich grüße Sie, Herr Aschenbrenner.

Schön, dass es heute klappt. Schön, dass Sie sich kurz vor einem Champions-League-Spiel Zeit nehmen, um mit mir über den Umgang mit Herausforderungen und Krisen zu sprechen.
Sehr gerne. Ich bin aktuell im Fernsehstudio, wir haben heute Abend noch Champions League und ich agiere heute als Co-Moderator.

Wem drücken Sie denn dann heute die Daumen?
Grundsätzlich bin ich neutral, doch beim heutigen Spiel Manchester City gegen Borussia Mönchengladbach schlägt mein Herz für die sympathischen Gladbacher, da es ja fast eine Schweizer Mannschaft ist. Und eine sehr, sehr sympathische Mannschaft. Beim zweiten Spiel heute drücke ich Real Madrid die Daumen, da bin ich natürlich Spanier, denn wir leben schon sehr lange in Spanien.

Das stimmt, das habe ich gelesen. Ich bin seit meiner Kindheit Bayern-Fan. Ich hoffe, dass die Bayern die Erfolge des Vorjahres wiederholen, aber ich glaube, dieses Jahr wird es schwer.
Also Bayern ist gut drauf und gegen Leipzig haben sie auch gut vorgelegt. Da brauchen Sie als Fan keine Angst zu haben.

Das stimmt, es läuft doch beim FC Bayern München wieder sehr gut. Wollen wir loslegen und uns über das Thema „Meistern von Herausforderungen" unterhalten?
Ja, sehr gerne.

Es geht ja um Herausforderungen meistern, das wird der Inhalt des neuen Buches sein. Mit Menschen wie Ihnen, die tolle Geschichten zu erzählen haben. Ich bin gespannt, wie Sie mit Herausforderungen umgehen.
Okay, ich auch.

Wenn Sie an Ihr Leben denken, vor allem als erfolgreicher und langjähriger Profi-Fußballschiedsrichter, wie gehen Sie denn oder wie sind Sie denn mit Herausforderungen umgegangen?
Im Prinzip ist es so, dass ich mich immer auf Herausforderungen gefreut habe, also dass es eigentlich so eine Art Challenge für mich war und noch ist. Ich habe immer auch gebeten um schwierige Spiele mit schwierigen Aufgaben. Das war immer genau das, was ich ja wollte. Ich bin auch ein Mensch, der – wenn es langweilig wird, wenn es immer gleich wird, wenn es keine Herausforderung mehr gibt – dann oft die Lust am Ganzen verliert. Also ich brauche immer wieder etwas Neues; als Fifa-Schiedsrichter war das genauso. Du bist immer wieder eine Liga aufgestiegen, mit immer neuen Herausforderungen. Und als du dann an der Spitze angekommen bist, da bist du ja auch noch nicht wirklich an der Spitze. Und was ist die Spitze wirklich? Die Spitze ist im Prinzip erst dann erreicht, wenn du Weltmeisterschaften oder Europameisterschaften gemacht hast. Champions-League-Halbfinale oder sogar das Finalspiel vielleicht auch gehabt hast. Dann kannst du sagen, du bist an der Spitze. Aber das ist ja noch nicht unbedingt das Ende, denn im Prinzip ist jedes Jahr wieder eine neue Herausforderung, nämlich wieder an der Spitze bleiben. Im Profisport werden die Karten immer wieder neu gemischt.

Ich sage aber auch, schlussendlich war ja mein größter Erfolg nicht irgendein Finale oder ein Halbfinale, sondern es war eigentlich die Summe dieser Halbfinalspiele. Ich habe immer noch den Rekord der Champions-League-Halbfinalspiele, und zwar sieben oder acht Stück in Serie. Also sieben, plus das Finale, acht. Also eigentlich acht Jahre, meine letzten acht Jahre, immer an der Spitze dabei zu sein. Immer mindestens das Halbfinale in der Champions League leiten zu dürfen. Und meistens nicht die Hinspiele, sondern die Rückspiele, da wo es wirklich dann auch um etwas gegangen ist. Die Spiele, in denen es darum geht, wer kommt wirklich eine Runde weiter. Ich meine, in den Hinspielen kann man immer sagen: „Okay, du hast noch ein Spiel, du hast noch eine Möglichkeit." Da ist der Druck noch nicht so hoch. Aber im Rückspiel, wenn dann die letzten 15 Minuten zu spielen sind, dann geht es wirklich meistens um das Eingemachte. Und da musst du stark sein, da musst du hellwach sein, da musst du als Schiedsrichter die guten Entscheidungen treffen. Und das war dann immer meine Herausforderung, die ich gerne gehabt habe.

Okay, also ganz bewusst Herausforderungen auch im Leben gesucht, integriert und bewusst als Zielsetzung gehabt?
Ja, natürlich. Also die Zielsetzung war schon bei meinem ersten Schiedsrichterkurs 1977 gesetzt, indem ich auf die Frage: „Was ist dein Ziel als Schiedsrichter?" geschrieben habe: Als Schiedsrichter bei der Weltmeisterschaft 1998 dabei zu sein. Also ein Ziel 21 Jahre in der Zukunft. Da will ich dabei sein. Also auf diesen Berg will ich steigen. Das will ich erreichen.

Genau. Jetzt haben Sie gerade gesagt, gerade die letzten 15 Minuten eines Spiels, eines Halbfinales sind extrem spannend. Gab es denn irgendwelche Methoden, die Sie vor dem Spiel genutzt haben, um dann eben in dieser als Schiedsrichter wichtigen Phase des Spiels auch wirklich hellwach zu sein? Haben Sie etwas Spezielles vor dem Spiel gemacht?
Nein, eigentlich nicht. Also es ist aus meiner Sicht die positive Einstellung, mich nicht verrückt machen zu lassen. Das Problem ist ja, dass Druck meistens von außen aufgebaut wird. Es kommen viele wichtige Menschen und je wichtiger das Spiel ist, umso wichtigere Menschen sind vor Ort und umso mehr kommen auch. Also in einem normalen Bundesliga-Spiel, wer kommt da schon zum Schiedsrichter? Da kommt der rein, der vielleicht die Bälle bringt, dann kommt noch irgendwo ein Mannschaftsvertreter rein, da kommt noch vielleicht der Schiedsrichterbeobachter rein, um Hallo zu sagen. Das ist es dann aber auch. Wenn du Champions League pfeifst, dann wird es schon mehr. Da kommen noch mehr Leute rein. Da kommt vielleicht noch der Polizeichef rein und vielleicht sechs bis sieben Leute. Bei einer Weltmeisterschaft kommen ungefähr 20 Leute zu mir. Jeder will auch noch irgendwas von dir wissen oder haben. Du musst dann sehr aufpassen, dass du nicht vor lauter Menschen rundherum und lauter unglaublich wichtigen Themen, dass du da nicht den Fokus verlierst.

Und das ist eigentlich das, was ich immer direkt vor dem Spiel gemacht habe. Ich habe das Ganze nicht so an mich herangelassen, so nach dem Motto: Erstens, es kommt schon gut und zweitens, das ist nicht mein Problem, das ist nicht meine Aufgabe. Ich konnte immer meine Aufgaben von anderen trennen. Aber der wichtige Fokus, den hast du am Abend vor dem Spiel oder vielleicht auch tagsüber vor dem Spiel. Wenn du ein Nachtspiel hast, hast du ja immer noch Zeit, am Mittag ins Hotel zu gehen. Da liegst du auch zwei, drei Stunden auf deinem Bett. Ich habe meistens gut geschlafen in dieser Zeit und beim Einschlafen an und für sich habe ich immer den gleichen Fokus gehabt. Und zwar war das immer mit positiven Bildern. Also immer der Schlusspfiff, beide Mannschaften kommen zusammen, umarmen sich, es war ein tolles Spiel, sie sagen mir als Schiedsrichter Danke, beide Mannschaften gehen friedlich in ihre Kabinen. Die Zuschauer stehen auf, geben beiden Mannschaften Applaus, aber auch uns als Schiedsrichterteam und wir gehen alle gemeinsam wieder den Ausgang raus. Mein Bild war immer, dass wir unter der Tribüne hindurch mit Applaus, mit begeisterten Leuten, wieder hinausgehen. Das war immer dasselbe Bild. Mit diesem Bild bin ich auch immer in die Spiele reingegangen, auch nach dem Motto: Es kommt gut, also bleib entspannt. Ich kann oder sollte schließlich nicht reingehen und sagen: „Oh, verdammt nochmal. Wenn das heute schiefgeht!" Dann geht es schief. Also will ich mit positiven Gedanken da rein. Ja, das war eigentlich das Einzige. Den Fokus mit positiven Bildern behalten.

Was natürlich für uns Profi-Schiedsrichter eine wichtige Grundlage war, war unser Fitnesszustand. Wenn die Kondition nicht stimmt für 90 Minuten plus Nachspielzeit oder Verlängerung – und zwar bei jeder Witterungslage, ob das jetzt 30, 40 Grad heiß ist, am Mittag gespielt wird und das Spiel ganz schnell ist oder ich weiß nicht was, die Kondition muss stimmen, denn wenn nicht, dann wirst du dich natürlich schwertun, das Spiel gut zu leiten. Keine Sekunde darf eine Überlegung zum Fitnesszustand wert sein. Also wenn du nur kurz überlegen musst: „Reicht meine Kondition? Reicht meine Ausdauer?" Dann hast du schon verloren, weil das Problem ist – das ist wie beim Autorennen, da kannst du 60 Runden fahren wie ein Weltmeister und bist an der Spitze. Wenn du in der 61. Runde einen Fehler machst, liegst du im Kiesbett. Das Ende, es ist vorbei. Und als Schiedsrichter ist es ja dasselbe. Ich meine, du kannst pfeifen wie ein Weltmeister, alle sagen: „Wow, genial! Bah, voll der super Schiedsrichter!" Und in der 91. Minute übersiehst du ein klares Handspiel oder du pfeifst einen Elfmeter, der keiner war. Dann war es das. Dann musst du am nächsten Tag nicht erwarten, dass die Zeitungen schreiben: „Urs Meier war 99,9 Prozent der Spielleitung großartig, aber es war ein kleiner Fehler noch am Schluss." Nein, dann hast du die Headline: „Urs Meier hat Tomaten auf den Augen" oder Ähnliches.

Genau. Ich höre bei Ihnen jetzt das Thema Disziplin als Vorbereitungsfaktor raus. Es hat ja wahrscheinlich etwas mit Disziplin zu tun, sich dann dementsprechend auch vorzubereiten. Vor allem über viele, viele Jahre hinweg. Ist das ein wichtiger Faktor, um dann letztendlich Herausforderungen vielleicht leichter und entspannter meistern zu können?

Ja, also wenn du keine Disziplin hast, vor allem für schwierige Aufgaben, dann kannst du herausfordernden Situationen nicht wirklich vorbereitet begegnen. Wenn also deine Vorbereitung für das Spiel schon nicht stimmt, dann wird es schwierig. Das beginnt natürlich schon sehr, sehr früh. Im Prinzip beginnt das ganze Spiel MIT der Kondition, MIT dem richtigen Mindset und vor allem auch, dass du es schaffst, gut drauf zu sein. Das ist ja oft die große Herausforderung. Nicht die körperliche Fitness ist die Herausforderung, aber was oft das Problem ist, ist der psychische Bereich, weil du vielleicht eine schlechte Woche hattest. Dass du im Low bist, dass du nicht im positiven mentalen Bereich bist. Ich sage immer, es gibt eine Nullgrenze, die sehe ich als neutral an. Das, was dann in deinem Zustand darüber ist, ist Flow oder einfach das Positive. Und das, was darunter ist, ist das Low oder das Negative. Und das Problem ist immer, wenn du unter dieser neutralen Linie bist, und das können Sachen sein mit der Familie, mit der Frau, mit dem Arbeitgeber oder keine Ahnung was, dann musst du echt kämpfen. Als Schiedsrichter bist du ja nicht per se Vollprofi, sondern du hast meistens noch einen Arbeitgeber. Es kann auch mal sein, dass der Mond halt nicht perfekt steht. Und jetzt hast du da ein Problem, denn aus diesem Loch musst du rauskommen. Auf Knopfdruck.

Du weißt, du hast am Samstag ein wichtiges Spiel. Dann musst du irgendwie über diese Grenze, über diesen neutralen Punkt kommen. Und das hat natürlich auch mit deiner Einstellung zu tun und mit Sachen, die dich wieder positiv stimmen. Ich habe immer so zehn Post-it-Zettel gehabt. Und auf diesen zehn Post-it-Zetteln standen zehn Sachen darauf, die ich extrem gerne mache. Und wenn du in der Woche so zwei, drei von diesen Sachen machst, bist du in der Regel am Wochenende oder am Samstag im Prinzip über dieser Nullgrenze. Aber du musst sie machen. Du kannst sie nicht nur hinschreiben, es ist wichtig, sie auch zu tun. Zum Beispiel schreibst du auf „Kinobesuch". Du gehst dann nicht ins Kino, weil du wieder irgendwelche Ausreden findest. Ja, wie willst du da hochkommen? Also du musst was machen, was dich positiv stimmt. Es hat schon sehr mit Disziplin zu tun, auch wenn zwei, drei Abende vorher deine Freunde bei einer privaten Party noch sitzen bleiben, dann musst du sagen: „Es ist jetzt Zeit, ich gehe jetzt. Ich habe bald ein wichtiges Spiel."

Hatten oder haben Sie gewisse Vorbilder bei dem Thema Herausforderungen meistern, Krisen meistern, von denen Sie sagen: „Ja, da habe ich mal jemanden kennengelernt oder mal über jemanden was gelesen, der sich dann für mich wirklich so zum Art Vorbild herauskristallisiert hat?"

Ja, ich denke, es hat sicher solche gegeben. Also natürlich habe ich im sportlichen Bereich am Anfang meiner Karriere einen Schiedsrichterkollegen gehabt, der im Prinzip die Schiedsrichterei neu gesehen hat, auch neu gemacht hat. Der hat sie nämlich sportlich gemacht. Bedenken Sie bitte, in den 1970er-Jahren, zum Teil auch noch in den 1980er-Jahren, waren die Schiedsrichter alles andere als sportlich. Die damaligen Schiedsrichter sind alle auf den Fußballplatz gegangen und haben gesagt: „Wir sind mittels unserer Macht mächtig." Also die haben früher meistens einen dicken Bauch gehabt, die sind auch gar nicht richtig gerannt. Und mein erwähnter Kollege, der hat das schon relativ früh in den 1970er-, 1980er-Jahren begriffen, um was es geht. Sein Name ist Bruno Galler, er hat auch das Europameisterschaftsfinale 1992 mit Deutschland gegen Dänemark gepfiffen. Und das war mein Vorbild im sportlichen Bereich.

Im Leben hast du aber normalerweise noch andere Vorbilder, die große Herausforderungen haben und immer mit diesem positiven Gedanken in der Welt waren. Das war zum Beispiel Nelson Mandela, den ich immer unglaublich bewundert habe. Wenn du den angeschaut hast, der hat immer gestrahlt. Der hat von innen heraus gestrahlt. Und das musst du dir mal vorstellen, der saß fast 30 Jahre im Gefängnis in Südafrika. Und trotzdem hat er nie dieses Positive, diese Ausstrahlung verloren. Und das war schon auch etwas, was mich natürlich immer wieder motiviert hat, wenn es mir vielleicht einmal nicht so gut gegangen ist. Wenn ich wieder Herausforderungen hatte, wenn ich wieder in der Kritik stand, habe ich gesagt: „Hey, um was geht es eigentlich?"

Genau, das sehe ich ähnlich. Wie groß ist die Herausforderung wirklich? Andere haben ganz andere Herausforderungen. Gab es denn je einen Spieler oder eine Mannschaft, wo sie gesagt haben: „Oh, da muss ich mich noch ein Stück besser darauf vorbereiten," weil Sie wussten, dass dieser Spieler oder diese Mannschaft auf dem Platz steht, weil Sie wussten, in vier Wochen spielt wieder X gegen Y und da geht es hart zur Sache?
Ja, natürlich gab es solche Spiele, die vielleicht auch eine Geschichte hatten. Viele Spiele haben meistens eine Geschichte. Also wenn du zum Beispiel ein Derby wie Dortmund gegen Bayern hast, dann hat dieses Spiel eine Geschichte. Es gibt vielleicht Spieler, die Ereignisse miteinander verbindet. Wen nehmen wir da als Beispiel? Wir kennen ja die Bilder von Oliver Kahn und Heiko Herrlich, als Kahn Herrlich fast ins Ohr gebissen hat oder mit gestrecktem Fuß entgegengesprungen ist. Und jetzt kommt genau diese Partie mit diesen Spielern wieder. Also der Herrlich, der weiß, jetzt kommt wieder der Kahn. Und der Kahn weiß, jetzt kommt der Herrlich wieder. Da muss man als Schiedsrichter wieder hellwach sein. Wachheit ist auch ein wichtiger Faktor, um seine Herausforderungen zu bewältigen.

Ein anderes Beispiel in meiner Karriere war das Spiel Slowenien gegen Kroatien. Also dann sollte man schon ungefähr wissen, um was es da auch politisch geht. Da braucht es definitiv eine andere Aufarbeitung von einem solchen Spiel. Da kannst du nicht einfach blauäugig nach Ljubljana fahren und einfach das Spiel pfeifen. Und dann musst du auch wissen, was war im ersten Spiel? Ist da was passiert? Hat es gelbe Karten gegeben, rote Karten? Hat es Ausschreitungen gegeben? Hat es vielleicht auch politische Statements gegeben?

Ich komme zurück zu Ihrem Begriff der Wachheit. Gerade in solchen Spielen war Wachheit, vielleicht auch Bewusstheit sehr wichtig.
Ja, natürlich. Wenn du Leute führen willst, wenn du Entscheidungen treffen willst, vielleicht auch schwierige Entscheidungen, vielleicht auch Entscheidungen, die emotional sind und große Auswirkungen haben können, ist es immer wichtig, dass du eben ein bewusstes und waches Verständnis auch für dein Gegenüber hast, dass du eben diese wichtige emotionale Intelligenz hast oder auch mal die berühmten Fünfe gerade sein lassen kannst.

Das kann auch sein, dass du sagen musst, in diesem Moment muss ich ganz, ganz klein sein mit meiner Auslegung, weil wenn ich zu groß bin, verliere ich über das Spiel die Kontrolle. Das muss ich bewusst spüren und das muss ich dementsprechend einfach richtig machen. Und das sind Sachen, wo ich immer wieder sage: „Wenn du in der Führung bist, wenn du an der Spitze irgendwo bist, dann solltest du schon auf allen Tasten des Klaviers spielen können."

Wenn du nur in der Mitte des Klaviers spielen kannst oder nur den Schneewalzer, dann ist das wunderschön. Aber es reicht eben nicht, wenn du vor wirklichen Herausforderungen und Krisen stehst.

Jetzt haben Sie persönlich auch Corona in den letzten Monaten natürlich live erlebt. Und Hunderttausende von Unternehmen, gerade auch mittelständische Unternehmen, sind davon betroffen. Ich gehe davon aus, dass Millionen Arbeitsplätze die nächsten Jahre davon betroffen sein werden. Wenn Sie jetzt als erfolgreicher Mensch solchen mittelständischen Unternehmen oder Mitarbeitern drei Tipps mitgeben müssten: „Hey, geht so durch die Corona-Krise durch, macht diese drei Dinge und dann glaube ich, dann kommt ihr gut oder vielleicht sogar gestärkt durch so eine Krise durch." Welche drei Punkte wären das, Herr Meier?

Ich glaube, dass man das Positive, dass man immer wieder und immer wieder das Positive hervorheben muss. Dass man eigentlich den Leuten Mut machen soll, Hoffnung machen soll und nicht das, was die deutsche Regierung zum Beispiel momentan macht. Ich höre da so wenig Positives raus bei der deutschen Regierung, schon seit eineinhalb Jahren, also seit gut Anfang 2020. Führung heißt ja auch, den Menschen Sicherheit und Hoffnung zu geben. Die Leute mitnehmen und eine Perspektive aufzeigen, eine positive Perspektive. Und nicht mit negativen Szenarien drohen. Das wäre sicher einmal das eine.

Dann das andere, dass man flexibel bleibt, dass man Sachen oder Dinge, die vielleicht bis jetzt alle wunderbar gelaufen sind, jetzt nicht mehr laufen, weil es sich einfach verändert hat. Dass man offen ist für Veränderungen, und seien es noch so drastische Veränderungen. Ich meine, es ist in meinem Bereich auch so. Ich kann nur sagen, dass wenn ich jetzt meine Einnahmenseite anschaue, da sind mindestens 80 Prozent weggebrochen, denn alle meine Vortragstermine sind einfach mal weg. Und jetzt kannst du sagen: „Mist!", kannst jammern oder du sagst: „Moment, ich nehme das als Chance. Was könnte ich ändern? Oder wo kann ich das anders machen, will ich das anders machen? Will ich das jetzt online über das Internet machen, wie sieht das dann finanziell aus? Oder gibt es auch andere Möglichkeiten?" Ich habe durch Corona so viel Zeit für mich gehabt, dass ich durch Umdenken und Neudenken jetzt unglaublich viele neue Projekte habe. Das läuft. Im Kino laufen Sachen, in Katar laufen Sachen, es laufen Sachen in Deutschland und in der Schweiz. Ich habe noch nie so viele Baustellen gehabt wie momentan. Es ist fantastisch, es ist richtig geil. Dementsprechend auch einmal die Weichen in eine andere Richtung zu stellen. Das wäre die zweite Empfehlung.

Und das Dritte, was haben wir noch als Drittes? Was kann ich noch mitgeben? Die Werte eines Unternehmens nicht zu vergessen. Also oft ist es ja so, dass man gerade in der Krise, dass man oft leicht seine Werte vergisst.

Geradezu im Eiltempo die Werte über Bord schmeißt.
Ja, genau. Auf einmal sind die Werte nicht mehr viel wert. Und das ist ganz, ganz gefährlich. Das ist ganz, ganz gefährlich; wenn man die Werte über Bord geworfen hat, dann ist es schwierig, in der Zukunft das Schiff wieder auf Kurs zu bringen. Werte sind etwas sehr Wertvolles. Es ist natürlich oft auch schwierig, wenn du das runterbrichst auf eine Familie, wenn kein Essen mehr da ist. Dann neigt man vielleicht schon dazu, dass man etwas macht, was man vielleicht nicht machen sollte. Aber das kommt in der Regel mittelfristig nicht gut. Die Werte hochhalten, das ist wichtig.

Langfristig holt es einen wieder ein, wenn man von seinen Werten weggeht.
Ist immer dasselbe, genau.

Wunderbar, Herr Meier. Vielen Dank, das waren alle meine Fragen. Ich wünsche Ihnen ein tolles Fußballspiel heute Abend und alles Gute! Danke für Ihre Unterstützung.
Sehr gerne, Herr Aschenbrenner.

© privat

Marcus „Toni" Rominger wurde am 9. Dezember 1972 in Alpirsbach geboren und ist ein ehemaliger deutscher Handballtorwart. Er spielte unter anderem bei der SG Wallau-Massenheim, dem TV Großwallstadt und zuletzt Anfang 2011 bei den Rhein-Neckar Löwen. In seiner Karriere bestritt er circa 500 Spiele in der 1. Handballbundesliga, darüber hinaus elf Junioren-Länderspiele für Deutschland. Nach seiner aktiven Handballzeit gründete er mit zwei Partnern ein Architekturbüro im Rhein-Main-Gebiet. Er ist glücklich verheiratet und Vater von zwei Söhnen.

MARCUS ROMINGER

Marcus, herzlich willkommen hier in Frankfurt und vielen Dank, dass du dir Zeit nimmst, dich mit mir über deine Herausforderungen als ehemaliger Profihandballer zu unterhalten. Schön, dass du da bist.
Sehr gerne.

Um ehrlich zu sein, ich kenne mich mit Handball so gut wie gar nicht aus. Wie du weißt, bin ich mehr beim Fußball zu Hause. Deswegen interessiert es mich umso mehr, wie du als ehemaliger Profihandballer mit Herausforderungen umgehst.
Vielleicht gibt es sogar Parallelen zwischen den beiden Sportarten. Wir werden es in den nächsten Minuten im Gespräch sehen.

Wenn du an deine Profikarriere zurückdenkst, was waren denn für dich Herausforderungen, bei denen du dich echt anstrengen oder Berge überwinden musstest, und wie bist du damit in der jeweiligen Situation umgegangen?
Ich denke, das Schwierigste war tatsächlich Erwartungshaltungen zu befriedigen, und in der Nachbetrachtung nicht nur die der anderen, sondern tatsächlich auch oder vor allem die eigenen. Es ist ja tatsächlich so, dass man, wenn man ein bisschen älter wird, eine andere Blickweise auf Dinge bekommt. Und es ist auch so, dass die Erwartungshaltung, die ich mir aufgebaut und auferlegt habe, dass die dann ab und zu auch für mich zu mentalen Herausforderungen geführt hat. Das Problem war, weil diese Erwartungshaltung an mich selbst dann auch zu Unzufriedenheit geführt hat, weil meine Leistung dann nicht ganz so war, wie ich es von mir erwartet habe. Und das dann irgendwie in geregelte Bahnen zu kriegen, war für mich schwierig. Als ich Mitte der 1990er-Jahre angefangen habe, gab es die Wahrnehmung des mentalen Faktors auch für den Trainingsbetrieb und eine entsprechende Unterstützung darin ja noch nicht. Früher wurde mir ein zu großes Nachdenken oder ein zu häufiges Sinnieren eher als Schwäche denn als Stärke ausgelegt. Und heute ist das zum Glück normal, dass die Sportler jemanden haben, mit dem sie sich auch austauschen können, um solche Dinge aufzugleisen. Das ist

heute genauso wichtig wie das körperliche Training. Das gab es damals nicht.

Und ich glaube, mein Berg war, seinerzeit tatsächlich die eigene Erwartungshaltung zu managen und zu stemmen.

Das heißt, wenn du zum Beispiel einen Mentalcoach gehabt hättest, wie es heutzutage normal ist, dann hätte das gut geholfen, um die Erwartungen in den Griff zu kriegen?
Ja, du fragst dich ja dann so nach 20 Jahren, was war gut, was war schlecht? Und der letzte Schritt, um quasi nochmal eine Stufe höher zu kommen, von einem normalen guten Bundesligatorhüter vielleicht zu der Bundesligaspitze, hat bei mir tatsächlich gefehlt. Und in der Nachbetrachtung hätte ich auch gesagt, diesen langen Weg über 20 Jahre habe ich auch nur geschafft, weil ich mich irgendwann mal zurückgenommen habe. Ich habe auch durch meine damalige Freundin einfach andere Dinge entdeckt und war dann teilweise auch froh, dass, wenn die anderen zu Nationalmannschaften mussten, ich durch die Welt gereist bin. Das war für mich dann quasi dieser Ausgleich für den Kopf, um das hinzukriegen.

Die Frage ist aber tatsächlich wie immer: Was wäre, wenn? Es gibt allerdings darauf keine Antwort. Aber was wäre gewesen, wenn ich mich damals offen und freiwillig mit jemandem hätte austauschen können? Das ist ja das Wichtige. Es bringt ja nichts, wenn das einer von oben befiehlt, du gehst jetzt mal dahin und dorthin, sondern du musst dafür schon offen sein und im Zweifel auch ein Feedback bekommen, was dir vielleicht nicht passt. Aber ja, das wäre sicherlich ein Ansatz gewesen, mit dessen Hilfe ich viele Herausforderungen leichter und vielleicht auch erfolgreicher hätte bewältigen können. Also reden und vielleicht sogar einen professionellen Coach an der Seite zu haben.

Du hast ja auch mit vielen Trainern zu tun gehabt. Das waren dann auch deine Führungskräfte.
Richtig. Trainer waren meine Führungskräfte.

Jetzt im Nachhinein betrachtet, wie bist du mit denen umgegangen und wie würdest du jetzt mit denen umgehen, wenn du jetzt eben 20 Jahre später nochmal drüber nachdenkst?
Der Trainer ist die Führungskraft. Das ist so und das solltest du auch akzeptieren. Und natürlich musst du auch kapieren, dass der Trainer sich nicht um die Befindlichkeiten von 14, 16, 18 Spielern kümmern kann, aber irgendwie muss er es ja doch. Mit einem meiner ehemaligen Trainer haben wir das ein bisschen wie Kindergarten betrachtet. Du musst dann wirklich teilweise die Befindlichkeiten bis in die kleinste Ebene irgendwie reflektieren oder mitgestalten. Ich hatte auch einen jugoslawischen Trainer. Dass ich da nicht mit dem Handball aufgehört habe, war das eine und wundert mich manchmal noch heute. Das hatte nichts mit Führungsqualität zu tun, das war nur Druck. Und damit konnte ich ganz schwer umgehen, das war nicht mein Ding. Das hat den Erwartungsdruck, das hat das Ganze nochmal kanalisiert, und es ist eher schlimmer geworden. Jedoch mit den anderen Trainern, die ich dann über fast zehn Jahre hatte, das sind andere Typen. Sie versuchen auch Teil des Ganzen zu sein, Strömungen zu reflektieren und dich dann mitzunehmen. Aber es ist auch klar, sie können es bei jedem Einzelnen nur bis zu einem gewissen Grad machen. Sie können sich nicht auf dich allein fokussieren. Es gibt noch andere Spieler im Team, die genauso die Aufmerksamkeit wollen und auch brauchen. Also das ist auch immer eine Geschichte, wie du dann damit umgehst. Aber ich würde sagen, verkrochen habe ich mich nie. Sondern entweder es lief auf einer guten Basis oder es gab auch mal ein bisschen Kontra. Aber das Kontra war eher dazu da, einen selbst anzustacheln, nicht gegen den Trainer gerichtet, sondern halt das irgendwie umzumünzen, dieses Gefühl in eine Wut, in eine Aggression, und das dann in Trainingsleistung umzusetzen. Das ist bei Herausforderungen, finde ich, ein wichtiger Aspekt. Du musst es schaffen, deine vielleicht auch negativen oder mutlosen Gefühle in etwas Positives, in Kraft und Energie umzuwandeln. Wenn du das im Leben schaffst, wirst du viele Herausforderungen, schwierige Dinge vermutlich in der Nachbetrachtung nicht mehr als Herausforderung sehen. Vielleicht war es dann einfach eine Aufgabe, eine Maßnahme, die du umgesetzt hast.

Das heißt, Marcus, deine Empfehlung ist es, den Fokus bei Herausforderungen auf die Umwandlung der negativen Energie in positive zu legen und nicht lange zu klagen, wieso dies oder jenes so ist?
Absolut. Wer das schafft, wer diese Fähigkeit hat, der gewinnt immer oder zumindest meistens. Ich glaube auch, dass diese Fähigkeit mittelmäßige Sportler von guten oder sogar von super Sportlern unterscheidet. Egal, in welchem Sport. Ob beispielsweise im Handball, Fußball, in der Leichtathletik oder im Tennis. Ich bin mir sicher, diese Fähigkeit unterscheidet auch im Business zum Beispiel einen guten Architekten, ich bin ja Architekt, von einem sehr guten Architekten. Oder einen guten Verkäufer von einem sehr erfolgreichen Verkäufer.

Und wie ging es dir, Marcus, mit Mitspielern, die vielleicht am Spieltag nicht die Leistung so gebracht haben, wie du es dann auch erwartet hast, also als Mannschaft erwartet hast. Habt ihr auch danach darüber gesprochen oder war das dann eher so im Profitum dann auch, na ja, Spiel vorbei, jeder geht nach Hause, und das war es?
Also man hört es ja öfters, dass das eine Krankheit des Profifußballs ist, dass es wirklich nur noch Egos gibt. Also bei uns im Handball war es früher nicht so. Und natürlich muss man das in der Mannschaft aufbereiten. Nicht unbedingt in der großen Gruppe, aber zumindest in der kleinen Gruppe, denn es ist so, wenn 16 Mann zusammen sind, die gehen nicht alle ein Bier trinken, sondern da gibt es vier oder fünf, die machen mehr zusammen als die anderen. Es bilden sich logischerweise Untergruppen. Wie auch in jedem größeren Unternehmen oder in Abteilungen. Aber in diesen Gruppen muss man es lösen. Und es gibt dann aber auch Aussprachen, wenn es mal gar nicht läuft. Und es ist dann schon krass, wenn du merkst, wie andere Spieler wirklich in dem Habitus gefangen sind, wenn die quasi vergessen, mit dem rechten Fuß aufs Spielfeld zu gehen. Das Spiel ist gelaufen ...

... und vorbei.
Und das versuchst du dann natürlich schon aufzuarbeiten, so nach dem Motto, es ist eben nicht egal, ob du gut vorbereitet bist. Nein, wenn er die Schuhe nicht richtig geschnürt hat, hat er sie nochmal aufgemacht, so lange, bis er sie richtig geschnürt hat. Und natürlich war es auch mein

Part, ein wenig zu spüren, wo läuft irgendwas schief. Und dann probieren wir es: Wo ist alles okay? Läuft es an der Uni? Läuft es in der Familie? Oder ist sonst irgendwas? Und wenn dann rauskommt, na ja, nein, das und das läuft nicht so gut, und da ist dies krank und das krank, dann versucht man, das auch dem Trainer mitzugeben, zu sagen, pass auf, du musst da bitte ein Zweiergespräch führen. Einfach, damit du weißt, was los ist. Das ist ja nicht alles böser Wille. Das ist für mich auch nie ein Verpetzen gewesen, sondern ein Kümmern, damit wir erfolgreich sein können.

Und ja, man probiert es, dass man irgendwie viele Bedürfnisse und Befindlichkeiten berücksichtigt, aber man kommt dann über die Jahre auch an den Punkt, an dem man versteht, dass es sich um Profihandball handelt. Wir betreiben einen Profisport und der Trainer oder der Verein hat die Entscheidung zu treffen, hilft der Spieler uns oder nicht. Ich als Spieler kann dem anderen Spieler eine Hilfestellung geben und sagen, hier schau bitte, dass du deine PS auf die Piste kriegst; ansonsten kommt nächstes Jahr ein anderer. Und das ist aber auch wichtig, dass das alle kapieren, weil es ist keine Friede-, Freude-, Eierkuchen-Mentalität. Die wird ab und zu vorgegaukelt, so ist es aber nicht, sondern es muss schon klar sein, das Ziel ist definiert und wir haben auch an einem Strang zu ziehen. Und wenn nicht, kommt der Nächste.

Dann kommt der Nächste. Das unterscheidet Profisport natürlich von der Business- beziehungsweise Unternehmerwelt. Dort kann nicht einfach ein Mitarbeiter ausgetauscht werden, wenn dieser nicht performt, sondern muss notfalls auch über Jahre mitgeschleppt werden.
Wenn du selbst im Spiel gemerkt hast, du bringst gerade nicht die Leistung oder du bist nicht so fokussiert, wie du sein solltest, wie hast du es denn dann trotzdem geschafft, im Spiel dich nochmal zu drehen? Das ist ja im Business oft auch so, dass jemand präsentieren muss, und er merkt während der Präsentation, dass die Performance nicht gut genug ist. Wie konntest du es denn im Spiel dann noch für dich drehen?
Also ich kenne es ja mittlerweile auch aus dem Business, da ich als Architekt ein eigenes Architektenbüro habe. Das Wichtigste im Business ist die Vorbereitung. Du musst dich gut vorbereiten. Die Präsentation halte ich immer ein-, zweimal vorher und dann ist es mir auch egal, was passiert, weil ich, selbst wenn ich den roten Faden verliere, mir dann einen

anderen Weg suche, um das Projekt erfolgreich zu präsentieren. Das funktioniert.

Und im Spiel ist es so, das hängt auch davon ab, wie dein momentanes Verhältnis zum Trainer ist. Du weißt, dass der Trainer dein Backup ist. Und du darfst auch mal vier, fünf Fehler machen, das ist auch überaus wichtig, dann kannst du es im Zweifel abschütteln und sagen, hier komm, das ist eh gleich vorbei. Das ist ebenfalls eine ganz wichtige Sache, das du erst mal lernen musst, dass du den Fehler, den du gerade gemacht hast, nicht mehr gutmachen kannst. Du kannst nur versuchen, ihn beim nächsten Mal zu vermeiden. Aber im Spiel über das Vergangene nachzudenken, ist kein wirklich guter Weg. Damit verlierst du den Fokus. Und ich hatte tatsächlich so eine Phase, das war, nachdem der Film „Fight Club" rausgekommen ist, irgendwann in den 1990ern, ich weiß gar nicht mehr wer, ob Brad Pitt oder Edward Norton, die haben sich dann immer in die Höhle mit einem Pinguin zurückgezogen, und das habe ich adaptiert. Wenn es also ganz schlimm war, dann habe ich mich wirklich mal hinten hingestellt, ich habe ja den Vorteil, wenn alle im Angriff sind, habe ich zumindest mal zehn Sekunden, in denen ich vielleicht kurz runterkommen kann, und habe dann auch so getan, als ob ich in meiner Höhle wäre, und alles ist gut. Alles, was passiert ist, ist egal, fokussiere dich neu und sieh zu, dass du die Dinge jetzt erledigst, die die Mannschaft von dir erwartet und das Spiel erfolgreicher machen. Und es hat ab und zu funktioniert, allerdings nicht immer.

Leider funktioniert es nicht immer, oder wie du schon gesagt hast, das unterscheidet gute von sehr guten Profis. Wenn du jetzt an junge Profis im Handball denkst, welche drei Tipps hast du für sie, die du in der Retroperspektive erkennst?

Punkt eins, ganz klar, wenn du merkst, du hast Probleme mit Druck oder Erwartungshaltungen, dann suche dir Hilfe, suche dir einen Coach, der dich dabei unterstützt, Mechanismen, Abläufe festzulegen, die dich in die richtige Spur bringen. Und ja, in dem Zusammenhang habe ich auch eine eigene Meinung zu diesen ganzen Jugendleistungszentren, die jetzt im Fußball, im Handball aufgebaut wurden und werden. Ich weiß nicht, ob wir den jungen Sportlern einen Gefallen tun, dass wir sie ab der C-Jugend von daheim wegholen und aus dem normalen Leben rausnehmen, denn der Sport ist nicht alles.

Und mein zweiter Tipp ist deshalb auch, bleib im normalen Leben dabei und habe auch andere Interessen, denn diese anderen Interessen helfen dir, den Abstand vom Handball oder vom Sport zu halten, um auch zu reflektieren, in was für einer Scheinwelt man sich eigentlich bewegt. Denn mit 30, mit 35 ist es definitiv für 99 Prozent der Sportler vorbei. Und vielen jungen Sportlern wird oft auch etwas vorgegaukelt. In der Jugend spielen sie noch in irgendeiner A-Jugend eines Bundesligisten, okay. Aber schau bitte, wie viele es dann letztlich schaffen. Das ist ein verschwindend kleiner Prozentsatz. Was machen die anderen? Die kommen dann nach der C-, B- und A-Jugend auf einmal nicht zu einem Profivertrag und stehen verloren da. Und was passiert dann? Die haben einen Teil ihrer Jugend, diese fürs Leben wichtigen Erlebnisse weggeworfen, die wir damals hatten, wenn du noch um die Häuser gezogen bist und vieles mehr. Das findet gefühlt heute gar nicht mehr so statt bei den jungen Spielern. Dann stehst du aber da und hast nicht dieses Ziel des Profivertrags erreicht, was aber ganz normal ist, weil es eben nur sehr, sehr wenige schaffen. Deshalb meine Empfehlung: Bleib mit im Leben, weil dieser Sport supercool ist, aber ich glaube nicht, dass es besser wird, wenn du dich nur darin verrennst, sondern es muss ein Gleichgewicht sein. Ob das heutzutage 50/50 sein kann oder sein muss, weiß ich gar nicht. Aber dann ist es 30/70 oder eine Verteilung, die dir guttut. Aber du musst noch ein Leben nebenher führen können. Und das ist eigentlich auch die Aufgabe dieser Vereine, das auch zuzulassen. Und da weiß ich nicht, ob wir das alles richtig machen.

Du bist jetzt auch mitverantwortlich beziehungsweise du kümmerst dich auch darum, dass der Stresspegel der Spielern reduziert wird. Siehst du da eine Veränderung oder denkst du eher: „Oh nein, der Stress steigt jedes Jahr noch mehr?" Weil ich als Businesstrainer und Coach sehe, dass jedes Jahr der Stress in den Firmen noch mehr wird, obwohl wir alle über Resilienz sprechen, über mentale Fitness und Entspannung und auch mehr Work-Life-Balance. Wie siehst du es denn im Profihandball?

Ja, das ist eine Diskussion, die gibt es seit zehn Jahren. Wenn es Schritte gibt, sind die sehr klein. Ansonsten würde ich behaupten, die Belastung ist nahezu unverändert. Wir haben das Problem, dass es jedes Jahr ein Großereignis gibt, im Olympiajahr sogar zwei Großereignisse. Man könnte sogar fast sagen zweieinhalb, weil es ja immer noch die Qualifikationsturniere für Olympia gibt. Da musst du in drei Tagen drei Spiele machen und am Schluss steht das Ticket zu Olympia. Also das ist schon enorm. Und wir sind Profis, also ist das so eine Waagschale, denn die Jungs verdienen alle Geld damit. Wir verdienen nur nicht genug Geld, um danach sagen zu können, nach der Karriere ist alles aus und wir können uns irgendwo niederlassen, und alles ist gut. Das haben wir nicht. Die Jungs müssen studieren, eine Ausbildung machen oder sonst irgendwas. Und das oft schon parallel zum Profisport. Die Quintessenz ist aber auch, wenn es nur ums Spielen geht, beklagt sich eigentlich keiner. Also: „Wenn wir spielen, trainieren wir nicht", ist so ein altbekannter Spruch. Es fehlt irgendwo die Mitte. Und wir hatten es ja im Vorgespräch gerade schon, wir müssen auch das Reisen vielleicht angenehmer machen. In der NBA beklagt sich keiner, dass sie 82 Spiele in, ich glaube, sieben Monaten haben. Das Problem beim Handball ist aber, es geht im Juli mit der Vorbereitung los, die Saison startet im August und geht dann bis in den Juni im darauffolgenden Jahr. Und das Problem ist dann, du spielst donnerstags irgendwo in Deutschland, samstags oder sonntags irgendwo international. Wenn du da aber mit dem Bus, mit der Bahn durch Europa tingelst, verlierst du zu viel Zeit und zu viel an deiner Performance. Und jetzt soll es ja so sein, dass ab der Saison 2020/21 eigentlich garantiert sein soll, dass im Sommer wirklich fünf Wochen frei sind, weil eine Nationalmannschaftswoche wegfällt. Das ist schon mal ein erster Schritt, denn immer diese Vergleiche mit Nordamerika sind zwar schön, aber wenn du guckst, die NBA hat vier Monate Pause, das ist nicht zu vergleichen. Wir sind in diesem Fußballkalender so ein bisschen gefangen. Und Fußball ist das ganze Jahr und Handball ist das ganze Jahr. Das hat sich seither etwas verbessert, aber wirklich gut ist es noch lange nicht.

Wenn wir nochmal über das Thema Reflexion sprechen: Hast du damals als Profi gewisse Methoden genutzt, um dich regelmäßig zu reflektieren? Du hast bereits gesagt, damals gab es eben noch nicht diesen Coach, Mentaltrainer oder Ansprechpartner. Hast du dann was Speziel-

les genutzt oder wie hast du dich dann immer wieder reflektiert, auch nach dem Spiel oder nach einer Saison?
Also bei den Torhütern ist es so, dass wir viel Video gucken. Wir schauen uns die anderen Mannschaften an, du guckst aber auch immer Videos von deinen Spielen, um mal zu prüfen, ob du die Leistung so gebracht hast wie gewünscht. Ab und zu ist es ja so, du denkst, du hättest in der Situation das und das gemacht. Wenn du dann ein Video siehst, dann merkst du, dass du eine völlig falsche Wahrnehmung von dem hattest, was du eigentlich selbst gemacht hast. Und deshalb ist es wichtig, das Spiel auch nochmal auf einem Video anzugucken. Und das war eher dieses Videostudium, jetzt quasi auf sportlicher Ebene. Auf mentaler Ebene ist es wichtig nachzudenken, wie du im Spiel mental aufgestellt warst. Warst du ruhig oder hast du dich anstecken lassen von dieser ganzen Hektik, die vielleicht im Außen entstanden ist. Meine persönliche Erfahrung ist, es hilft der Mannschaft oft mehr, wenn sie merken, sie haben hinten jemand, der wirklich der ruhende Pol ist und nicht wie wild rumbrüllt. Und hast du das hingekriegt oder bist du quasi mit in der Hektik mitgeschwommen? Das waren wichtige Fragen für mich nach dem Spiel.

Wie lange hast du nach einem Spiel gebraucht, um wieder runterzukommen, um wieder auf dem Normallevel zu sein? Wie war denn das bei dir?
Ja, da brauchst du schon länger, teilweise auch die gesamte Nacht. Und das Schlimme ist ja, du kommst irgendwo an den Punkt, dass es einfach nur wichtig ist, diese Erleichterung zu spüren, dass es vorbei ist. Es ist im Profisport nicht so, dass wir immer nur freudestrahlend rumhüpfen. Überhaupt nicht. Auch nach einem Sieg bist du teilweise einfach nur froh, dass es vorbei ist. Und dass du dann für dich das Gefühl hast, du kannst jetzt mal ein, zwei Tage Ruhe haben, auch im Kopf, denn es kommt ja schon wieder das nächste Spiel. Du musst es irgendwie schaffen runterzukommen. Und leider gab es auch Phasen in der Karriere, wo es wirklich herausfordernd war, sich über einen Sieg richtig zu freuen.

Das war tatsächlich oft auch ein Mannschaftsproblem, dass wir darüber gesprochen und gesagt haben, hey Leute, ich hatte das Gefühl, am Samstag haben wir sie hergespielt wie sonst noch was. Aber im Grunde waren wir nur erleichtert, wir waren froh, als es vorbei war. Das war nicht euphorisch oder sonst irgendwas, sondern es war einfach nur, puh, jetzt haben wir den Druck schon mal weg. Und wenn du das merkst, läuft auch irgendwas falsch, weil dieses „einfach nur erleichtert sein" nimmt dir auch den Enthusiasmus. Und das ist aber ein äußerst schwieriger Punkt, da wieder rauszukommen, denn dieser Profisport beschäftigt dich wirklich 24 Stunden, sieben Tage die Woche. Du wirst immer drauf angesprochen, und die Trainer nehmen es ja auch ernst.

Du hast vielleicht einen Tag frei nach dem Spiel. Und dann ist es ja das Übliche, dass dann sofort das nächste wichtige Spiel kommt. Ich kann den Spruch nicht mehr hören, das nächste Spiel ist das wichtigste Spiel der ganzen Saison. Das hörst du 34 Mal, und irgendwann kannst du den Trainer auch nicht mehr ernst nehmen. Und das ist auch die Kunst, die ein Trainer irgendwie hinkriegen muss, so eine gewisse Lockerheit entstehen zu lassen, ohne dass wir zu lasch werden. Weil selbst als Spieler, bei mir und bei vielen Mannschaftskollegen, bist du eigentlich immer mittendrin. Vielleicht musst du das auch sein, aber das ist mit der Zeit brutal anstrengend. Also eine Anekdote von meinem jugoslawischen Partner in Wallau kann ich dir gerne erzählen. Er hat nachts eigentlich nicht mehr geschlafen. Und nach der Karriere haben wir auch mal darüber gesprochen. Er hat zu mir gesagt, Toni, das ist Druck, das ist Druck, den ganzen Tag, immer, immer, immer. Und wenn du dir das anhörst, dann ist das auch irgendwie bedenklich. Er konnte während der Karriere auch nicht drüber reden, er war einfach in seinem Tunnel gefangen. Und wenn du dann auch weißt, er hat seine Familie damit ernährt, er hat auch die Eltern in Jugoslawien ernährt und so weiter, der Druck war einfach da, die Leistung zu bringen, damit das Geld reinkommt. Ja, das ist schon bitter, wenn man erst nach der Karriere darüber sprechen kann. Wenn ich mir gerade so zuhöre, ich denke ein wichtiger Tipp ist wirklich, in schwierigen Situationen sich mit anderen Menschen auszutauschen. Zu reden hilft enorm. Auch jetzt gerade in unserem Gespräch tut es mir gut, darüber mit dir als Nicht-Profi zu sprechen.

Habt ihr dann bewusst in der Mannschaft auch Auszeiten genommen, habt ihr gesagt, jetzt haben wir drei, vier Spiele gewonnen, lasst uns jetzt mal feiern? Oder ging es dann wirklich in diesem Tempo fast 34 Spieltage durch?

Die Trainer tun sich mit dem Feiern immer ein bisschen schwer, aber natürlich passiert es dann. Und das funktioniert auch gar nicht, wenn du das planst, sondern das passiert dann einfach. Weil, wenn du es planst, wird es eine lahme Feier, wie im Privatleben auch oftmals. Und natürlich ist es so, wenn du dann auch noch überraschend irgendwo gewinnst, dann ja, dann knallt es schon mal. Und das braucht es dann aber auch zum richtigen Zeitpunkt mal. Also ja, das ist wichtig! Auch jetzt im normalen Arbeitsleben ist es wichtig, dass wir uns ab und zu auch spontan freuen oder vielleicht auch feiern. Und wenn es nur einfach mal spontanes Sekttrinken ist.

Ich stimme dir völlig zu, Marcus. Ich gönne mir mit meiner Familie immer wieder kleine Auszeiten, wenn es gut gelaufen ist. Gemeinsam Essen gehen, gemeinsam zu Hause etwas Gutes kochen oder vielleicht auch ein mehrtägiger Kurzurlaub.
Lass uns bitte noch über ein weiteres Thema sprechen, das in vielen meiner anderen Interviews immer wieder angesprochen wurde. Wie wichtig war das Thema Disziplin, um in den Profisport zu kommen, denn im Businessbereich erlebe ich oft, dass viele Dinge nicht diszipliniert gemacht werden. Oder anders gesagt, du siehst auch im Business, wer erfolgreich ist und wie dieser arbeitet, nämlich sehr diszipliniert. Wie war das? War das ein Erfolgsfaktor oder sagst du eher, nein, das war dann doch die körperliche Kondition oder die Technik?

Du musst diszipliniert sein, weil du dich an Abläufe halten musst. Natürlich gibt es Spieler, die eher Laissez-faire mit allem umgehen können, die sich auf dem Spielfeld weniger Gedanken machen. Das war ich nicht, und ich glaube, das ist auch der Großteil der Spieler nicht. Aber du hängst mit 16 Spielern, einem Trainerteam, einem Physioteam ein Jahr zusammen. Wenn es da keine Disziplin gibt oder keine disziplinarischen Vorgaben, dann funktioniert das ganze System nicht. Also wenn es heißt, 16 Uhr Training, dann ist 16 Uhr Training, wer zu spät kommt, zahlt. Punkt. Wenn angesagt ist, was wir am Spieltag anziehen, dann ist es so. Also man darf diesen Profisport ja auch nicht damit verwechseln, dass das einfach nur „Winter Wonderland" ist oder so. Du gibst mehr auf als alles andere, denn es gibt einfach kein Zuspätkommen, es gibt kein „heute habe ich keinen Bock", es muss klar sein, alle ziehen an einem Strang.

Nur dann ist das Mannschaftsergebnis zu erzielen. Und das geht nur mit Disziplin. Und auch bei uns im Architektenbüro ist es ganz wichtig aufzuzeigen, du übernimmst die Verantwortung für ein Projekt und dieses Projekt schläft aber im Zweifel nicht. Sondern – wenn du die Verantwortung für dieses Projekt übernimmst – dann bist du dafür auch verantwortlich. Und diese Disziplin im Abarbeiten, auch in der Rückmeldung, ist superwichtig. Darum ist, das würde ich eins zu eins übersetzen ins Business, die Disziplin wirklich wichtig, und im Profisport geht es nur mit Disziplin. Disziplin beim Training, weil im Grunde bist du ja nicht nur dir gegenüber verantwortlich, sondern auch deinen Mannschaftskameraden, weil, wenn du nicht funktionierst, ist das Mannschaftsziel in Gefahr.

Ich stimme dir zu 100 Prozent zu, Marcus. Im Business ist das nicht anders. Wer zum Beispiel zu spät ins Meeting kommt, der arbeitet nicht mit oder für das Team, sondern ein Stück weit dagegen. Wer seine Aufgaben zu spät erledigt, akzeptiert Probleme bei anderen. Das ist keine Teamorientierung.

Und das Schlimme ist auch, dass es den anderen gegenüber respektlos ist. Also wenn man sich im Büro, im Sport oder auch im Privaten miteinander abgibt und gleiche oder zumindest sehr ähnliche Ziele hat, dann kann es nicht sein, dass einer quasi immer zu spät kommt, die Aufgaben nicht erledigt, denn irgendwann fange ich an, daran zu zweifeln, dass er mir den Respekt entgegenbringt, den ich ihm entgegenbringe. Und auch das ist sehr wichtig, damit gemeinsame Ziele erreicht werden.

Jetzt hast du gerade das Stichwort Ziel genannt. Wie hast du dich damals auf Ziele programmiert? Hast du dir das aufgeschrieben, hattest du ein Zielebuch oder hast du das visualisiert oder wie bist du da vorgegangen?

Das ist als Torhüter relativ einfach: Du musst Bälle halten. So, das ist das primäre Ziel. Und ja, mehr braucht es eigentlich nicht. Und was dann halt irgendwann gekommen ist, dass ich auch durch die Belastung, die ich hatte, weil ich studiert und nebenher gespielt habe, war ich halt im Zweifel nicht der erste Torwart, sondern war dann auch der Backup. Aber da war es für mich auch immer klar, wenn ich reinkomme, muss ich sofort funktionieren – von 0 auf 100 in einer Sekunde. Und das war das Ziel, ganz simpel und einfach. Ich war auch auf der Bank keiner, der dann irgendwelchen

Menschen im Publikum noch gewunken oder Witze gemacht hat, sondern ich war in den 60 Minuten oder in der Phase bis zu dem Zeitpunkt, wo ich eingewechselt wurde, hochkonzentriert und fokussiert. Das war ich der Mannschaft und mir schuldig. Das war meine Rolle als Profi. Da gab es für mich auch nichts zu diskutieren. Ich habe von der Bank aus mitgespielt. Die Bälle müssen gehalten werden, und ob ich anfange oder nicht, ist mir egal gewesen, das Ziel war einfach zu 100 Prozent klar. Und ähnlich sehe ich das auch jetzt im Unternehmen. Jeder muss fokussiert sein. Egal, ob er jetzt ein Bauprojekt direkt betreut oder „nur" zuarbeitet. Beides ist wichtig und entscheidend, damit letztendlich das Bauprojekt erfolgreich abgewickelt wird. Ich glaube, in vielen Unternehmen – vielleicht vor allem in den großen Unternehmen – gibt es zu viele Menschen, die sich nicht in dieser Rolle sehen und vermutlich mehr die Einstellung haben, soll der Kollege das doch allein machen. Ich bin nicht mit dabei, deshalb unterstütze ich auch nicht.

Marcus, die Zeit ist wie im Fluge vergangen. Vielen herzlichen Dank für den Einblick in deine Handballkarriere und auch danke für den Einblick in deine jetzige Architektenkarriere.

Sehr gerne. Uns beiden alles Gute, dass wir unsere Ziele leicht erreichen und verwirklichen können. Mit wenig Stress und Druck. Gutes Gelingen bei der Buchveröffentlichung. Gib Bescheid, wenn das Buch fertig ist.

Lutz Pfannenstiel wurde am 12. Mai 1973 in Zwiesel geboren. Der ehemalige U17-Nationaltorhüter ist weltweit der erste Fußballprofi, der in jedem der sechs anerkannten Kontinentalverbände einem Profiverein angehörte. Startete 1993 vom 1. FC Kötzting aus seine Weltkarriere. Am Ende seiner Laufbahn standen 25 Clubs in 16 Ländern. Pfannenstiel ist FIFA-Trainerausbilder und Experte bei verschiedenen Fernsehsendern, u. a. ESPN, ZDF, BBC und SRF. Nach Engagements als Chefscout bei der TSG Hoffenheim und Sportvorstand bei Fortuna Düsseldorf ist er seit August 2020 Sportdirektor bei St. Louis City SC in den USA.

LUTZ PFANNENSTIEL

Lutz, schön, dass wir heute zusammensitzen, vielen Dank dafür. Nach so langer Zeit finde ich es wirklich schön, dass wir uns heute etwas länger sehen und miteinander sprechen können. Unsere gemeinsame Fußballzeit ist mittlerweile einige Jahre her und du und ich sind unterschiedliche Wege gegangen. Vor vielen Jahren spielten wir mit unseren jeweiligen Vereinen gegeneinander und in der Auswahl dann miteinander. Ich finde, es war eine spannende Zeit damals. Lass uns heute die Zeit nutzen, um die Leser von deinen Erfahrungen als Fußballprofi und ehemaliger Sportvorstand des Fußball-Bundesligisten Fortuna Düsseldorf profitieren zu lassen.
Sehr gerne. Und ja, unsere gemeinsame Fußballzeit liegt einige Jahre zurück. Daher fand ich es auch sehr schön, dass wir uns vor einigen Wochen in Frankfurt wiedergetroffen haben. Leg los, Peter.

Wenn du an deine Fußballerkarriere, die wirklich eine besondere Karriere war, zurückdenkst, was gab es denn für dich an Herausforderungen, die von größerer Natur für dich waren und vor denen du vielleicht auch ein bisschen Bammel gehabt hast?
Da ich eine sehr spezielle Karriere hatte, gab es bei mir natürlich wahnsinnig viele große Herausforderungen. Also bei mir war die Entscheidungsfindung immer sehr eigenwillig. Eigentlich von Tag eins bis zum letzten Tag meiner Karriere habe ich mich immer anders entschieden, als es die Norm war.

Ich hatte vor allem diese zwei ganz großen Herausforderungen – damals mit meiner Gefängnisstrafe in Singapur, als ich unschuldig für drei Monate in einem Kerker in Asien festsaß und eigentlich gar nicht wusste, wie es weitergeht. Da eine Entscheidung zu treffen, in dieser Situation diese Herausforderung anzunehmen, nochmal aufzustehen, wenn du eigentlich schon so gut wie tot bist. Ich war körperlich am Ende, ich war finanziell am Ende, ich war mental am Ende. Und musste halt dann irgendwie nochmal den Zauberwürfel zusammenbauen, damit mein Leben danach auch wieder funktioniert. Das Gute war natürlich, glaube ich, meine große mentale Stärke, man muss sich fokussieren können, einfach wissen, was man will. Und ja, bei mir war das eine relativ klare Geschichte, weil bei mir ein ganz klares Ziel immer im Vordergrund stand.

Das Ziel habe ich damals, glaube ich, als Siebenjähriger jedem Erwachsenen erklärt. Als alle Lokomotivführer und Polizeibeamter werden wollten, habe ich ihm erklärt, ich werde Nationaltorwart und Bundesligaspieler oder zumindest Fußballprofil. Und das habe ich dann auch wirklich – in meiner Jugend beginnend – knallhart und diszipliniert durchgezogen. Also ein Ziel vor Augen zu haben, sich diesem Ziel bewusst zu sein und für dieses Ziel viel zu opfern, hat mir in dieser Haft-Situation ungemein geholfen. Ich denke, wer ohne Ziele durchs Leben geht, tut sich in den harten Momenten auch wesentlich schwerer als jemand, der einen klaren Fokus für seine Zukunft hat.

Eine Haftstrafe in Asien wünsche ich nicht mal meinem größten Gegner. Hut ab, dass du das geschafft hast. Ich kann mich noch gut erinnern, als meine Mutter mich angerufen und mir deine Geschichte erzählt hat. Wir hatten ja leider damals keinen aktiven Kontakt. Erzähl mir bitte mehr von deiner Karriere und deiner eigenwilligen Entscheidungsfindung.

Meine erste Entscheidung damals in der Jugend kurz vor dem Erwachsenwerden war, nicht in Deutschland zu bleiben und zu den FC Bayern Amateuren oder nach Nürnberg oder nach Bochum zu wechseln. Sondern einfach zu sagen, nein, mir gefällt dieses schöne Wort Vertragsamateur nicht, was eigentlich nichts anderes war als ein Profi. Aber das war dieses Amateurwort, was mich wahnsinnig gestört hat. Jetzt im Nachhinein denke ich mir, ja, war eigentlich nicht so tragisch, aber für mich war das das absolute No-Go. Ich konnte mich mit diesem Begriff überhaupt nicht identifizieren. Ich habe dann wirklich aus tiefstem Herzen zu mir selbst und auch öffentlich gesagt, das kommt für mich nicht infrage. Sondern wenn, dann unterschreibe ich meinen ersten Profivertrag, egal wo ich diesen bekomme. Und das war dann wirklich im fernen Malaysia, also fußballerisch ein ganz unbekannter Ort für deutsche Fans. Eine wirklich ganz seltsame Entscheidung.

Und diese erste Entscheidung, die dann bereits für meine Karriere richtungsweisend war, ging dann immer weiter und schließlich kam eben der Weltrekord, der einzige Profifußballer zu sein, der auf allen sechs FIFA-Kontinenten einen Profivertrag hatte. Plus die angesprochene Gefängnisstrafe plus auch die Problematik, auf dem Feld in England „gestorben", aber glücklicherweise auch wiederbelebt worden zu sein.

Irgendwie war meine Karriere immer mit dem Wort „überleben" verknüpft. Da gab es schon viele Herausforderungen, in denen ich mir selbst gesagt hab beziehungsweise meine Mutter im Kopf erschien mit ihren Worten: „Hättest du was Gescheites gelernt, dann wäre es am besten gewesen." Also ich habe in Ligen und Ländern gespielt, wo das auch vom Finanziellen her gerade noch gereicht hat, um ein vernünftiges Leben zu führen. Dann war ich in anderen Ligen, wo ich sehr gutes Geld verdient habe. Das war auch ein ewiges Auf und Ab in meiner Karriere. Aber ich habe mich immer der Herausforderung gestellt, ich wollte nie den leichten Weg gehen und irgendwo auf der Bank sitzen und mehr Geld verdienen, sondern lieber irgendwo spielen! Ich wollte Spaß haben und dadurch auch in Kauf nehmen, weniger zu verdienen. Ich wollte spielen, mit allen Konsequenzen. Ich wollte immer im Tor stehen und meinem Beruf nachgehen. Und das war für mich immer das Wichtigste. Ich glaube, die größte Herausforderung hatten andere mit mir, weil das einfach immer ein Kampf war. Im Nachhinein muss ich wirklich froh und dankbar sein, dass ich immer die mentale Kraft hatte, das alles zu überstehen. Gefängnis, wenig Geld, auf dem Platz „gestorben" und wiederbelebt und auch dieses permanente Umziehen von Kontinent zu Kontinent, also nicht bloß von München nach Berlin, sondern von Kontinent zu Kontinent. Ich bin dankbar, diese mentale Stärke und dadurch auch diesen Willen, es immer wieder zu schaffen, gehabt zu haben.

Wenn du das bitte vergleichst mit deinem Job als Sportvorstand bei Fortuna Düsseldorf in der Fußball-Bundesliga, welche Herausforderungen hattest du da? Gibt es für dich große Unterschiede oder sagst du letztendlich auch, das Mentale ist wieder wichtig. Oder was für Fähigkeiten brauchst du jetzt, Lutz, um das alles zu meistern?
Ja, natürlich und auch zum Glück ist es eine ganz andere Welt. Nach der aktiven Karriere über die Stationen Nationaltrainer und FIFA-Ausbilder, hauptsächlich in Afrika, dann eben über die TSG Hoffenheim, wo ich acht Jahre das Management im Profifußball, also im Scouting-Bereich und im internationalen Bereich erlernen konnte. Jetzt zur Chef-Rolle hier bei Fortuna Düsseldorf: Da ist die Herausforderung, dass du plötzlich verantwortlich für viele Mitarbeiter bist. Du bist verantwortlich für die Strategie im Gesamtverein, wo will die Fortuna in Zukunft hin? Kurzfristig, mittelfristig,

langfristig. Als ich damals geholt wurde, waren wir Tabellenletzter, da war natürlich das kurzfristige Ziel, die große Herausforderung, irgendwie zu überleben, in der Liga zu bleiben. Wir sind überraschend Zehnter geworden und dann nach kurzer Zeit doch wieder von der Bundesliga-Realität eingefangen worden. Man spielt mit einem sehr kleinen Budget in der Bundesliga mittelfristig doch gegen den Abstieg. Die Herausforderung ist, dass man es einfach versuchen muss und das Beste daraus macht. Mir war das immer klar, leider vielen Fans nicht, weil Fans sich blenden lassen vom Erfolg der letzten Saison. Aber Fakt ist, Geld im Fußball ist nicht alles. Man kann einfach bestimmte, ja ich sage Gesetze, Naturgesetze, einfach nicht brechen. Und das war und ist hier in Düsseldorf so, dass man weiß, wir stehen immer mit dem Rücken zur Wand, wir haben ja nicht die finanziellen Möglichkeiten, auf dem Transfermarkt so tätig zu sein, wie ein Verein, zum Beispiel Werder Bremen, um nicht Bayern oder Dortmund zu nennen. Denn diese Vereine spielen definitiv dann nochmals in einer anderen Liga. Das ist uns bewusst. Da hat man eben die Herausforderung, kreativ zu sein, eine andere Strategie zu fahren. Und das ist nicht die einfachste Strategie, bau auf die eigene Jugend. Aber selbst da bist du in Düsseldorf eingeschlossen von den Großen. Dortmund, Schalke, Leverkusen, Köln, Gladbach und dann kommen irgendwann mal wir, wenn es um die finanziellen Möglichkeiten geht. Also fällt die Option schon mal weg und man muss einfach kreativ sein, anders denken. Wir haben da die Strategie gewählt, mit der Spieler-Leihe von größeren Vereinen immer in einem Budget zu bleiben, was eigentlich gar nicht möglich ist. Also in einem „höheren Regal", in einer „höheren Schublade" Spieler auszuleihen, die man eigentlich gar nicht bekommen würde. Und damit eben kurzfristig immer eine schlagkräftige Mannschaft zusammenzustellen. Bis man einfach eine gewisse solide Basis erreicht hat mit TV-Geldern. Und über einen längeren Erstligazeitraum dann auch Spieler kaufen zu können und eben Wert zu schaffen. Wir haben auch sehr gezielt investiert in zwei, drei junge Spieler, für die wir auch schon für Düsseldorf-Verhältnisse viel Geld bezahlt haben. Aber das sind natürlich Werte für die Zukunft. Um all diese Herausforderungen irgendwie zu schaffen, mussten wir wirklich sehr kreativ sein, und auch irgendwie mutig. Ja, kreativ und mutig zugleich und dadurch konnten wir viele Herausforderungen meistern.

Wenn du sagst, ihr habt nicht die finanziellen Mittel wie andere, nicht die gleichen Rahmenbedingungen, oder eben auch, dass euch andere Mannschaften die Spieler „klauen" – da hast du vielleicht auch die eine oder andere schlaflose Nacht gehabt. Oder morgens, wenn du aufstehst, denkst du vielleicht, wie mache ich das, wie kann ich das schaffen? Hast du Methoden mentaler Art, oder hast du ein Ritual, das dir hilft, wieder gestärkt, energetisch aufgetankt zur Arbeit zu kommen?
Ja, ich schlafe grundsätzlich sehr wenig, also ich bin schon seit längerer Zeit so der Vier-, Fünf-Stunden-Schläfer. Liegt aber auch an meinem Hund; es ist zum Glück nicht nur der Arbeitsstress. Bei mir ist es so, du wirst lachen, ich habe eigentlich eine einfache Medizin dafür. Die Medizin ist, dass ich immer versuche, mich daran zu erinnern, als ich noch wirkliche Probleme hatte. Und das wirkliche Problem war für mich, in einem Kerker in Singapur aufzuwachen, wo Leute neben dir liegen, die zum Tode verurteilt sind, die kurz vor der Prügelstrafe stehen, die komplett wahnsinnig sind. Mörder, Vergewaltiger, also die ganz harten Jungs. Und aus der Situation rauszukommen, Entscheidungen zu treffen, was ist richtig, was ist falsch; verglichen damit ist Fortuna Düsseldorf oder egal welcher Bundesligaverein eigentlich ein Kindergeburtstag. Da geht es nicht um Leben und Tod, sondern da geht es um einen wirtschaftlichen Faktor, um einen sportlichen Faktor. Aber wenn man die Zeit dort durchgestanden hat, dann sage ich mir immer, wie schön habe ich es eigentlich. Also komme ich da relativ schnell und gut gestärkt aus dieser Kurve wieder raus. Sehr negative Erfahrungen im Leben können aus meiner Sicht definitiv helfen, um andere Herausforderungen leichter zu meistern. Einfach diese Erfahrungen vergleichen, miteinander in Relation setzen und dann sind plötzlich, davon bin ich felsenfest überzeugt, viele Herausforderungen nur noch Alltag im Sinne von erledigt und bearbeitet werden müssen.

Das heißt also, deine Methode ist es, Herausforderungen zu vergleichen? Sachlich zu vergleichen und dann, wie du sagst, hat man meistens sehr schnell die Erkenntnis, dass vieles gar nicht so wild ist?
Genau, viele Herausforderungen entstehen doch, weil wir in diesem Augenblick vermutlich einfach zu emotional reagieren und dann nicht mehr klar denken können. Versachlichung, vergleichen hilft aus meiner Sicht enorm.

Ich bin davon überzeugt, was auch noch wichtig ist, ist eine gewisse Demut im Leben zu haben. Wissen, wo man herkommt. Wissen, was früher passiert ist, familiär, in der Kindheit und so weiter. Das ist bei mir natürlich sehr einfach, ich komme aus dem Bayerischen Wald wie du ja auch, Peter, aus einer kleinen Stadt, aus ganz normalen Verhältnissen, und Fußball war für mich dort immer sehr wichtig. Fußball war ein großer Teil von mir. Erinnere dich, wie oft wir trainiert und gespielt haben. Und sich dann einfach darüber zu freuen, einen gewissen Stolz zu haben, aber auch einfach zu sagen, ich habe das von Tag eins bis zum letzten Tag wirklich durchgezogen und bin aus dem kleinen, beschaulichen Zwiesel zu einem Nationaltrainer oder halt auch zu einem Bundesliga-Manager geworden. Das ist wichtig, dass man weiß, da komme ich her, für das habe ich hart gearbeitet. Und jetzt bin ich in der Position gelandet, die man sich früher in den herrlichsten Träumen nicht hätte vorstellen können. Da ab und zu drauf zu schauen und das zu wissen, glaube ich, hilft auch unwahrscheinlich. Demut und Dankbarkeit erden dich. Bringen dich zu den Fakten zurück.

Ich denke, Demut kann vielen Menschen wirklich helfen, ihr Leben leichter zu leben. Sich immer wieder erden oder erden zu lassen, bringt aus meiner Sicht auch Ruhe und mehr Gelassenheit.
Lass uns bitte über deine Vorbilder sprechen. Hast du denn ein Vorbild in Sachen Herausforderung oder Krise meistern? Der dir hilft oder auch geholfen hat, Krisen dadurch zu überstehen. Wer ist es denn bei dir und wieso gerade diese Person?
Ich hatte natürlich immer sportlich meine Vorbilder. Aber interessanterweise hatte ich meistens andere Vorbilder als meine Kollegen. Damals, zu meiner Zeit, war Toni Schumacher das große Vorbild aller deutschen jungen Torhüter. Ich hatte immer ganz andere Vorbilder, zum Beispiel den kamerunischen Nationaltorwart, einen costa-ricanischen Nationaltorwart, ein Torhüter, den ich bei einer Weltmeisterschaft als ganz jungen Spieler gesehen habe. Er hat mich da wahnsinnig beeindruckt. Also meine Idole waren immer etwas anders als das typische 08/15-Idol. Wenn es dann um meine Karriere nach der Fußballzeit ging, habe ich ehrlich gesagt keine wirklichen Vorbilder gehabt. Da kann man aus

allen möglichen Bereichen positive Sachen ziehen. Ich lerne zum Beispiel auch von einem sehr engen Freund von mir, Fredi Bobic, der das einfach wahnsinnig gut gemacht hat. Der sich nach einer schweren Zeit in Stuttgart so stabilisiert hat und für mich ein absoluter Topmanager ist im internationalen Fußball. Auch ein Alexander Rosen bei der TSG Hoffenheim, mit dem ich lange gearbeitet habe, hilft mir hier weiter. Alex ist jünger als ich, aber Alex hat einfach diesen Schritt vom aktiven Spieler dann in den Trainer-Jugendbereich sehr gut vollzogen, wurde auch ein Bundesliga-Manager mit seiner akribischen Arbeit, mit viel Disziplin, und hat das einfach überragend hingekriegt. Das sind schon zwei Figuren, von denen ich sehr viel mitnehme, weil sie auch komplett anders sind als ich. Die dritte Person, von der ich sehr viel gelernt habe und den ich immer noch, wenn irgendwas ist, um Rat frage, ist Ernst Tanner, der ehemalige Manager von Hoffenheim. Er ist jetzt bei Philadelphia Union, war früher auch das „Auge" von 1860 München. Er hat Spieler wie die Bender-Zwillinge oder Julian Weigl und Kevin Volland und wie sie alle heißen in die Bundesliga gebracht. Du kannst ein ganzes Buch darüber schreiben. Seine Methodik, wie er an Sachen rangeht, waren da wirklich für mich sehr beeindruckend. Und dann, einen habe ich noch, wenn es um die Struktur geht, das ist Bernhard Peters, den kennt man auch. Bernhard Peters ist ehemaliger Hockey-Nationaltrainer, dann auch bei der TSG Hoffenheim und beim HSV in Hamburg im Nachwuchsbereich tätig. Und wenn es um die Akribie, um die Verbissenheit, aber auch um die Fantasie geht, dann hatte ich das Glück, dass ich bei Pep Guardiola, einem der besten Trainer aller Zeiten, hospitieren konnte, als er noch in Barcelona Trainer war. Bei ihm habe ich einfach gesehen, dass jemand, der auf diesem Niveau ist, so viel Energie und so viel Detailarbeit in Sachen reinlegt, dass man sich als „Normalsterblicher" gar nicht denken könnte, dass ein Guardiola, der für den FC Barcelona für die Profis zuständig war, sich die U7, die U9, die U11 anschaut und selbst aus diesen Spielen was rauszieht. Das war für mich eine unwahrscheinliche Erfahrung. Und das alles kombiniert – die Fähigkeiten, Eigenschaften all dieser Personen – so stelle ich mir eigentlich die perfekte Person im Management vor, und diese Menschen haben mich geprägt in meinem jetzigen Tun.

Du warst bei Pep Guardiola? Das wusste ich gar nicht. Glückwunsch! Wenn wir jetzt gedanklich in Unternehmen springen, mittelständische wie Großkonzerne, was würdest du den Mitarbeitern für Tipps geben, wenn diese vor Herausforderungen stehen oder vielleicht sogar Krisen bewältigen müssen? Welche drei Tipps würdest du geben, die du in deiner Karriere selbst beherzigt hast?

Drei? Ob drei reichen, weiß ich nicht. Ich habe so viel in meiner Karriere gelernt. Aber ich glaube, dass das Thema Selbstmotivation sehr wichtig ist. Vor allem in großen Unternehmen, wo einfach sehr viele Leute sind, hat man oft das Gefühl, wie wichtig ist man eigentlich? Fällt man dann irgendwie hinten runter? Aber man ist dann trotzdem doch ein sehr wichtiges kleines Rädchen im Großen und Ganzen. Einfach das zu wissen, sich auch wertgeschätzt fühlen und sich auch das Gefühl selbst zu geben, wenn man es von seiner Führungskraft nicht widergespiegelt bekommt, ist sehr wichtig. Also diese Eigenmotivation, die Selbstmotivation ist ein elementarer Baustein, um erfolgreich zu arbeiten.

Etwas, was mir zum Beispiel selten gelingt, ist ebenso wichtig: Dass ich auch, wenn die Arbeit vorbei ist, abschalten und Sachen machen kann, die absolut nichts mit meiner Arbeit zu tun haben: Familie, Haustiere, Hobbys, Sport, was auch immer. Das ist meine große Schwäche. Alle meine Probleme, die ich im Verein habe, egal ob als Spieler, Trainer oder Funktionär, die Probleme bekommt auch meine Frau zu spüren. Diese Probleme nehme ich alle mit nach Hause und komme dann wirklich schlechtgelaunt aus dem Büro. Und meine Frau kriegt das natürlich auch mit und wir unterhalten uns darüber. Das ist eigentlich der falsche Ansatz. Normalerweise solltest du, im Bundesliga-Fußball ist das natürlich nur bedingt möglich, idealerweise einfach mal das Telefon ausschalten. Und wenn du zu Hause bist, fokussiere dich auf das, was für dich in deinem Privatleben wichtig ist. Weil das natürlich auch die Energie im Körper, die Energie im Kopf unwahrscheinlich auflädt. Aber diese Probleme in der Arbeit immer mit sich rumzutragen und ins Private einfließen zu lassen, da kommt dann meistens Mist raus, Streit, Ärger, Scheidungen. Also das, wenn ich gerade darüber nachdenke, ist mit der wichtigste Tipp: Einfach eine gute Trennung zu finden zwischen der Arbeit und dem Privatleben. Und der andere oder der dritte Punkt ist für mich der Fokus. Wenn ich arbeite, kann ich mich fokussieren und will dies auch selbstverständlich. Du musst Spaß haben, dir muss deine Arbeit gefallen, du musst Entwicklungspotenzial sehen. Wenn das einfach nur ein Job ist, den ich mache, damit ich dreimal am Tag was zu essen habe, dann ist das natürlich kein gutes Umfeld. Also diese Passion – was heißt Passion auf Deutsch?

Engagement, Feuer, Leidenschaft, auch Begeisterung für etwas.
Genau, dieses Feuer muss einfach auch in der Arbeit mit enthalten sein, sonst ist das nur Tristesse pur. Und ich glaube, dass man sich dann einfacher auch auf die Arbeit fokussieren kann, mit Leidenschaft. Und ich sehe das sehr oft auch selbst, weil ich gerne beobachte, ich war ja früher auch Scout, dass viele Menschen in ihrem Job keine Leidenschaft entwickeln. Wenn du siehst, dass jemand im Büro sitzt und die ganze Zeit privat an seinem Telefon rumspielt, weil er a) gelangweilt ist, weil es ihn b) nicht interessiert und c), weil es ihm einfach wichtiger ist, jetzt irgendwie mit der Tante oder Freundin zu schreiben, dann ist das einfach ein sehr schlechtes Zeichen. Wenn dich deine Arbeit begeistert und wenn du dieses Feuer hast, dann glaube ich, gehst du mit einer ganz anderen täglichen Einstellung ran. Und dann wirst du auch Herausforderungen, Probleme und Krisen ganz anders, vermutlich viel leichter, meistern. Davon bin ich wirklich felsenfest überzeugt. Denn dann ist dir eine Lösung viel wichtiger als das Jammern – übrigens dein Buchtitel „Jammern stand nicht im Vertrag" zeigt dies absolut richtig. Bei mir ist es so, selbst wenn wir wirklich Tabellenvorletzter waren oder wenn du mal ein Spiel verlierst, und dir geht es furchtbar auf die Nerven, trotzdem gehe ich ins Büro oder in die Kabine oder ins Gespräch mit dem Trainer und freue mich unwahrscheinlich drauf, dies zu tun. Also ich bin wirklich jeden Tag, du kennst mich schon sehr lange, ich war und bin immer extrem begeisterungsfähig und begeistert von dem, was ich gemacht habe. Und selbst als damals Zehnjähriger war das so für mich, entweder mache ich es gar nicht oder ich mache es 110 Prozent. Und das, glaube ich, ist diese Arbeitsethik, die einfach jeder für sich selbst entwickeln muss. Aber einfach zu arbeiten, um sich noch einen Burger zu leisten, finde ich, ist das Falsche. Leidenschaft hilft dir viele Themen positiv zu sehen und gar nicht in den negativen Gedankenstrudel zu kommen.

Ja, Lutz, ich kann mich noch gut erinnern, dass du nach dem Training immer weitertrainiert hast. Wo wir anderen schon mal in die Kabine gegangen sind und unser Bierchen getrunken haben oder unsere Cola damals, hast du noch weitertrainiert.

Auf alle Fälle. So war und bin ich einfach.

Viele Jahre später ... Was würdest du denn heute anders machen, wenn du an die Herausforderungen von früher zurückdenkst? Du hast bereits deine Gefängnisgeschichte angesprochen. Gibt es irgendwas, dass du mit deinem Wissen von heute anders gelöst hättest?

Ja, mit meinem Wissen von heute wäre ich wahrscheinlich Bundeskanzler geworden, wenn ich zurückgehe in die Anfangsphase. Ich muss sagen, einer der Hauptpunkte, die ich gelernt habe, ist meine interkulturelle Kompetenz. Ich meine, ich habe auf sechs FIFA-Kontinenten Fußball gespielt. Das heißt, ich habe mich wirklich in der jeweiligen Kultur wohlgefühlt und auch zurechtgefunden. Dann muss man aber gewisse Umstellungen vornehmen. Zur Erinnerung, ich komme aus dem Bayerischen Wald. Ich habe immer gesagt, ich habe dieses Chamäleon in mir, dass ich mich wirklich leicht anpassen kann, egal, wo du mich hinsetzt. Also Norwegen und Brasilien sind komplett anders, trotzdem war das für mich nie ein Problem. Und dieses Leben in verschiedenen Kulturen und Fußballkulturen war für mich eher Abenteuer als Anstrengung. Und das hat mich geprägt, dass ich wirklich das Glück und den Ehrgeiz hatte, überall spielen zu dürfen. Ich habe in 13 Ländern gelebt und überall war es doch anders. Und das war für mich meine Geschichte. Diese Geschichte hat mich eigentlich als Mensch so weitergebracht, dass ich, obwohl ich weiß, ich habe viele Fehler gemacht oder so viele schlechte Entscheidungen getroffen, die eigentlich hirnrissig waren; ich würde es doch wieder genauso machen, weil ich aus allem etwas Positives gezogen habe. Selbst aus der Gefängnisstrafe habe ich das Positive gezogen.

Und da komme ich nochmal auf die letzte Frage zurück: Das Allerwichtigste ist, dass du immer versuchst, selbst aus den schrecklichsten Situationen etwas Positives zu gewinnen. Denn es ist immer was Positives dabei. Und wenn du das schaffst, das rauszuziehen und nicht den Rest, dann bist du ein Gewinner. Eigentlich kannst du an dieser Gefängnisstrafe nichts Positives finden. Aber ich sage, es hat mich definitiv zu einem besseren Menschen gemacht. Weil ich so viel Zeit zu überlegen hatte, und da kommen dir wirklich alle Kleinigkeiten in den Kopf, was hast du mal zu wem falsch gesagt. Und das waren genau die Sachen, mit denen ich nach Hause gekommen bin und gewusst habe, jetzt bin ich ein besserer Mensch. Ich war auch weg von diesen Gedanken des schon etwas leicht arroganten Profifußballers: Ja, für mich sind Autos und coole Schuhe wichtig, und was mache ich denn am Wochenende, wo gehe ich denn essen? Das waren alles Sachen, bei denen du dann irgendwann merkst, das ist doch alles so banal und so unwichtig. Es gibt doch viel wichtigere Werte wie Familie, Ehrlichkeit, wie anderen Leuten zu helfen, wie einfach auch mal wirklich Leuten zu helfen, um einfach eine Freude zu bereiten. Ich will jetzt nicht, dass du jedem Menschen Geld schenkst, Geschenke machst, aber einfach mit einer kleinen Geste oder mit einem Lächeln einfach ab und zu mal jemandem, dem es nicht so gut geht, einfach helfen kannst. Und das waren so diese Lehren, die ich aus dieser Geschichte für mich gezogen habe, die ich auch heute noch immer versuche umzusetzen. Das hat mir schon, glaube ich, eine große Lehrstunde erteilt.

Danke, Lutz, für den sehr intimen Einblick, was das Gefängnis mit dir gemacht hat. In dieser Situation noch an etwas Positives zu glauben, ist eine große Herausforderung und zeigt auch wieder, wie oft banale Dinge im Privat- wie Berufsleben zu großen Themen gemacht werden, obwohl sie einfach banal sind und banal bleiben. Du hast aber noch eine Wahnsinnsgeschichte auf Lager. Ich meine damit deine Todeserfahrung.

Oh ja, die habe ich in der Tat auf Lager. Als ich dann auch noch eine Nahtoderfahrung hatte und nochmal die Chance bekommen habe, aus dem Koma aufzuwachen, nachdem ich eigentlich schon dreimal für tot erklärt wurde, auch das hat mich ungemein geprägt. Damals stand ich in England bei Bradford unter Vertrag und prallte im Spiel gegen Harrogate Town mit Clayton Donaldson zusammen. Sein Knie traf mit voller Wucht meinen Kopf und ich verlor das Bewusstsein. Aufgewacht bin ich erst mehrere Stunden später auf der Intensivstation. Zwischenzeitlich war ich dreimal klinisch tot. Eine Erfahrung, die einen Menschen von Grund auf ändert – zumindest in meinem Fall. Einfach die Möglichkeit zu haben, nochmal ein paar Jahre an das Leben dranzuhängen und was Gutes zu tun und einfach Sachen auch besser zu machen, ist für mich ein wahrlich großes Geschenk. Viele dieser Geschichten würde ich jetzt, in diesem

Moment, würde ich etwas daran ändern wollen? Eigentlich nicht. Denn ich habe viele negative Erlebnisse ins Positive umgedreht. Und dieses auf dem Boden zu liegen, wo dich jemand gerade fünf Mal getreten hat, und dann aufzustehen und ...

... und die nächste Entscheidung zu treffen.
Genau, dazustehen und zu sagen, okay, so, jetzt geht es weiter, jetzt machen wir den nächsten Schritt. Ich glaube, das ist sehr wichtig, sich nicht auf den Boden legen und einrollen und Angst haben. Sondern es geht immer irgendwie weiter, wie Oliver Kahn so schön sagt. Weiter, immer weiter. Egal wie es gerade aussieht.

Genau. Oliver Kahn ist in diesem Bereich wirklich auch ein Vorbild für viele. Ich bin überzeugt, dass er für viele Meisterschaften letztlich die Verantwortung trägt im Sinne von: „Er hat seine Mitspieler im richtigen Moment nochmals angetrieben."
Und deshalb ist es klar, wenn du mich jetzt spezifisch auf ein paar Sachen ansprichst, würde ich schon sagen, ja natürlich hätte ich das anders machen sollen. Aber ...

... am Ende hast du aus allem etwas Positives für dein weiteres Leben gelernt.
Genau. Absolut richtig, Peter. Das war oft wirklich schwierig. Und dennoch, ich kann jetzt das Leben leben, weil ich diese Erfahrungen hatte.

Ja, genau. Dann sind wir uns sehr ähnlich, denn ich suche auch immer etwas Positives. Glücklicherweise habe ich noch keine Gefängnis- oder Todeserfahrungen sammeln müssen. Vor Jahren hat mir ein sehr guter, leider schon verstorbener Freund und Kollege einen Spruch mitgegeben, nämlich: Was ist das Gute am Schlechten?
So ist es. Und es ist immer was zu finden.

Genau, es ist immer was Positives zu finden. Wenn wir gerade jetzt noch an die heutige Zeit denken, die Corona-Krise. Auch der Fußball ist davon betroffen. Ihr dürft zwar jetzt wieder spielen, aber ohne Fans und vermutlich mit vielen Tests und schwierigen Rahmenbedingungen. Gibt es

etwas, wo du vor großen Herausforderungen gestanden bist oder stehst? Und hast du jetzt in Corona-Zeiten anders reagiert als du als Profifußballer reagiert hast?
Ja klar. Du wechselst als Vorstand ganz klar die Stühle, du wechselst die Seiten. Wir mussten als Verein – nicht nur die Fortuna, alle Vereine der Bundesliga – wir müssen ja jetzt wirklich überlegen, wie können wir das Ganze finanziell überhaupt auffangen? Jetzt hat natürlich die Fortuna ein anderes Gehaltsgefüge als die größeren Vereine, das heißt, wir konnten das etwas einfacher abfedern. Wichtig war für uns, dass wir überhaupt weiterspielen. Aber es gab natürlich diese zwei Pläne: Was ist, wenn nun ein kompletter Abbruch stattfindet, wir gar nicht mehr spielen? Oder wir spielen nochmal und wir kriegen wieder Fernsehgelder, was ist dann die jeweilige finanzielle Herausforderung? Wir mussten natürlich an allen möglichen Konzepten arbeiten, von der Kurzarbeit des normalen Mitarbeiters bis hin zu Gehaltsverzicht der Spieler und Trainer, Vorstände.

Wenn ich jetzt zurückdenke an meine Spielerzeit; und du als Spieler einen noch drei Monate laufenden Vertrag hast, dann könnte man natürlich sagen, als Profi oder auch als Söldner ist es mir egal, was mit dem Verein passiert, ich verzichte auf gar nichts. Und das ist etwas, worauf du als Verein auch vorbereitet sein solltest. Nun muss ich sagen, diese Footballers Union hat wirklich in dieser Corona-Zeit sehr gut gegriffen. Denn wir haben zum Beispiel 17 auslaufende Verträge, und alle Spieler haben auf Gehalt verzichtet. Und wir mussten nicht irgendwie die großen Bügeleisen schwingen und irgendwie Angst machen. Sondern jeder hat die Situation verstanden und hat mitgemacht. Zum Glück weiß auch jeder, wie privilegiert er sowieso als Fußballer ist, bezogen auf Verdienst und Sozialstatus. Also war die Überzeugungsarbeit gar nicht groß, sondern wir haben das alle untereinander, glaube ich, sehr, sehr gut verstanden.

Aber es war schon eine ungewohnte und nicht vorbereitbare Herausforderung. Wir wussten kurzzeitig auch gar nicht, wie es weitergeht, wann es weitergeht. Jetzt, mit der Entscheidung, dass es weitergeht, zeigt das auch, wie wichtig dieser Wert des Vertrauens war. Weil wir als Mannschaft, als Verein, als Offizielle nur ein Konzept bauen mit allen möglichen Raffinessen, um eben wieder spielen zu dürfen. Sowohl gesundheitlich als auch finanziell. Aber die Entscheidung lag schlussendlich dann doch bei der Politik, bei Angela Merkel, bei den Ministern, bei den verschiedenen Landesoberhäuptern. Und ich sage, was wir gemeinsam als Fußballverband, als DFL geschafft haben, dass die Politik das durchgewunken hat in so einer schwierigen Zeit, ist wirklich etwas Besonderes. Ich glaube, es war auch eine sehr gute Lernsituation, uns zu zeigen, dass die Kommunikation zwischen der Politik und dem Zweig Profisport, Profifußball, einfach perfekt funktioniert hat.

Wir kommen langsam zum Ende des Gesprächs. Gibt es jetzt noch irgendwas, Lutz, dass du den Lesern mitgeben möchtest?
Ja, ich bin der Meinung, man lernt nie aus. Egal, wie alt du bist, egal, ob als Zehnjähriger oder Siebzigjähriger, du kannst dich immer verbessern und du solltest dich immer verbessern. Selbstzufriedenheit ist das Schlimmste, was du haben kannst. Selbstverliebtheit ist vielleicht noch ein bisschen schlimmer. Aber diese Zufriedenheit mit dem, was ich erreicht habe, das ist ein falscher Ansatz. Also sollte man sich immer verbessern, es gibt überall Verbesserungspotenzial. In jedem Job und auf jeder Hierarchieebene. Jeder kann sich in allen Belangen verbessern, von der Kommunikation bis hin zu seinen Charaktereigenschaften. Ich zum Beispiel bin ein sturer Hund, das weiß ich auch, da muss ich natürlich auch dran arbeiten. Und definitiv, in meinem nächsten Job, den ich bald auch antreten werde, ich aber aktuell noch nicht verraten kann, werde ich an meiner Sturheit arbeiten. Wenn du dann das Video mit diesem Gespräch anschaust und das Buch veröffentlicht ist, dann weißt du wahrscheinlich auch bei wem ich arbeite. Dann kannst du prüfen, ob meine Sturheit etwas kleiner geworden ist.

Dann war das ein wunderbares Schlusswort und ich wünsche dir für deinen neuen Job viel Glück und viel Spaß. Freude hast du damit sowieso, sonst hättest du ihn wahrscheinlich nicht angenommen. Vielen Dank nochmal, dass du da warst, Lutz, und alles Gute.
Gerne, gerne, Peter. Nach so langer Zeit wieder einmal ein langer Austausch zwischen uns. Wie damals im Team. Sehr gerne und auch dir alles Gute! Grüße mir deine Eltern im Bayerischen Wald.

© Jens Koch

Sasha, Jahrgang 1972, ist ein deutscher Popsänger. Seit 2002 ist er zudem mit einem Rockabilly-Projekt als Dick Brave & the Backbeats bekannt. Mit 18 Chartsingles, neun durchweg mit Gold und Platin ausgezeichneten Alben (inkl. Dick Brave & the Backbeats) und seinem zehnten Studioalbum „Schlüsselkind" ist Sasha einer der erfolgreichsten und beständigsten Künstler der deutschen Musikszene. Zu seiner spektakulären Karriere gehören insgesamt vier Echos, zwei VIVA Cometen, ein Bambi, vier Bravo Ottos, zwei Goldene Kameras, der deutsche Fernsehpreis und dreimal die 1live Krone. Zudem wurde Sasha schon im Jahr 2000 mit dem European Platin Music Award für über eine Million verkaufte Alben in Europa belohnt. Und war als erster deutscher Künstler – neben internationalen Künstlern wie George Michael, Will Smith und Robbie Williams – für den MTV European Music Award nominiert. In seiner Funktion als Unicef-Botschafter trat er 2002 im Vatikan in Anwesenheit von Papst Johannes Paul II. auf. Auch im Fernsehen ist er zu sehen. 2014 war Sasha einer der ersten Gäste bei „Sing meinen Song" in Südafrika. Anfang 2016 feierte Sasha sein Debüt als einer der drei Coaches in der SAT1-Sendung „The Voice Kids" und fand seine Fortsetzung in der „The Voice Kids"-Staffel 2017. Damit nicht genug. Seit Anfang 2011 geht Sasha in unregelmäßigen Abständen zusammen mit Rae Garvey, Xavier Naidoo und Michael Mittermeier als ALIVE AND SWINGIN auf ausverkaufte umjubelte Tourneen – ein Tribute an das legendäre „Rat Pack". Im Dezember 2021 erschien seine Autobiografie „If you believe".

SASHA

Sasha, vielen herzlichen Dank für Ihre Bereitschaft, mein neues Buch mit Ihren Erfahrungen als Musiker, Buchautor und Unternehmer zu unterstützen. Sie zählen zu den erfolgreichsten Musikern in Deutschland, haben Abertausende Veröffentlichungen verkauft, sind mit mehreren Auszeichnungen geehrt worden. Daher freue ich mich sehr, von Ihnen zu erfahren, wie Sie mit Herausforderungen umgehen. Wenn Sie an Ihre unternehmerischen Herausforderungen als Musiker, Autor und Unternehmer denken, wie gehen Sie persönlich damit um? Welche Methoden oder Vorgehensweisen nutzen Sie in solchen Situationen?

Ich vertraue sehr auf mein Bauchgefühl, male mir bei wichtigen Entscheidungen aber auch Entscheidungsbäume auf, die mir dabei helfen sollen, das Richtige zu tun. Also eine Art Mindmapping, damit ich meine Gedanken strukturiere und damit die Möglichkeit habe, den richtigen Weg für mich zu finden. Milchmädchenrechnungen, also einfach mal die Situation „naiv" zu betrachten, helfen auch für einen Impuls in eine bestimmte Richtung. Aus meiner Sicht ist es nicht immer notwendig, alles sofort wissenschaftlich zu analysieren. Das Bauchgefühl hilft mir hier schon sehr gut weiter.

Gibt es für Sie ein Vorbild im Umgang mit Herausforderungen und Krisen? Wenn ja, weshalb und wer? Und was konnten Sie von diesem Vorbild für sich lernen?

Ja, ein Vorbild gibt es in der Tat. Eine der wichtigsten Aussagen, die mein Freund und Mentor Oliver Mielke, ein sehr erfolgreicher Film und Fernsehproduzent, mal getroffen hat, wie er mit sich anbahnenden Krisen umgeht, ist, so gut es geht eine „arschlochfreie" Zone um sich herum einzurichten und Krisen dadurch zu etwas Positivem zu nutzen. Dies hilft mir auch oft in meinen herausfordernden Situationen.

Welche Tipps und Tricks haben Sie für Menschen in Unternehmen im Umgang mit „Herausforderungen" oder einer „Krise"? Was würden Sie diesen Menschen empfehlen, wenn Sie an deren Berufsalltag denken und Sie aus Ihrem persönlichen Erfahrungsschatz schöpfen?

Ich habe hierbei für mich eine simple und effektive Methode entwickelt. Ich male mir das Worst-Case-Szenario aus und konnte eigentlich fast immer davon ausgehen, dass das von mir vorgestellte Worst-Case-Szenario nicht eintrifft, und das beruhigt mich meistens und lässt mich bessere und klarere, weniger emotionale oder von Angst getriebene Entscheidungen fällen. Angst ist definitiv ein schlechter Berater. Angst lähmt die Menschen, deswegen ist es mein Ziel, weniger emotional zu reagieren und mich schon gar nicht von Angst beherrschen zu lassen.

Sehen Sie für sich einen Unterschied in den Begriffen „Herausforderung" und „Krise"?
Krise kommt für mich nach einer Herausforderung, der man nicht gewachsen war oder für die man gar nichts konnte. In der Krise kommt dann die Herausforderung, sich da im wahrsten Sinne des Wortes „rauszuwurschteln", was einem hoffentlich gelingt. Gerade in Krisenzeiten ist es wichtig, für sich die geeigneten Wege im Umgang mit Herausforderungen zu finden.

Welche Gedanken und Emotionen hat Corona bei Ihnen in Ihrer Funktion als Musiker, Autor, Unternehmer ausgelöst?
Das hatte einen emotionalen Verlauf der Extraklasse ... zuerst Angst, dann Unverständnis, Zerrissenheit bis hin zu Wut und Traurigkeit. Wir Künstler sind immer die ersten, die rausfliegen und die letzten, die wieder mitmachen dürfen. Dieser Zustand kann schon an die Belastungs- und Verständnisgrenzen gehen. Vielen wurde ja auch die Existenzgrundlage entzogen oder zumindest extrem eingeschränkt.

Worauf haben Sie dann Ihren Fokus gelegt und aus welchem Grund haben Sie dies getan?
Ich habe ganz klar meiner Familie mehr Zeit gewidmet, aber darüber hinaus auch ganz konkret Projekte angeschoben, die nichts mit Livemusik zu tun hatten. Dann wieder konkret Projekte angeschoben, bei denen es vor allem um Livemusik geht, wie zum Beispiel meine One-Man-Show, die nächstes Jahr mit großer Band, Showtreppe und Tänzern einen Querschnitt durch mein Leben spiegeln soll. Einfach,

um selbst den Glauben daran nicht zu verlieren, dass es wieder normal wird! Ich finde es sehr wichtig, dass wir für uns etwas finden, das uns dann die Energie gibt, weiterzumachen und nicht in Lethargie zu verfallen. Lethargie hilft niemandem, sondern blockiert dann unnötig.

Was würden Sie heute anders machen, wenn Sie an die ersten Wochen und Monate der Corona-Zeit denken?
Versuchen, noch besser informiert zu sein. :-)

Was muss aus Ihrer Sicht ein Mensch künftig an Fähigkeiten mitbringen, um in der zukünftigen Arbeitswelt die Herausforderungen, die auf ihn zukommen, möglichst entspannt und gelassen meistern zu können?
Ich bin mir gar nicht so sicher, ob es immer entspannt und gelassen sein muss. Manchmal kann man auch die extra Meile gehen, um danach auch ein bisschen stolzer auf sich zu sein. Also im Sinne von „schau mal, war nicht leicht, aber trotzdem gepackt". Was aus meiner persönlichen Erfahrung auch dazugehört, sind Liebe und/oder Leidenschaft für das, was man tut. Dazu kommt dann noch Fleiß und Motivation. Ohne Fleiß ist es schwierig. Die Motivation sollte bei den Projekten einfach vorhanden sein, wenn man diese angeht.

Diese Zutaten sind sehr hilfreich und können einen sehr weit bringen. Was heutzutage definitiv noch dazukommen kann, ist ein größeres Maß an Flexibilität. Wie wir jetzt in den letzten Monaten gelernt und gesehen haben, können Pläne plötzlich keinen oder nur wenig Sinn machen. Dann ist Flexibilität gefordert.

Gibt es vor Konzerten oder TV-Auftritten Rituale, die Sie gerne nutzen, um die Anforderungen, den Druck oder die Nervosität für sich zu steuern? Wenn ja, könnten Sie bitte diese Rituale beschreiben?
Schnaps. ;-)

Schnaps kann in manchen Situationen in der Tat beruhigend wirken. Wie gehen Sie damit um, wenn Sie bemerken, dass zum Beispiel jemand aus der Band nicht so vorbereitet ist, wie Sie es sich wünschen? Vor welchen Herausforderungen stehen Sie dann als Leader in so einem Augenblick und wie gehen Sie damit um?

Kam und kommt bei mir so gut wie gar nicht vor. Ich habe glücklicherweise immer top vorbereitete Leute mit und bei mir. Fehler können trotzdem passieren und da sehe ich in den meisten Fällen darüber hinweg, weil es derjenigen Person meistens selbst auffällt und peinlich ist beziehungsweise eine Art Entschuldigung folgt. Daher bin ich in der glücklichen Lage, dass ich hier wenig gefordert werde oder bin. Dafür bin ich den Menschen, die mit und für mich arbeiten, dankbar.

Was möchten Sie Menschen noch mit auf den Weg geben, damit diese gerüstet sind für künftige Herausforderungen?
Etwas, was ich mir selbst immer wieder vorbeten muss: „et kütt wie et kütt", es kommt sowieso wie es kommt und wir haben wenig Einfluss darauf.

Sasha, vielen Dank für die Gedanken, Empfehlungen und Tipps für die Leser. Ihnen alles Gute!
Sehr gerne. Ihnen ebenfalls alles Gute und gutes Gelingen mit Ihrer Veröffentlichung.

Bianca Rech, Jahrgang 1981, ist eine ehemalige deutsche Fußballspielerin, die in der Position als Sportliche Leitung im Management der FC Bayern Frauen tätig ist.

Im Alter von fünf Jahren von den Eltern auf den Sportplatz mitgenommen, kam Rech früh mit Fußball in Berührung und begann 1986 in ihrem Heimatverein, beim SC 07 Bad Neuenahr (gemeinsam mit „Jungs") mit dem Fußballspielen. In ihrer ersten Bundesligasaison 1997 wurde Rech auch Nationalspielerin. Mit der Nationalmannschaft und ihren Vereinen hat sie zahlreiche Titel gewonnen. Darunter jeweils dreimal die deutsche Meisterschaft und den deutschen Pokal sowie den damaligen UEFA Cup der Frauen. Bei den CISM-Militärweltspielen holte sie 2007 die Silbermedaille.

Neben der Funktion als Licensing Managerin der UEFA anlässlich der EURO 2016, ist sie heute in ihrer Rolle als Direktorin der Frauenmannschaft des FC Bayern München für die sportlichen Belange zuständig.

BIANCA RECH

Wunderbar, das Online-Gespräch klappt! Frau Rech, vielen Dank, dass Sie sich direkt nach Ihrem Urlaub Zeit nehmen, mit mir über berufliche Herausforderungen zu reden und wie Sie damit umgehen. Sie zählen zu den erfolgreichsten Fußballerinnen in Deutschland, spielten u. a. beim FC Bayern München und auch in der deutschen Nationalmannschaft und können bestimmt auf eine Vielzahl von Herausforderungen zurückblicken. Wenn Sie an Ihre bisherige Karriere zurückdenken, wie gehen Sie denn grundsätzlich mit Herausforderungen um?

Ja, meine Karriere oder meine Laufbahn ist generell geprägt durch Herausforderungen. Das hat sicherlich von Kindesbeinen an begonnen, als ich mich für den Fußball entschieden habe. Die erste Herausforderung war bereits sehr früh, sich als Mädchen in einer männlichen Domäne durchzusetzen. Das hat sich dann auch die Jahre durchgezogen. Und natürlich gab es auch Herausforderungen durch den Fußball an sich, denn mit dem Erfolg auf Club- oder Nationalmannschaftsebene war es eine tägliche Herausforderung, immer wieder die Leistung zu liefern, die von einem verlangt wurde. Das hat mich natürlich in den Jahren immer wieder sehr geprägt.

Gibt es denn spezielle Methoden, die Sie dann angewandt haben, um in herausfordernden Situationen damit besser umzugehen, zum Beispiel vor einem Spiel mit Bayern München oder der Nationalmannschaft? Oder auch jetzt, wo Sie Direktorin und Verantwortliche beim FC Bayern München sind? Gibt es bestimmte Methoden, die Sie einsetzen?

Es ist so, dass man über die Jahre natürlich einige Methoden lernt und sich Verhaltensweisen aneignet; vor allen Dingen mit Emotionen richtig umzugehen. Es ist wichtig zu lernen, dass man versucht, immer wieder Abstand zu halten und sich diesen Abstand auch zu gönnen. Dann sieht vieles Minuten später schon anders aus. Darüber hinaus ist es meiner Meinung nach auch wichtig, dass man sich nicht zu sehr von Emotionen leiten lässt. Ebenso auch nicht von Erfolgen oder Misserfolgen. Gerade das ist sicherlich ein Thema, das ich über die letzten Jahre natürlich als Spielerin, aber auch jetzt in meiner Funktion als Sportliche Leitung im Management des FC Bayern gelernt habe. Gerade Fußball ist ein Business, das sich täglich verändert, das auch jeden Tag neue Aufgaben mit sich bringt. Und da ist es hilfreich, Abstand zu nehmen und sich von Emotionen nicht zu sehr leiten zu lassen. Das war in den letzten Jahren ein Learning für mich, aber es gibt jetzt keine spezielle Methode, die ich anwende.

Wenn Sie bitte an ein Vorbild denken, gibt es denn jemanden, bei dem Sie sagen, an diesem Menschen orientiere ich mich, wenn es um Herausforderungen geht, wenn es um Krisen geht, wenn es um schwierige Situationen geht? Und wenn es jemanden gibt, weshalb, wieso, warum haben Sie diese Person gewählt?
Ja, ich habe in der Tat eine Person, an der ich mich orientiere. Ich habe immer meine Mutter als Vorbild gesehen, weil sie sich sehr vielen, auch schon durch ihre Lebensgeschichte an sich, Herausforderungen stellen musste. Sie ist eine Person, die ich mir sehr als Vorbild nehme. Auch wie sie mit gesundheitlichen Problemen in ihrem Leben gekämpft hat. Sie ist wirklich eine absolute Kämpferin und die Energie und diesen Kampfeswillen, den habe ich von ihr geerbt. Das ist jetzt keine spezielle Persönlichkeit aus der Politik oder dem Entertainment, wie sich vielleicht mancher Leser jetzt denkt oder wünscht, sondern das ist tatsächlich meine Mutter, die ich für mich als Vorbild sehe.

Wenn Sie sagen, Sie haben das Kämpfen von Ihrer Mutter geerbt, hat Ihnen dies dann auch weitergeholfen, sich so durchzukämpfen und Sie dann dort hinzubringen, wo Sie jetzt in Ihrer Karriere stehen?
Ich habe leider lernen müssen, mit Rückschlägen und vielen Verletzungen im jungen Alter umzugehen. Und dieser unbändige Wille, der mich geprägt hat, ist etwas, dass mich heute auch ausmacht. Ich hatte in jungen Jahren während meiner Karriere schwere Verletzungen und das waren in der Tat schon sehr große Rückschläge für mich, aber mein Wille hat mich immer wieder weitergebracht. Dieser Wille hat mich dorthin gebracht, wo ich heute stehe. Ich habe mich den neuen Herausforderungen immer wieder stellen müssen und habe diese auch angenommen. Ich bin vor diesen Herausforderungen nie weggelaufen. Ich bin der Überzeugung, weglaufen oder sich davor zu verstecken würde sowieso nichts bringen.

Ich hatte in Hamburg mit Thomas Helmer, einem Fußballkollegen von Ihnen, auch ein Gespräch für dieses Buch, und er hat mir erzählt, dass er auch sehr viele Verletzungen hatte, und sein Wille ihn auch immer wieder angetrieben hat; frei nach dem Motto: „Jetzt erst recht." War das bei Ihnen auch so, dieses „jetzt erst recht", jetzt beiße ich mich durch und lasse mich eben nicht zurückfallen aufgrund einer Verletzung?
Ja, absolut. Also nach meiner ersten großen Verletzung, ich hatte eine Knieverletzung, war eher die Trauer und die Enttäuschung sehr groß. Nach der zweiten Verletzung, die schnell im Anschluss kam, war es dann schon so, dass ich dieses Gefühl hatte, jetzt will ich es wirklich einfach auch nochmal mir selbst zeigen. Aber auch allen anderen, die mich schon abgeschrieben hatten, sodass ich mich tatsächlich auch nach so schweren Verletzungen durchkämpfen und wieder auf den Fußballplatz zurückkehren konnte. Das war mir wichtig und ist auch heute ein Teil meiner Persönlichkeit, mich wirklich immer wieder diesen Herausforderungen zu stellen, mich nicht unterkriegen zu lassen. Und das ist auch eine gute Charaktereigenschaft.

Auf jeden Fall ist das eine gute Charaktereigenschaft. Es ist immer sinnvoller, sich nicht unterkriegen zu lassen, als ständig über bestimmte Situationen zu jammern. Diese Mentalität „jetzt erst recht" funktioniert zum Glück sehr häufig. Wie Sie wissen, bin ich als Trainer und Berater für Business-Unternehmen und weniger im Sport tätig. Wenn Sie sich bitte gedanklich in Unternehmen versetzen, was würden Sie denn den Mitarbeitern dort mitgeben wollen zum Thema Herausforderungen? Wenn Sie drei Tipps hätten aus sportlicher Sicht und aufgrund Ihrer Karriere, welche drei Tipps geben Sie den Mitarbeitern in Unternehmen?
Also ein Tipp ist sicherlich, dass Herausforderungen gemeinsam und miteinander zu bewältigen sind. Dass dies gemeinsam sicherlich einfacher ist als allein und als Einzelkämpfer diese bewältigen zu wollen. Der zweite Tipp ist, es ist wichtig, in diesem Zusammenhang jeden einzelnen im Team zu respektieren und mögliche Ideen oder auch Argumente zählen und gelten zu lassen. Alles zählt zuerst einmal und wird dann diskutiert. Und der dritte Tipp ist aus meiner Sicht, dass man nicht aufgibt, sondern an diesen Erfolg wirklich glaubt und etwas gemeinsam geschafft werden kann.

Okay, wunderbare Tipps. Vielen Dank dafür. Gibt es für Sie einen Unterschied in den Begriffen Herausforderung und Krise?
Ja, diesen gibt es für mich. Eine Herausforderung ist meist etwas Positives, einer der man sich stellt und bewältigen möchte. Eine Krise ist häufig mit negativen Gedanken und Gefühlen behaftet, aber trotzdem finde ich, in einer Krise stellt man sich auch gewissen Herausforderungen und muss diese natürlich bewältigen können. In beiden Fällen ist es wichtig, dass man irgendwo das Positive sehen kann. Wir haben in der Vergangenheit doch einige Krisen zu meistern gehabt. Es ist immer wichtig, dass man in solchen Situationen bei sich bleibt und trotz der schwierigen Situation das Positive auch noch sehen und seinen Zielen folgen kann.

Jetzt sind wir alle gerade weltweit in der großen Corona-Krise, an diesem Thema kommen wir leider aktuell nicht vorbei. Wie ging es Ihnen zu Beginn von Corona? Welche Gedanken und Emotionen hat Corona zu Beginn ausgelöst, vor allem dann, als Sie gemerkt haben, dass es etwas Größeres ist und nicht in drei Wochen erledigt sein wird? Wie ging es Ihnen denn damit?
Also das ging bei mir sehr früh los, weil ich die letzte Maschine aus meinem Marokko-Urlaub bekommen habe und einen Tag später schon gar nicht mehr aus Marokko rausgekommen wäre. Da hatte ich dann schon zum ersten Mal den Gedanken gehabt, das ist ja verrückt, was passiert hier eigentlich gerade? Dann war ich natürlich auch sehr schnell wieder im Alltag beim FC Bayern, weil sehr viele Spielerinnen mit ihren Nationalmannschaften unterwegs und in der ganzen Welt verstreut waren. Wir mussten sehr schnell auf einen Alltags-Modus oder vielmehr auf einen SOS-Modus umschalten. Die wichtigste Frage für uns war, wie können wir es schaffen, alle unsere Spielerinnen zeitnah wieder zurück nach München zu holen? Das war schon eine Herausforderung an sich. Es gab leider Spielerinnen, die eben nicht mehr zurück nach München kommen konnten und in verschiedenen Ländern festsaßen. Dann mussten wir von heute auf morgen alle von zu Hause aus arbeiten, egal, ob wir das vom Management oder ob das unsere Spielerinnen waren. Und keiner wusste so richtig, was jetzt in den nächsten Wochen passiert. Wir alle hatten erstmal ein ganz, ganz großes Fragezeichen über

unserem Kopf. Jeder musste sich auch erstmal sammeln, weil keiner wusste, was kommt jetzt hier auf uns zu und wie können wir die Situation managen? Das Wichtige war aber, dass wir uns als Verantwortliche sehr, sehr schnell ausgetauscht haben. Wir sind ja nicht nur für uns verantwortlich, sondern wir sind auch für 25 Spielerinnen verantwortlich, die gerade irgendwo auf dieser Welt unterwegs sind und ebenso verunsichert sind. Es war sehr wichtig, vielleicht sogar entscheidend, einen klaren und kühlen Kopf zu bewahren. Persönlich war das eine Achterbahnfahrt. Aber ich habe mich und meine Bedürfnisse hintangestellt, weil für mich als Verantwortliche die wichtigste Aufgabe war, den nächsten Schritt zu definieren und für mein Team da zu sein.

Worauf haben Sie dann speziell den Fokus gelegt? Sie haben gesagt, Klarheit finden war ein wichtiger Punkt. Was war denn das Hauptaugenmerk, auf das Sie in den ersten Wochen und Monaten den Fokus gelegt haben?

Also der Fokus war, dass es erstmal jedem psychisch gut geht. Denn jeder war irgendwo zu Hause eingesperrt und das war für uns alle eine neue Erfahrung. Wir haben es dann, Gott sei Dank, schnell geschafft, dass wir die möglichen Trainingseinheiten über virtuelle Methoden durchführen konnten. Wir haben das Trainingsmaterial den Spielerinnen nach Hause geliefert, sodass wir über das gemeinsame Online-Training eine gewisse Leichtigkeit und Lockerheit wiedergefunden haben. In Absprache mit den Gesundheitsämtern und Verantwortlichen haben wir dann auch eine schnelle Rückkehr auf den Platz ermöglichen können. Darüber waren wir sehr dankbar und auch froh, sehr schnell die Möglichkeit erhalten zu haben, wieder trainieren und spielen zu dürfen. Natürlich nicht unter Wettkampfbedingungen, das war lange Zeit nicht erlaubt, aber trotzdem haben wir Mittel und Wege gefunden, um draußen an der frischen Luft wieder spielen und trainieren zu können. Sie können sich vorstellen, was ein Spielverbot für Profi-Sportler bedeutet. Da fehlt einem die Luft zum Atmen.

Wenn Sie jetzt wieder ein paar Monate zurückdenken, was würden Sie heute anders machen, wenn Sie wieder in eine ähnliche Situation kämen mit dieser Art von Herausforderung?

Es war ja eine Riesenherausforderung, weil keiner wusste, was passiert als Nächstes und keiner hatte in dieser Form bisher irgendwelche Erfahrungen gemacht. Dementsprechend war der Umgang sicherlich auch anfangs schwierig. Dennoch würde ich wahrscheinlich gar nicht so viel anders machen, weil ich der Meinung bin, dass wir vieles zu dem Zeitpunkt richtig gemacht haben.

Glückwunsch, denn es ist auch gut zu wissen, dass man vieles richtig gemacht hat. Wenn Sie jetzt in die Zukunft blicken, was glauben Sie, welche Fähigkeiten braucht der Mensch, um den zukünftigen Herausforderungen gegenüberstehen zu können? Gerne können Sie die Frage auf die sportlichen Themen des Frauenfußballs beziehen, aber auch gerne wieder in Unternehmen transferieren. Was braucht vielleicht auch der FC Bayern München als Unternehmen für Fähigkeiten?
Wir müssen die Fähigkeit haben, schnell, vielleicht schneller als bisher, zu adaptieren. Wir müssen die Fähigkeit haben, uns auf Dinge neu einzustellen. Es wird heute und in Zukunft sehr, sehr schwierig sein, den gleichen sturen Weg wie bisher zu gehen. Eines der wichtigen Themen ist sicherlich, eine hohe Adaptionsfähigkeit zu haben. Und das ist etwas, was ich auch während meiner Karriere gelernt habe. Ich wurde und werde fast täglich mit neuen Herausforderungen konfrontiert. Es ist wichtig, eine positive Offenheit den Menschen gegenüber zu haben, mit denen man gemeinsam arbeitet, mit denen gemeinsam Projekte geleitet werden und dass keine Vorurteile existieren, die die Beziehung angreifen könnten. Ich denke, es ist entscheidend, jeden Einzelnen gewähren zu lassen und auch die Ideen und Gedanken, die jeder Einzelne hat, als Teil des Teams zu sehen und in das Team zu integrieren. Diese Fähigkeit ist vor allem für uns Führungskräfte wichtig.

Helfen Ihnen vielleicht auch Rituale in solchen Situationen? Also wenn ich einen Vortrag halte, dann habe ich circa eine Stunde vor dem Vortrag meine bestimmten Rituale. Ich habe vor Kurzem mit dem Sänger Sasha gesprochen und sein Ritual vor dem Auftritt ist – in Bayern heißt es – ein Stamperl Schnaps. Gibt es denn bei Ihnen Rituale oder gab es welche als Fußballerin, die Ihnen Energie und positives Denken gegeben haben?

Oh ja, in einer sportlichen Karriere durchläuft man so einiges an Ritualen. Das fängt damit an, dass man nur mit dem linken Fuß auf den Platz geht, oder man zieht den rechten Stutzen vor dem linken an. Also ich glaube, die Rituale hat jeder von uns gehabt. Ich hatte während meiner aktiven Fußballzeit in der Kabine immer eine Cola Light und eine Banane neben meinen Fußballschuhen stehen. Das war damals mein Anker. Heute habe ich tatsächlich kein richtiges Ritual mehr. Ich versuche mich einfach auf die Themen vorzubereiten, die ich zur Sprache bringe, wie ich sie vortragen und wie ich sie umsetzen möchte. Ich habe mit sehr, sehr vielen Persönlichkeiten und Charakteren zu tun. Jeder tickt anders und jeden muss man anders ansprechen. Und das ist etwas, worauf ich mich regelmäßig vorbereite. Ja, vielleicht ist die Vorbereitung an sich mein eigentliches Ritual heute. Ich mache das gerne auch schriftlich, damit ich auch nichts vergesse. Und ich versuche, das vorher für mich einfach nochmal durchzugehen und eine gewisse Ruhe dabei zu haben.

Ruhe hilft Ihnen, um Herausforderungen zu meistern, höre ich das so richtig raus?
Ja, Ruhe ist mir sehr wichtig. Es gelingt mir natürlich nicht immer, weil es doch auch ein sehr stressiges Business ist. Denn wie schon gesagt, jeder Tag ist anders und jeder Tag bringt andere Herausforderungen. Ich versuche sehr wohl, gewisse Ruhepole zu haben, versuche mich da auch in der Meditation. Das sind sicherlich Dinge, die mir dann auch helfen.

Würden Sie sagen, dass gerade Meditationstechniken, ich bin selbst auch ein Meditationsfan, zukünftig in Unternehmen stärker eingebunden, vielleicht sogar eingefordert werden sollten, damit Mitarbeiter leichter mit Herausforderungen umgehen können?
Ich würde sagen ja, die Welt hat sich in den letzten Jahren, auch vor Corona, schon sehr verändert. Wir reden über viele neue Themen, über ständige Social-Media-Einflüsse, die man heutzutage hat. Früher ist man nach dem Training nach Hause gegangen, ohne dass das Telefon 24 Stunden lang geklingelt oder man ständig E-Mails bekommen hat.

Und dementsprechend finde ich es sogar sehr wichtig, dass man in Unternehmen eben solche Auszeiten schafft, mit Yoga oder mit Achtsamkeitstraining. Jeder Einzelne kann für sich auch gewisse Ruhephasen einbauen und sich damit wieder stärken.

Jetzt haben Sie schon mehrmals vom Team gesprochen. Wie gehen Sie denn damit um, wenn Sie merken, dass jemand aus dem Team nicht so vorbereitet ist, wie er eigentlich sein sollte? Gibt es etwas, von dem Sie sagen, so gehe ich dann damit um, das ist meine Vorgehensweise? Und vor allem dann, wenn Sie für das Thema in Ihrer Funktion auch verantwortlich sind?
Also ich bin kein Typ, der jemanden bloßstellt. Da muss schon sehr, sehr viel passieren. Es ist eher so, dass ich dann im Nachgang auf die Person persönlich zugehe, in einem individuellen Gespräch den Austausch suche. Manchmal gibt es ja auch Gründe, die man nicht kennt, warum jemand nicht so gut vorbereitet war. Und es ist immer schwierig, wenn man im berühmten Hamsterrad unterwegs ist und einfach schnell irgendetwas hineininterpretiert. Interpretationen helfen normalerweise überhaupt nicht weiter. Aus meiner Sicht ist es deshalb umso wichtiger, dass man, und da geht es mir um die Wichtigkeit jedes Einzelnen und jeder einzelnen Persönlichkeit, darauf eingeht. Vielleicht gibt es wirklich Gründe, warum die- oder derjenige eben nicht darauf vorbereitet war. Es ist natürlich auch eine Herausforderung, denn man hat viele Menschen zu führen. Aber es ist trotzdem wichtig, jedem das Gefühl zu geben, dass er ein wichtiger Teil des großen Ganzen ist. Ob das der Greenkeeper oder der Cheftrainer ist. Da sollte es keinen Unterschied geben.

Wenn Sie jetzt abschließend einen Tipp für Menschen in Unternehmen zum Thema „Herausforderungen meistern" nennen möchten, was geben Sie den Leuten noch gerne mit auf den Weg?
Achtsamer miteinander umzugehen. Und den Menschen in den Vordergrund zu stellen.

Den Menschen mit seiner Meinung, den Menschen als Mensch?
Der Mensch als Persönlichkeit.

Der Mensch als Persönlichkeit. Diesen Tipp unterstütze ich sehr gerne. Frau Rech, vielen Dank für Ihre Zeit. Vielen herzlichen Dank für den offenen Austausch.

Okay, so schnell geht eine halbe Stunde vorbei.

Ja, genau. Das hat Spaß gemacht. Wenn das Buch erschienen ist, komme ich gerne nach München zum Trainingszentrum und bringe Ihnen einige Exemplare mit, dann lernen wir uns auch noch persönlich kennen.

Sehr, sehr gerne. Vielen Dank auch für Ihre Zeit und ich freue mich, dass ich Teil des Buches bin. Bis bald dann in München.

Der Deutsch-Amerikaner **Walter Sittler**, geb. 1952 in Chicago, kam als jüngstes von acht Kindern des deutschstämmigen US-amerikanischen Literaturprofessors Edward Vieth Sittler und seiner Frau Margret Sittler, einer deutschen Lehrerin und Übersetzerin, mit seiner Familie 1959 nach Deutschland. Er besuchte die Otto-Falckenberg-Schule für Schauspiel in München. Seine Bühnenlaufbahn begann 1981 am Nationaltheater Mannheim und setzte sich am Stuttgarter Staatstheater fort. Große Bekanntheit erlangte Sittler ab 1994 durch die ZDF-Fernsehserie „girl friends – Freundschaft mit Herz", in der er bis 2004 in fast 70 Folgen die männliche Hauptrolle spielte. Mit Serienpartnerin Mariele Millowitsch drehte er außerdem mehr als 100 Episoden der RTL-Reihe „Nikola". Seit 2007 verkörpert er die Titelrolle in „Der Kommissar und das Meer" und geht mit Erich-Kästner-Programmen auf Solotournee. Sittler engagiert sich politisch und sozial. Er ist einer der namhaftesten Gegner des Bahnhofsprojekts „Stuttgart 21", ist offizieller Pate des Kinderhospizes Bethel. Ebenso unterstützt er seit Jahren die SOS-Kinderdörfer. Mit seiner Ehefrau Sigrid Klausmann-Sittler dreht der Schauspieler und Produzent – gemeinsam mit dem Kölner Produzenten Gerhard Schmidt – Dokumentarfilme. Das Paar hat drei Kinder und lebt in Stuttgart. Sittler ist bekennender Anhänger des VfB Stuttgart.

WALTER SITTLER

Einen schönen Abend, Herr Sittler. Vielen Dank, dass Sie für mein nächstes Buch „Herausforderungen meistern" zur Verfügung stehen. Es freut mich sehr, mit Ihnen, einem der erfolgreichsten und langjährigsten deutschen Schauspieler über dieses Thema zu sprechen.
Ihnen auch einen schönen Abend. Gerne, das Thema hat mich gleich angesprochen, sodass ich sehr gerne zugesagt habe. Danke Ihnen für Ihre Anfrage über meine Agentur.

Herr Sittler, Sie spielten bereits in unzähligen Fernsehfilmen wie zum Beispiel „Tatort", „Schwarzwaldklinik", „SOKO 5113", dem „Traumschiff" und vielen weiteren Filmen mit, wurden überaus berühmt mit Serien wie „girl friends", „Nikola", „Ein Fall für den Fuchs" und vor allem mit „Der Kommissar und das Meer". Wenn Sie an Ihre Herausforderungen als langjähriger Schauspieler denken, wie gehen Sie denn persönlich damit um, wenn Sie vor solchen stehen?
Es kommt natürlich einmal darauf an, welche Herausforderung es genau ist, so wie zum Beispiel jetzt, wo wir ein neues Stück in Berlin im Renaissance-Theater proben. Da wird es erstmal ganz still bei und in mir. Die Kräfte sammeln sich sozusagen. Man fragt sich, schaffen wir das? Müssen wir das? Weil bei einem Theaterstück weiß man im Gegensatz zu TV-Filmen nie ganz genau, was am Ende rauskommt. Ich arbeite aktuell mit Kollegen und einem Regisseur, von denen ich zwar weiß, wer sie sind, mit denen ich aber noch nie zusammengearbeitet habe. Diese Konstellation ist schon neu. Dann kommt es auch auf das Stück selbst drauf an. Wenn sie natürlich eine schöne Komödie nehmen, von der sie wissen, wie es geht, dann ist das eine andere Herausforderung, als wenn sie ein Stück spielen, das für sie komplett neu ist. Das Stück, das wir zum Beispiel jetzt vor uns haben, „Die zwei Päpste", das ist ein ruhiges Stück. Da sind keine Rauchschwaden, keine exzessiven Musikstücke drin. Es ist ein ganz ruhiges Stück, das auf Konzentration, Offenheit und Denken basiert. Und da weiß man nicht so genau, ob das geht. Dann stürzt man sich letztlich in den See und hofft, dass es noch ein Ufer auf der anderen Seite gibt. Also die Herausforderung für mich hängt immer sehr stark am Stück oder Film selbst.

Gibt es denn spezielle Methoden, die Sie dann nutzen, um sich auf so etwas vorzubereiten? Mentaltraining oder andere Methoden, die Sie dann einsetzen, um die Situation zu bewältigen?
Ich habe jetzt keine spezielle Methode. Für mich ist es aber immer gut, wenn ich genügend Zeit für die Vorbereitung habe, nichts in Eile tun zu müssen, sondern einfach mit dem Stück spazieren gehen. In die Luft gucken, denn dann kristallisieren sich manchmal Dinge heraus, wenn man über die Facetten der Figur, die man spielen soll, brütet. Das ist für mich wichtig, damit es dann am Ende von allein läuft. Dass die Antworten und die Gedanken, die gesagt werden, die Repliken, mühelos aus dem herauskommen, was die Figur ausmacht.

Das heißt, Sie versuchen auch die Inhalte des Stücks oder des Films rechtzeitig zu bekommen, damit Sie genügend Zeit haben, sich darauf vorzubereiten?
Ja, denn ich bin ein langsamer Mensch. Ich brauche einfach viel Zeit. Ich weiß dann manchmal nach der fünften Vorstellung, ach, so geht es. Bei den Erich-Kästner-Abenden, die wir sehr lange gespielt haben und immer noch spielen, habe ich sehr lange gebraucht. Wir haben jahrelang immer nur im Winter gespielt, von November bis Februar. Ungefähr nach fünf Jahren war es dann endlich so, wie ich dachte, dass es sein soll. Verrückt, oder?

Verrückt, ja. Da stimme ich Ihnen zu, aber auch nachvollziehbar.
Das liegt aber auch daran, dass die Texte so gut sind. Wenn ein Text richtig gut ist, dehnt sich der Inhalt immer weiter aus, je länger man sich damit befasst. Dann gibt es Texte, die sind nicht ganz so reich. Die hat man dann schnell zu Ende gedacht und spielt sie souverän, ohne neue Denkweisen einfließen lassen zu müssen.

Wie ist es denn, Herr Sittler, wenn Sie zum Beispiel einen Film drehen – nehmen wir doch bitte Ihre Serie „Der Kommissar und das Meer", die schon seit 2007 gedreht wird. Dort gibt es vielleicht auch kurzfristige Herausforderungen, die Sie gar nicht vorher planen können oder wochenlang vorher bereits wissen, dass diese auf Sie zukommen. Sie sind am Dreh und plötzlich merken Sie, oh, da läuft etwas nicht so, wie Sie es gerne hätten. Gibt es da Methoden oder bestimmte Vorgehensweisen von Ihnen?

Da gibt es eine ganz wunderbare Methode, die wahrscheinlich nicht jedem liegt. Man hat beim Film relativ wenig Zeit für die einzelnen Szenen, wenn es tatsächlich darauf ankommt. Man dreht sie nur zwei, drei Mal und dann war es das. Da geht es darum, bei der Improvisation nicht zu viel nachzudenken. Sondern vielmehr darauf zu vertrauen, dass man vorher schon genug gedacht und gemacht hat, also sich ausreichend vorbereitet hat. Um dann das Unbekannte trotzdem hinzukriegen. Einfach drauf los. Da muss man auch Mut haben. Mut ist dann eine gute Eigenschaft, um diese Situationen zu meistern.

Es ist wahrscheinlich genauso, wenn Geschäftsleute Entscheidungen treffen müssen, bei denen sie nicht genügend Zeit haben. Dann muss man darauf vertrauen, dass das schon wird. Und wenn man eine gute Regisseurin oder einen guten Regisseur hat und die Kollegen auch gut sind, dann passieren manchmal Dinge, die man gar nicht proben kann. Die kommen dann einfach. Und wenn man Glück hat, sind diese dann gebannt im Film oder auf Festplatte. Und dann ist es gut. Man wüsste auch nicht, wie man sie wiederherstellen sollte. Das ist der Unterschied zwischen Film und Theater. Beim Theater musst du es 20-, 30-, 40-, 50- oder 100-mal spielen können. Das geht nicht mit Improvisation die ganze Zeit. Das funktioniert nicht. Da sind andere Mittel gefragt. Obwohl es natürlich letztlich dieselben sind – in anderem Gewand. Aber dieses Improvisieren, dieses aus dem schöpfen, was man hat, und darauf vertrauen, dass es reicht, das ist ein Teil des Könnens in meinem Beruf und hilft sehr, Herausforderungen positiv zu meistern.

Das heißt, ein hohes Selbstvertrauen hilft auf jeden Fall, Herausforderungen zu meistern? Und dann im jeweiligen Augenblick zu glauben, ich schaffe das?

Genau, Vertrauen darauf, dass man schon genügend vorgearbeitet hat. Auch natürlich durch die vielen Produktionen, die man in seinem Leben gemacht hat. Ich gehöre jetzt mit knapp 70 Jahren schon zur älteren Generation. Irgendwann kam dann auch bei mir ein Punkt, an dem ich dachte, das geht schon. Ich habe ausreichend Erfahrung, ich habe viele Filme gedreht und Theaterstücke gespielt. Ich arbeite so gut ich kann.

Der Rest muss dann einfach im Augenblick dazukommen. Und wenn es funktioniert, wird es eben gut. Wenn man Pech hat, wird es halt anders, aber nicht so gut wie es sein sollte oder könnte. Das sind Sachen, die passieren immer wieder. Das ist doch normal im Berufsleben. Deswegen ist es für mich so wichtig, dass man aufhört zu sagen, es muss alles immer das Originellste auf der Welt sein. Ganz neu, ganz super. Das kann niemand. Das geht gar nicht. Das ist aus meiner Sicht auch ganz normal. Irgendwann wiederholen wir uns auch in einer gewissen Art und Weise. Dies wird bei Ihnen als Berater und Unternehmer nicht anders sein, vermute ich.

Vieles wird oder ist irgendwann mal normal oder normaler. Ich finde auch, dass wir nicht immer nach den Superlativen streben sollten. Das baut unnötigen Druck auf und bringt uns meistens nicht weiter. Einfache Schritte sind oftmals hilfreicher. Jetzt haben Sie gerade Ihr Team angesprochen und dass Regisseure und Kollegen Ihre Herausforderungen teilweise auch ausgleichen. Achten Sie denn bei der Auswahl von Engagements darauf, wer dann Teil Ihres Teams ist?

Einmal muss ich dazu sagen, dass das natürlich gar nicht immer geht. Man wird zum Beispiel für einen Film angefragt. Vielleicht weiß dann die Agentur schon die zwei, drei Kollegen, die mitspielen. Oftmals sind die Hauptdarsteller schon geplant, viele der anderen Kollegen kennt man dann bei der Anfrage allerdings noch nicht. Wenn ich immer darauf bestehen würde, dass ich alles entscheiden soll, das funktioniert nicht. Da muss ich dann schon auf diejenigen vertrauen, die das Ganze planen. Dafür ist man ein Team. Da vertraue ich auch der Regie oder der Produktion, dass sie schon die richtigen Kollegen auswählen. Dazu möchte ich sagen: Mein Urteil stimmt ja auch nicht immer. Es ist überraschend, dass man dann Kollegen bekommt, die man vielleicht schon mal gesehen hat und sich sagt, na ja, ist schon okay. Und dann stellen sie sich als ganz toll heraus. Das gibt es selbstverständlich auch. Deswegen bin ich sehr zurückhaltend, bevor ich sagen würde: Der ist gut und professionell oder der nicht so. Da bin ich wirklich sehr vorsichtig. Es gibt Regisseure, mit denen ich nicht arbeiten würde. Das ja. Das liegt dann daran, wie sie zum Beispiel mit Kollegen oder Kolleginnen umgehen. Das würde ich nicht machen. Das ist meine Lebenszeit und das will ich dann nicht. Aber abgelehnt habe ich, glaube ich, erst zwei oder drei Mal.

Das ist auch schön, wenn man das sagen kann, dass man sehr selten ablehnt oder abgelehnt hat. Das zeigt doch eine gute Auswahl der Agentur vorher.
Ich habe auch schon Drehbücher nicht zum Spielen angenommen, weil ich nicht verstanden habe, was ich da spielen soll. Das gibt es dann auch. Ich habe jedoch auch schon Sachen angenommen, die ich nicht hätte annehmen sollen. Das auch.

Da geht es Ihnen wie mir. Auch im Businesskontext denkt man nach manchen Aufträgen, dass man vielleicht besser vorher schon abgesagt hätte.
Oh ja.

Auch das sollte oder muss man vielleicht lernen. Dinge oder Themen loslassen und nicht mehr annehmen. In Ihrem Beruf genauso wie in meinem oder in Unternehmen.
Ja. Und das entspannt sehr, finde ich. Es gibt nun mal im Leben Dinge, die halt schiefgegangen sind. Das ist auch eine Lektion. Fehler machen wir alle. Immer wieder. Das ist auch nicht schlimm. Schlimm ist, wenn man so tut, als würde man keine machen und Fehler zu was Tollem erklärt. Also wir haben jetzt im Jahr 2021 ein wunderbares politisches Beispiel, Boris Johnson, der so viel Unsinn anrichtet und das dann auch noch für richtig und sinnvoll erklärt. Das ist geradezu irre.

Bin ich 100 Prozent bei Ihnen. Ich würde gar nicht bis nach England gehen, es gibt auch schon Beispiele hier in Deutschland.
Oh ja.

Auch bei uns gibt es schon den einen oder anderen, der lieber nicht aktiv sein sollte. Was mich dabei fasziniert, Herr Sittler, ist, mit welcher Selbstverständlichkeit diese Menschen vor die Kameras treten und ihre Fehler als cool, toll oder super hinstellen. Ich frage mich immer, welcher Mensch man sein muss, um das tun zu können.

Man darf im Moment überhaupt keine Fehler machen. Zum Beispiel, wenn Sie als Frau im Zentrum stehen, dann haben es Frauen meistens wesentlich schwerer als Männer. Sie müssen mehr leisten als wir.

Absolut. Leider ist dies noch immer so, obwohl wir uns schon im Jahre 2022 befinden.
Ich meine, es gibt genügend Leute, bei denen es gut wäre, genauer darauf zu schauen, was sie sagen und was sie dann in der Wirklichkeit tatsächlich tun.

Eher nicht tun.
Genau.

Haben Sie denn ein Vorbild zum Thema Herausforderungen und Krisen, bei dem Sie sagen, wenn ich in einer Krise bin oder vor einer Herausforderung stehe, dann denke ich an die Person und sie hilft mir dann weiter? Gibt es da jemanden?
Es sind eher Personen, die sich selbst nicht so wichtig nehmen. Es gibt zum Beispiel diesen wunderbaren indischen Philosophen Amartya Sen. Ein ganz toller Philosoph, der einfach darüber schreibt, wie das Leben so geht und wie man seine Sichtweisen ständig einer Prüfung unterwerfen sollte, sich die Frage stellt, ob man überhaupt noch auf der Höhe der Zeit ist. Oder auf der Höhe von sich selbst. Oder, ob man sich schon verrannt hat in ein Bild von sich selbst, das überhaupt nicht mehr stimmt. Ich finde, wir sollten uns immer wieder infrage stellen. Was mache ich hier überhaupt? Wie und warum mache ich es? Vor allem, wenn etwas schiefläuft, ist es wichtig, sich erst recht zurückzulehnen und noch zwei, drei, vier Mal darüber nachzudenken, bevor man in hektische Betriebsamkeit verfällt.

Gandhi ist natürlich ebenfalls ein großes Vorbild. Nicht aufgeben, wenn man etwas als richtig erkannt hat. Wenn man nachgedacht hat und es immer noch als richtig erkennt, dabeibleiben. Auch, wenn drei Viertel der Welt sagt, das ist Unsinn, was du da redest oder tust. Entspannt bleiben. Und das Wichtige ist, so wie Martin Luther King und die vorher Genannten es gesagt haben, sich selbst nicht so wichtig nehmen. Das ist ein ganz entscheidender Teil. Gerade in meinem Beruf ist das nicht ganz einfach, denn die Schauspielerei auf der Bühne und im Fernsehen werden von den Medien und bestimmten Menschen gehypt. Wie toll wir doch alle sind. Und das stimmt meistens natürlich nicht so, denn auch wir sind ganz normale Leute. Wir können zum Glück etwas, das uns erlaubt, im Film oder im Theater zu spielen und uns dadurch Millionen Menschen kennen. Wir kriegen auch noch Geld dafür, dass wir spielen. Das auch noch.

Also sich öfters auch zurücknehmen, um sich zu reflektieren. Verstehe ich das richtig?
Ja, absolut. Es geht immer um das Thema und nicht um mich. Zum Beispiel bei den Kästner-Abenden. Ich bin nicht der Kästner, habe auch äußerlich so gar keine Ähnlichkeit mit ihm, sondern ich bin nur derjenige, der ihn spielt und versucht, zum Leben zu erwecken. Er ist das Zentrum, nicht ich.

Die Herausforderung ist dann, etwas zu spielen, doch jemand anderes hat dies geschrieben. Ohne dass Sie wissen, wie diese Person es in Realität gemeint hat.
Ja, und in dessen Denken ich hineinkommen kann und auch sollte. Das ist es eigentlich. Wenn es ganz schwierig wird, merke ich natürlich schon, wenn die Brust eng wird und man den Druck hat. Wenn man denkt, wie soll ich morgen die Probe überstehen, weil ich noch gar nicht weiß, was ich spielen soll? Das hat es alles schon gegeben. Plötzlich geht es dann aber. In solchen Situationen nutze ich dann gelegentlich eine spezielle Methode, bei der ich einfach sage, der Regisseur ist schuld. Das mache ich auch manchmal.

Ah, jemand anderen indirekt die Schuld geben. Eine interessante Methode.
Der Regisseur ist schuld. Und schon fällt eine Last ab. Plötzlich wird das Stück gut. Natürlich weiß ich, dass der Regisseur nicht schuld ist. Diese Vorgehensweise hilft mir aber.

Wie Sie wissen, bin ich Berater und Trainer im Businessbereich und habe täglich mit vielen Menschen aus Unternehmen zu tun. Wenn Sie sich jetzt bitte in ein Unternehmen versetzen, welche Tipps und Tricks haben Sie denn für Menschen, die Unternehmer oder Mitarbeiter sind? Ein Blick aus Ihrer Brille als erfolgreicher Schauspieler. Was sagen Sie, sollten diese Menschen tun, damit sie im Businessalltag an ihrem Arbeitsplatz die Herausforderungen bewältigen können?

Ich denke, es ist ganz wichtig, dass man die verschiedenen Rollen gut unterscheiden kann, die man auch in Unternehmen spielt. Wenn man zum Beispiel ein Konzernmanager ist, ganz weit oben, dann ist das eine Rolle, die man spielt. Das hat erstmal mit mir als Person gar nicht so viel zu tun. Wenn ich sehr gebildet, klug, auch menschlich klug bin, dann kann ich das vermutlich besser leiten, als wenn ich ein selbstverliebter Egomane bin. Also die verschiedenen Rollen wahrnehmen, die man in Unternehmen im wahrsten Sinn des Wortes spielt. Einmal als Chef, einmal als Kollege, der man natürlich auch ist. Einmal als jemand, der auch eine Fürsorgepflicht für seine Leute hat. Egal, ob es jetzt 100 sind oder 20.000, das spielt keine Rolle. Zu sehen, was sich denn langfristig eigentlich wirklich lohnt. Lohnt es sich wirklich möglichst viel Geld auf meine Seite zu bringen, egal, was mit den anderen los ist? Oder lohnt es sich zum Beispiel zu schauen, dass es allen Angestellten möglichst gut geht, weil dann geht es der Firma gut. Das hindert einen natürlich nicht daran, dass man manchmal Entscheidungen treffen muss, die für Kollegen und Angestellte sehr schmerzhaft sein können. Das ist etwas, was ich nie tun möchte. Vor allen Dingen, bloß weil man 10 Millionen oder wie viel auch immer im Jahr verdient, ändert es nichts an der Qualität als Mensch. Null.

Stimmt. Geld hat sehr wenig mit dem Menschen an sich zu tun. Ich denke, dies wird häufig verwechselt.

Bloß, weil man von allen Seiten die Rosinen bekommt; im Privatjet oder in der Hotelsuite ist man dann für sich auch wieder allein. Man ist dann mit sich, seinem Gewissen und seinen Schuldgefühlen, die man vermutlich auch zwischendurch hat, weil man einen Fehler macht, allein. Es lohnt sich, und das machen ja auch einige, dass man zwei, drei, vier Wochen einfach in die Wüste geht zum Nachdenken.

Eine Auszeit zum Reflektieren nehmen, über sich und seine Handlungen nachdenken, meinen Sie das?

Ja, genau. Das ist wichtig. Nachdenken, Bücher mitnehmen von Leuten, die schlau sind. Das müssen nicht neue sein, das können auch alte Bücher sein. Das können zum Beispiel Zen-Bücher sein, mit denen man die verschiedenen Wichtigkeiten im Leben wieder in die richtige Relation stellen kann. Um zu wissen, ich kann auch mit einem Koffer losgehen und kann überleben.

Ohne die 10 Millionen oder wie viel auch immer.
Oh ja. Oder einem riesigen Swimmingpool. Ich glaube, wir begehen einen großen Fehler, wenn wir die Fixierung auf „das Anhäufen von Reichtümern" als Erfolgsgeheimnis des Lebens definieren.

Da sind wir einer Meinung. Bruce Springsteen betont bis heute, dass er und seine Band nie des Geldes wegen gespielt haben, sondern bis heute spielen sie, um Menschen zu unterhalten und ihnen eine gute Zeit zu bieten.
Und ich glaube, das stimmt auch. Aber diese verbreitete Hierarchie: Wer 5 Milliarden Euro hat, steht oben, ist besser als der mit 50 Euro auf dem Konto – der steht unten, ist nicht so viel wert. Aber welche Hierarchie? Und ist die nicht nur in unserem Kopf? Und wie lange ist diese gültig? Das heißt nicht, dass jemand nicht Geld verdienen soll. Meine Schwiegermutter sagte: Man braucht Geld, aber einen hohen Wert hat es nicht. Es ist ein Mittel zum Zweck.

Für mich ist bei diesem Thema immer das beste Beispiel Steve Jobs. Sehr reich und trotzdem mit 56 Jahren gestorben. Da helfen einem letztendlich auch die Milliarden nicht weiter.
Ja. Das ist auch ein bisschen verwunderlich, wenn man sich die Welt der Superreichen anschaut. Sie bauen sich dann eine Yacht von 280 Metern. Dann baut der Nächste eine von 285 Metern. Dann eine von 300 Metern. Da fragt man sich dann schon, ob das durchdacht ist. Aber dieses Zurücktreten aus der eigenen Bubble, in der man oftmals gefangen ist, ist sehr, sehr wichtig. Diese Bubble mag groß oder klein sein, das spielt keine Rolle. Einfach mal rausgehen. Rausgehen und anschauen. Das berühmte Hamsterrad regelmäßig verlassen. Vielleicht auch wieder

reingehen und sagen, das war alles gut so, das kann so bleiben. Aber dieses Reflektieren ist wichtig. Ich denke, wer häufig reflektiert, kann mit Herausforderungen und Krisen wesentlich besser umgehen als jemand, der in sich gefangen ist.

Das ist dann wieder das Thema Nachdenken und Reflektieren, was Sie vorher betont haben.
Ja, auch einfach mal in die Luft gucken und zulassen, dass Sachen hochkommen, die einem nicht angenehm sind. Auch die unangenehmen Sachen sind wichtig zu erkennen.

Wenn Sie gerade das Unangenehme ansprechen, dann kommt sofort das Thema Corona auf. Das ist jetzt für uns alle seit zwei Jahren, also seit 2020, auch nicht gerade angenehm. Welche Gedanken und Emotionen hat dies denn damals, als es aufkam, bei Ihnen hervorgerufen? Was hat dies bei Ihnen ausgelöst?
Da gibt es zwei ganz klar getrennte Abteilungen. Der eine Gedanke war: Ich kann ganz lange zu Hause bleiben, wie schön ist das denn. Das ist der eine Gedanke. Der andere Gedanke war der Blick in die Welt hinaus. Erstmal in die kleine Welt meiner Kolleginnen und Kollegen. Ich wusste, dass es einige sehr hart treffen würde, was auch leider so gekommen ist. Und dann habe ich auch die etwas größere Welt der Veranstalter und Theater angeschaut, ich wusste auch, für die wird es wahnsinnig schwer. Ich hatte gehofft, dass die verantwortlichen Politiker genügend tun, damit wenigstens ein Teil von ihnen gut überleben kann. Und dann natürlich der Blick zu denen, die es dann wirklich hart getroffen hat. Die heute noch darunter leiden oder vor allem die Menschen, welche Angehörige und Freunde verloren haben. In meiner Familie hat es zum Beispiel eine alte Tante und einen meiner älteren Cousins getroffen – beide in den USA.

Mit 95 darf man auch sterben.
Dann habe ich gehofft, dass unsere Verantwortlichen, gewählten Vertreterinnen und Vertreter, das Richtige tun. Für die war es besonders schwer, weil die Vorbereitung auf diese Situation nicht so optimal war. Ich weiß, dass es einen Bericht einer Epidemiekommission 2012 gab, in dem stand, welche Vorbereitungen für Epidemien sinnvoll sind. Diese Vorbereitungen

sind nicht richtig gemacht worden. Das war aus meiner Sicht ein Fehler. Und zwar hat man die Vorbereitungen nicht gemacht, weil es vermutlich Geld gekostet hätte. Letztlich hätte es jedoch nicht so viel Geld gekostet, nur einen Bruchteil dessen, was wir jetzt ausgeben müssen. Ob das dann geholfen hätte, ist eine andere Sache, aber man hätte auf bestimmte Teile vorbereitet sein können. Dann habe ich einfach gehofft, dass es nicht zu arg wird.

Diese Situation war neu für uns alle. Und ja, manche Dinge wurden falsch bewertet beziehungsweise waren doch letztlich überhaupt nicht so schlimm, im Gegensatz zu manch anderen Themen. Wie gingen Sie dann weiter mit dem Thema Corona um, Herr Sittler?
Ich war natürlich in einer letztlich sehr, sehr komfortablen Situation, weil ich zu diesem Zeitpunkt schon in Rente war. Und ob ich nun arbeite oder nicht, ich komme, solange das System nicht zusammenbricht, durch. Deswegen konnte ich das relativ lässig zu Hause angehen.

Haben Sie dann einen speziellen Fokus, zum Beispiel auf die Familie gelegt? Oder auf irgendwas anderes, wie Hobbys? Nach dem Motto, jetzt nutze ich die Chance.
Ja. Meine Frau und ich haben Dinge gemacht, die wir sonst nicht gemacht hätten. Wir haben den kleinen Umkreis genutzt. Sind mehr in den Wald gelaufen. Haben Sachen angeguckt, die wir sonst nicht angeschaut hätten. Außerdem habe ich zwei Lesungen vorbereitet und war heilfroh, dass ich das in aller Ruhe tun konnte. Sonst sind solche Events immer eingeklemmt zwischen Veranstaltungen, Vorstellungen und vielleicht noch einem Filmdreh. Dann macht man die neuen Sachen irgendwie zwischendurch, was nicht gut ist. Das musste ich jetzt zu Corona-Zeiten nicht, sondern ich hatte wochenlang Zeit. Das war großartig.

Würden Sie heute rückblickend sagen, hätte ich doch damals zu Beginn von Corona Dinge anders gemacht? Oder sagen Sie, nein, für mich ist alles fein. Wie ich mich damals entschieden habe vorzugehen, passt auch rückblickend noch für mich.
Also in meinem privaten Bereich ist alles gut. Ich würde es wieder so machen. Allerdings, wenn es nochmal losginge, würde ich noch mehr Ini-

tiative ergreifen in dem Umfeld, in welchem ich mich auskenne. Diejenigen mehr unterstützen, denen es schlechter geht. Das habe ich schon gemacht, aber vielleicht nicht so, wie es möglich gewesen wäre. Ich habe einfach diese Ruhe genossen, die diese Pandemie mir verschafft hat, in meinem normalen persönlichen Leben verschafft hat.

Wenn wir nochmal in die Businesswelt gehen, gibt es Fähigkeiten, von denen Sie sagen, diese muss man zukünftig haben, um die Herausforderungen, die noch alle auf uns zukommen, meistern zu können? Denn die Welt wird ja nicht mehr so werden, wie sie einmal war. Gibt es Fähigkeiten, von denen Sie sagen, diese sollten wir alle zukünftig mitbringen, damit wir leichter damit umgehen?
Es kommt immer wieder auf das Eigentliche zurück. Neugierig bleiben, in die Welt schauen und sich selbst nicht so wichtig nehmen. Das ist das Wichtigste, glaube ich. Schauen, was in der Welt passiert. Schauen, dass man die Vorurteile erkennt, die in uns schlummern. Diese vielleicht sogar ein bisschen zurückdrängen. Einfach sich nicht über die anderen erheben. Denn ich kann nur eins sagen: Eine Busfahrerin zum Beispiel, die gut fährt, ist genauso wichtig wie jemand, der ein Geschäft gut führt und wunderschöne Sachen herstellt.

Und sich klar zu werden, was will ich eigentlich mit meinem Leben, das ist ein weiterer wichtiger Punkt. Was will ich, wenn ich Geschäftsmann bin und über Vermögen verfüge, was mache ich damit? Mache ich damit Waffen, Drogen? Oder mache ich was anderes? Mache ich Sonnenenergien, Batterien, sinnvolle Lebensmittel, pflanze ich Bäume, was auch immer? Wichtige Sinnfragen aus meiner Sicht, die sich viele vermutlich zu selten stellen.
Darüber muss man sich klar werden. Und wenn mir klar wird, dass ich, neben meinem eigenen bequemen Leben, was ich gerne haben möchte – was ich übrigens gut verstehe – auch verantwortlich bin für den Zustand der Gesellschaft, dann ist schon viel gewonnen. Jeder von uns trägt Verantwortung. Im Kleinen und im Großen. Die im Großen haben mehr Einfluss darauf. Und deswegen haben sie auch eine größere Verantwortung. Auch wir Schauspieler, bei denen Millionen Leute Woche für Woche zuschauen, haben einfach eine größere Verantwortung.

Jetzt haben Sie gerade schön gesagt, wir sollten alle mehr auf die Gesellschaft achten. Ist das vielleicht auch eine Fähigkeit, die wir zukünftig alle wieder besser formen sollten? Würden wir dann alle gemeinsam mit Herausforderungen anders, vielleicht besser umgehen?
Ja. Unbedingt. Es ist letztlich doch so, behandle den Nächsten wie dich selbst. Das ist es doch. Und wenn wir das täten, würde es immer noch sehr schwierige Situationen geben. Aber wenn man in Kauf nimmt, dass die Atmosphäre entscheidend ist für das Wohlergehen, dann bin ich doch aufgefordert, meinen Teil dazu beizutragen. Es geht nicht darum, immer nett zu sein und alles rosarot zu sehen. Überhaupt nicht. Sondern Klarheit im Denken. Klarheit im Fühlen. Und klar sein, dass jeder Mensch ein Recht hat hier zu sein. Dann würden wir alle gemeinsam mit Herausforderungen anders umgehen und könnten diese auch viel geschickter beherrschen. Wir könnten uns alle besser unterstützen.

Ich denke, mehr miteinander als gegeneinander hilft immer. Ob dies allerdings alle verstanden haben, ist ein anderes Thema. Auch im normalen Berufsleben erlebe ich sehr häufig ein Gegeneinander statt Miteinander. Ich finde es sehr schade, dass dieses Denken heute immer noch so stark vorherrscht. Gibt es denn, wenn Sie an Filmaufnahmen oder Theaterauftritte denken, Rituale, die Sie kurz vorher machen, um sich zu beruhigen, um möglichen Herausforderungen präventiv zu begegnen? Vor zwei Wochen habe ich mit dem Musiker Sasha, den Sie ja bestimmt auch kennen, geredet. Und er hat sein Ritual preisgegeben. Vor dem Auftritt kommt die Band zusammen, steht im Kreis und trinkt einen Schnaps. Haben Sie auch ähnliche oder andere Rituale? Es muss jetzt nicht das Schnapsritual sein.
Nein, nicht wirklich. Das Einzige, was ich vor dem Theaterspielen mache, ist, dass ich meinen Garderobenplatz, wo auch immer dieser ist, einigermaßen herrichte. Dann, ungefähr zehn Minuten vor dem Auftritt, brauche ich keine Kommunikation mehr. Ich muss auch keine Witze mehr erzählen. Das ist bei mir so. Andere wiederum erzählen, bis der Vorhang aufgeht, Witze oder Geschichten und gehen dann auf die Bühne und spielen. Das kann ich nicht. Ich brauche einfach Ruhe. Ich ziehe mich dann entweder zurück und gehe in mich. Das brauche ich.

So ähnlich geht es mir auch. Ich brauche eine halbe Stunde, bevor ich im Training bin oder einen Vortrag halte, ebenso meine Ruhe. Ich habe auch ein Buch über Bruce Springsteen und seine Führungsphilosophien geschrieben und bei ihm ist es auch so, dass eine Stunde vor einem Konzert niemand mehr in seine Umkleidekabine darf. Nur seine Frau und seine Kinder. Und wenige Minuten vor Konzertbeginn gibt es ein kurzes Ritual, er nennt es Gebet, mit der Band. Aber er braucht eine Stunde vorher absolute Ruhe. Ich denke, auch in Unternehmen sollte wieder viel mehr Ruhe einkehren oder mehr Ruhepausen möglich sein.
Ja, das wäre gut und hilfreich, damit man sich einfach sammeln kann. Damit das Andere, das Negative oder Störende weggeht. Dieses von der Straße auf die Bühne habe ich auch schon machen müssen, aber das ist nicht meine Art. Das möchte ich nicht. Und beim Filmdreh ist das Ritual immer dasselbe. Man kommt an den Drehort und geht in die Maske. Da hat man eine halbe Stunde Zeit. Wenn man Glück hat, hat man eine Maskenbildnerin oder einen Maskenbildner, die oder den man mag und dann ist alles gut. Dann kann ich mich sammeln und vorbereiten.

Die Zeit schreitet voran, Herr Sittler. Eine abschließende Frage: Gibt es noch etwas zum Thema Herausforderungen meistern, dass Sie aus dem Herzen den Menschen im Businessalltag in Unternehmen mitgeben möchten? Etwas, von dem Sie sagen, diesen Punkt möchte ich gerne noch den Lesern mitgeben?
Ja, den habe ich. Arbeit ist höchstens die Hälfte des Lebens. Bitte niemals vergessen. Sich nur über Arbeit zu definieren, macht unglücklich. Arbeit ist wirklich wichtig, denn das befriedigt auch. Das tut es tatsächlich. Aber es ist nicht alles. Die Überhöhung der Arbeitsleistung als das Wichtigste auf der Welt halte ich für einen Irrtum.

Ich würde das jetzt gerne so stehen lassen. Das ist ein schöner Abschluss aus meiner Sicht. Herr Sittler, das waren meine Fragen. Herzlichen Dank für Ihre Zeit, auch heute so spät abends kurz vor dem Wochenende. Ihnen alles Gute bei Ihren nächsten Auftritten und bleiben Sie gesund.
Vielen Dank! Das wünsche ich Ihnen auch. Schön, dass wir uns über das Thema ausgetauscht haben. Vielen Dank auch Ihnen.

MEIN UMGANG MIT HERAUSFORDERUNGEN

Als Unternehmer, Berater und Sparringspartner für Führungskräfte und Mitarbeiter erfahre ich oft von den jeweiligen Herausforderungen im beruflichen Kontext. Das ist mein Job, das ist aber auch meine persönliche Berufung. Ich empfinde die Äußerungen der Teilnehmer niemals als Belastung oder als nervig, sondern sehe immer die Notwendigkeit dahinter, ihnen Impulse zur Bewältigung der unterschiedlichsten Herausforderungen zu geben, in der Hoffnung, dass diese Impulse die Probleme kleiner werden lassen oder vielleicht sogar eliminieren. Dabei werde ich oft gefragt, wie ich in den jeweiligen Augenblicken reagieren würde, was und wie ich entscheiden würde, welche Methoden ich nutze. Und manchmal werde ich gefragt, ob ich überhaupt noch Herausforderungen habe.

Natürlich habe auch ich zahlreiche schwierige und herausfordernde Situationen, denen ich mich immer wieder stellen darf. Mein Leben ist ebenso ständig in Veränderung wie das Leben anderer. Und natürlich habe ich mir über die Jahre einige Methoden, Vorgehensweisen und Fähigkeiten angeeignet, die mich durch den Dschungel an Unsicherheiten führen. Ich erlaube mir deswegen, auch, wenn ich kein Prominenter bin, Ihnen einen Einblick in meine Strategien zur Bewältigung von Herausforderungen zu geben. Ich mache dies jedoch nicht in Form eines Interviews, sondern ich spreche mit mir selbst – also ich begebe mich praktisch in eine Art Zwiegespräch. Wenn Sie nach all den vorherigen Interviews auch noch meine Vorgehensweise interessiert, dann lesen Sie gerne weiter. Here we go!

Hallo, Peter. Wie siehst du die letzten Monate und vor welchen Herausforderungen hast du gestanden? Corona ist das allumfassende und beherrschende Thema. Sowohl für das Privat- wie auch das Berufsleben.

Die letzten Monate waren für mich vor allem mental eine Herausforderung, wie vermutlich für viele Menschen. Corona hat mich definitiv an meine mentalen Grenzen, die mir bis dato bewusst waren, gebracht. Vor allem zu Beginn war ich auch unternehmerisch gehemmt und wusste in den ersten Tagen, vielleicht sogar Wochen, nicht, wie ich mit dieser vollkommen neuen und für mich auch sehr undurchsichtigen Situation zurechtkommen sollte.

Wie bist du dann wieder in einen positiven Modus gekommen?
Hier haben mir hauptsächlich zwei Punkte sehr geholfen. Zum einen mein persönlicher Sparringspartner meiner Agentur, Ben Schulz, der mir teilweise mit kleinen Kontaktaufnahmen via Nachrichtendienst, aber natürlich auch im persönlichen Gespräch, immer wieder einen Schubs nach vorne geben konnte. Dieser Austausch hat mir gezeigt, dass ich nicht allein mit dieser Herausforderung bin – dies denkt man in solchen Situationen leider auch immer wieder – und, Ben hat mir natürlich auch andere Perspektiven auf die Herausforderungen gegeben. Genauso wie ich es bei meinen Kunden mache. Mein Sparringspartner war hier eine wichtige Stütze. Deswegen empfehle ich jedem Menschen, sich einen Sparringspartner zu suchen. Unabhängig, ob für das Privat- oder Berufsleben.

Zum anderen bin ich froh und dankbar, dass ich mir über die Jahre eine hohe Resilienz angeeignet habe, die es mir ermöglicht, relativ schnell wieder das Positive zu sehen. Auch das hat mir dann die Kraft gegeben, den nächsten Schritt zu gehen.

Gerade das Thema Resilienz hat in den letzten Jahren an Bedeutung gewonnen. Wie hast du dir diese angeeignet?
Also, ich glaube, dass ich von Geburt an eine gewisse Grund-Resilienz mitbekommen habe. Irgendwie ist diese in mir vorhanden. Woher oder von wem ich auch immer diese bekommen habe – diese Grund-Resilienz ist bereits sehr ausgeprägt. Ein weiterer Faktor ist, dass ich in meiner Jugend extrem viel Sport getrieben und gelernt habe, durch Disziplin und Ehrgeiz Hürden leichter zu meistern. Herr Ronken von Ritter-Sport hat in seinem Gespräch Ähnliches erwähnt. Sport kann dazu beitragen, eine gewisse Disziplin, aber auch Gelassenheit zu entwickeln. Der für mich wichtigste Schritt, um eine höhere Resilienz zu erhalten, waren jedoch die verschiedenen Ausbildungen zum Mentalcoach. Dort habe ich nochmals vertieft gelernt, mit welchen Techniken ich an mir und meiner mentalen Robustheit arbeiten kann. Seitdem nutze ich diese Techniken regelmäßig. Auch, wenn ich zum Beispiel im Zug sitze, fliege oder ebenso als Vorbereitung vor einem Training oder Vortrag.

Auch meine Frau trägt täglich einen wichtigen Beitrag zu meiner Resilienz bei, denn sie schafft es mit ihrer Art immer wieder, mich ins Nachdenken und in Reflexion zu bringen. Dadurch lerne ich mich jedes Mal noch besser kennen und kann meine Komfortzonen fast schon strategisch erweitern.

Was machst du dann genau, wenn du an deiner mentalen Robustheit arbeitest?
Etwas, das ich auch immer wieder im Training oder Coaching empfehle, ist die persönliche Arbeit an seinen Glaubenssätzen, Annahmen, Interpretationen und Vermutungen. Diese bringen uns oft sprichwörtlich an den Rand des Wahnsinns, lassen uns im mentalen Gefängnis verweilen, oder - positiv gesehen - sie schaffen es eben, uns genügend Energie für die nächsten Schritte zu geben. Je nachdem, welche wir in unserem Kopf haben, werden wir in der jeweiligen Situation gesteuert. Also die bewusste, ehrliche und strategische Arbeit daran war und ist ein wichtiger Bestandteil für mich. Gleichzeitig versuche ich wahrzunehmen, was ich in den schwierigen Situationen fühle. Danach überlege ich mir, wieso ich dieses Gefühl habe. Welcher Gedanke hat es ausgelöst? Dann wiederum überlege ich mir vor allem bei negativen Gefühlen, wie ich anders - also positiver - über die Situation denken kann. Ich suche nach dem Positiven, wie ich im Vorwort schon erläutert habe. Einer meiner besten Freunde, der mittlerweile leider schon verstorben ist, hat in schwierigen Situationen immer die Frage gestellt: „Was ist das Positive am Negativen?". Das Gute ist, du wirst immer etwas Positives finden. Egal wie negativ es war oder ist.

Und wenn du das Positive trotzdem nicht in dem Maße findest, wie du es gerne hättest? Was machst du dann?
Auch das passiert in der Tat immer wieder. Ich finde nicht die zündende Idee, die mich sofort in den nächsten Gang katapultiert. Wenn das der Fall ist, dann orientiere ich mich an meinen beruflichen Zielen oder auch an meinen Lebenszielen allgemein. Zum Beispiel bekomme ich sehr viel Energie von meinem Ziel, meiner Familie - also meiner Frau und meiner Tochter - ein einigermaßen sorgenfreies Leben zu ermöglichen. Dadurch schaffe ich es, in meinen Augen weniger sinnvolle Aufgaben und Tätigkeiten ebenso diszipliniert zu erledigen, oder ich habe einen Fixpunkt in

der Zukunft, der dann für mich das Positive darstellt. Das motiviert mich wieder dementsprechend. Deshalb möchte ich jedem Leser empfehlen, sich mit seinen Zielen, beruflich wie privat, sehr ausgiebig zu beschäftigen. Diese können sehr viel positive Energie freisetzen. Mich verwundert immer wieder, wie oft mir Menschen sagen, dass sie keine oder nur sehr wenig Ahnung von ihren Lebens- und Berufszielen haben. Meistens gibt es dazu auch nur sehr vage Aussagen. Das finde ich sehr schade, denn diese Themen können einem wirklich sehr viel positive Energie geben.

Du hast in den Interviews immer wieder nach Vorbildern gefragt, mit deren Hilfe man wahrscheinlich die ein oder andere Herausforderung auch leichter meistern kann. Welche Vorbilder hast du?
Ohne ihn persönlich je kennengelernt zu haben, konnte ich von Karl-Heinz Rummenigge einiges lernen. Er war natürlich in meiner Jugend einer meiner Fußballhelden, aber auch später dachte ich immer, in seiner Art kann er bestimmte Situationen leichter meistern. Ich habe keine Ahnung, ob dies in der Realität bei ihm tatsächlich auch so ist. Aber mir hilft es, ihn so zu sehen. Auch Bruce Springsteen, den ich über 140-mal live im Konzert erlebt und über dessen Führungsqualitäten ich sogar ein Buch veröffentlicht habe, gibt mir bis heute indirekt Ratschläge, die mich stützen. Eine sehr wichtige Person beziehungsweise ein sehr wichtiger Hinweis dieser Person ist bis heute mein ehemaliger Klassenlehrer aus meiner Gymnasialzeit, der mich – nebenbei gesagt – auch zu meinem ersten Bruce Springsteen-Konzert begleitet hat. Danke nochmals, Nick! Ich hätte vermutlich sonst nicht so viele Springsteen-Shows gesehen. Aber zurück zu seinem Hinweis. Er hat mir vor vielen Jahren nach einer BWL-Unterrichtsstunde folgenden Satz mitgegeben: „Es geht nicht darum, ob du es schaffst, sondern nur darum, wie du es schaffst." Und diese Aussage habe ich sehr häufig im Kopf, wenn nicht ständig. Vor allem dann, wenn ich vor Herausforderungen stehe. Dann mache ich mir immer Gedanken über das Wie, nicht über das Ob. Damit legst du deinen Fokus einfach schon in Richtung Lösung und nicht in Richtung Jammern.

Wenn du den Lesern drei Tipps mitgeben dürftest, welche drei sind dies?
Ich bin, wie schon erwähnt, immer wieder überrascht, wie oft Menschen ihre Lebensziele nicht kennen oder sich damit nicht detailliert beschäf-

tigt haben. Deshalb lautet ein Tipp: Denken Sie über Ihre Lebensziele im beruflichen wie privaten Kontext nach. Finden und definieren Sie diese Ziele. Was wollen Sie erreichen? Wie soll Ihr Leben aussehen? Was wollen Sie wirklich in den nächsten Jahren tun? Und noch viele Fragen mehr. Ich bin sehr davon überzeugt, dass diese Ziele immer wieder positive Energie spenden.

Ein weiterer Tipp ist, sich mit sich selbst noch viel mehr bewusst und strukturiert zu befassen. Sei es mit Mentaltraining, sei es mit einem Coach, sei es mit Persönlichkeitsanalysen, sei es mit dem besten Freund bei einem Bier. Je mehr der Mensch über sich weiß, desto besser versteht er sich und seine Handlungen. Und je besser wir uns verstehen, desto eher werden wir eine gute Lösung für uns finden.

Darüber hinaus ist aus meiner Sicht wichtig, dass wir an unserer Disziplin oder, positiver gesagt, an unserem Durchhaltevermögen wieder verstärkt arbeiten sollten. Die letzten Jahrzehnte haben uns – Achtung Käseglockenaussage – durch die falsche Nutzung vieler Medien, wie Fernsehen oder den Sozialen Kanälen, von der Fähigkeit, Dinge auch mal durchzuziehen, weggebracht. Sasha hat hierzu in seinem Interview gesagt, dass er es empfiehlt, auch mal Extrameilen zu gehen, um wieder in die Erfolgsspur zu kommen.

Erstaunlicherweise wird der Begriff Disziplin gerade in Deutschland häufig sehr negativ gesehen. Dies kann ich überhaupt nicht verstehen, denn gerade das Durchhalten und die Umsetzung von Aktivitäten bringt uns überhaupt erst in ein Erfolgsgefühl. Dinge, die wir immer nur beginnen und dann liegenlassen oder halbherzig beenden, bringen uns doch viel mehr in eine negative Gedankenschleife, letztlich sind wir mit uns sehr unzufrieden. Wenn dir dann das Fernsehen noch sagt, ab wann jemand erfolgreich oder erfolglos, hübsch oder hässlich, gut oder böse ist, dann ist dies aus meiner Sicht eine gefährliche Mischung.

In Unternehmen werden zum Beispiel viele Aktivitäten angestoßen, aus meiner Sicht sogar häufig zu viele, und dann leider nicht erfolgreich beendet.

Oftmals folgt dann auf etwas Unfertiges gleich wieder etwas Neues. Und dies viel zu oft und zu schnell hintereinander. Das Thema Nachhaltigkeit im Sinne von Umsetzung und nicht von Umweltschutz sollte wieder viel mehr in den Fokus rücken. Hier wird nicht nur Geld, sondern auch

Motivation sinnlos verfeuert und führt letztlich nicht zu einem positiven Zustand. Weder im Unternehmen noch bei den Mitarbeitenden.

Aus deiner Sicht hilft also die Umsetzung und Dinge bis zum Ende erledigen, um dann künftig mit Herausforderungen besser umgehen zu können?
Ja, absolut. Die These unterschreibe ich gerne. Erfolgreiche Umsetzung bringt uns gute Gefühle. Gute Gefühle stärken unser Selbstvertrauen. Unser gestärktes Selbstvertrauen trägt uns in schwierigen Situationen. Betrachten wir doch kurz die Entwicklung von Babys und Kleinkindern. Wie können diese ihr Selbstvertrauen stärken? Indem sie Dinge ausprobieren und letztlich nach vielen Versuchen auch erfolgreich bewältigen. Sei es das Rollen eines Balles, sei es das Hochziehen am Tischbein oder das Hinstellen einer Tasse. Das sind kleine Beispiele, die zeigen, wie das Selbstvertrauen eines Kindes gestärkt wird. Dazu auch mein ehrlicher Aufruf an die Eltern, Omas, Opas, Tanten und Onkel dieser Welt: Greifen Sie seltener ein. Unterstützen Sie das Kind weniger, wenn es darum geht, Dinge selbst erfolgreich zu meistern. Bitte nicht falsch verstehen, natürlich sollen wir unterstützen, helfen und zur Seite stehen, wenn es wirklich notwendig ist. Aber eben nicht bei Aktivitäten, die im Alltag dazu dienen, um das Selbstvertrauen aufzubauen und zu stärken. Wenn die Tante dem Kind den Ball reicht, ohne dass das Kind den Weg dorthin geschafft hat, ist dies keine hilfreiche Geste der Tante. So leid es mir tut. Ich weiß, die meisten Menschen tun dies aus Liebe und Zuneigung. Ist aber trotzdem nicht hilfreich. Wenn die Eltern auch ständig die an die Kinder gerichteten Fragen beantworten, kann das Kind sich nicht selbst austesten. Dann bekommen wir junge Erwachsene mit wenig Selbstvertrauen, die dauernd nach Anerkennung im Außen suchen und die ständig denken, sie seien nicht gut genug. Lassen Sie die Kinder und Jugendlichen mehr testen im Sinne von Erfolge einfahren, nicht im Sinne von Drogen und Alkohol testen ...

Lässt sich diese These in Unternehmen übertragen? Könnten Führungskräfte das Selbstvertrauen der Mitarbeiter mehr stärken, sodass diese dann oftmals selbst für ihre herausfordernden Situationen Lösungen finden?
Ein klares Ja. Führungskräfte, die permanent erreichbar sind, die „immer" die Lösung vorgeben, die die Bürotür ständig offen haben, bekommen mit der Zeit eher unselbstständige Mitarbeiter, die eben dann – sobald es

schwierig wird – die Hilfe der Führungskraft sprichwörtlich suchen. Führungskräfte, die positives wie negatives Feedback professionell geben, die zur Seite stehen, wenn es notwendig wird, die aber auch Fehler und andere, vielleicht auch neue Wege bewusst akzeptieren, bekommen eben auch andere Mitarbeiter. Moderne Führungskräfte fordern die Mitarbeiter auch in schwierigen Situationen und stehen zur Seite, wenn es wirklich notwendig wird. Sie übernehmen aber nicht die Lösungsfindung oder geben diese sogar vor. Dies sollte wirklich nur in Ausnahmesituationen der Fall sein.

Gibt es eine Fähigkeit, die du nicht hast oder von der du gerne mehr hättest?
Oh ja, die gibt es. Da fällt mir sofort eine Fähigkeit ein, von der ich gerne mehr in mir hätte. Ich bin jemand, der die meisten Herausforderungen mit sich selbst ausmacht. Ich bin niemand, der sofort auf andere zugeht – frei nach dem Motto: „Ich habe hier ein Problem. Können wir bitte darüber sprechen?" Ich mache das mit mir im Stillen aus. Ich gehe in mich und bin leider oftmals zu lange mit mir allein. Es gab schon einige Situationen, in denen ich in der Nachbetrachtung gedacht habe, dass ich es mir viel einfacher hätte machen können, wäre ich einfach auf jemanden zugegangen. Meine besten Freunde können ein Lied davon singen. Die wenigsten wissen über meine Herausforderungen Bescheid. Das will ich auf jeden Fall noch anpacken, denn es kostet mich unnötig Energie und vor allem verlangsamt es meinen Prozess. Das muss nun wirklich nicht sein.

Welche Empfehlung hast du noch an deine Leser, wenn es darum geht, schwierige Situationen einfach zu meistern?
Hier zitiere ich gerne Jutta Speidel und Marcel Reif. Lernen Sie Ihren Job richtig. Und vor allem, bleiben Sie in Ihrem Job up to date. Es ist verwunderlich, wie viele Menschen – vermutlich Millionen – sich nach ihrer Ausbildung oder ihrem Studium nicht mehr wirklich fortgebildet haben, obwohl sich die Stellenbeschreibung im Laufe der Zeit schon zigfach geändert hat und vollkommen anders- und neuartige Kompetenzen notwendig sind, um die Aufgaben in Ruhe und Gelassenheit erledigen zu können. Das ist auch ein Aufruf an die Personalabteilungen in den Unternehmen. Fordern Sie bitte mehr strategische Entwicklungsarbeit der Führungskräfte bezogen auf die Mitarbeiter- und eigenen Kom-

petenzen. Teilweise macht es mich sehr traurig, wenn ich erlebe, wie sich Menschen mit Kompetenzen abmühen, die schlichtweg einfach veraltet sind. Eine kurze Anekdote dazu: Paul Breitner wurde in einem Interview gefragt, ob die Fußball-Weltmeistermannschaft von 1974 mit ihm selbst, Beckenbauer, Gerd Müller, Sepp Maier, Uli Hoeneß, Günter Netzer, Jupp Heynckes und noch einigen Hochkarätern mehr, heute wieder so erfolgreich wäre. Seine eindeutige Antwort war, nein, auf keinen Fall. Wir hätten überhaupt nicht die Fähigkeiten, die heutzutage notwendig sind, um im Profifußball erfolgreich zu sein.

Anders denken hier aber interessanterweise oftmals Führungskräfte: Da sie vor Jahren in ihrem Job erfolgreich waren, sind sie heute gute Führungskräfte. Ein Irrglaube. Vor allem, wenn man bedenkt, dass die wenigsten Führungskräfte eine Führungsausbildung durchlaufen haben. Ebenso ist ein Irrglaube, dass ein Jobwechsel, unabhängig, ob der Wechsel horizontal oder vertikal stattgefunden hat, keine neuen Fähigkeiten benötigt. Wer das glaubt, schafft selbst herausfordernde Situationen und damit Stress, der vollkommen unnötig ist. Erst vor Kurzem habe ich eine Führungskraft unterstützt, die von einer Controllingabteilung ins Marketing gewechselt und dort jetzt Gruppenleiter Werbung ist. Oh, große Überraschung, jetzt herrscht etwas Überforderung.

Und zu guter Letzt noch ein Aufruf aus dem Herzen: Suchen Sie sich einen Job, der Ihnen wirklich Spaß macht oder finden Sie etwas an Ihrem vielleicht nicht so perfekten Job, das Ihnen Spaß macht. Über Jahre eine Arbeit zu machen, die uns keine Freude gibt, macht unglücklich, krank, bringt partnerschaftliche Probleme und noch vieles mehr mit sich. Trauen Sie sich, Ihren derzeitigen Job zu hinterfragen. Und seien Sie ehrlich zu sich, wo das Problem wirklich sitzt. Bei Ihnen und Ihren Fähigkeiten? Oder woanders? Egal, wie die Antwort lautet, treffen Sie bitte eine Entscheidung.

IMPULSE, DIE DIE SICHT VERÄNDERN KÖNNEN – EIN FAZIT

Konnten Sie für sich neue Impulse durch die Gesprächspartner und Interviews gewinnen? Ist das Thema „Herausforderungen meistern" einfacher geworden, zumindest in der Theorie? Gab es für Sie Erkenntnisse, die Ihnen während des Lesens zugeflogen sind? Wenn ja, dann hat das Buch aus meiner Sicht seinen Zweck erfüllt. Denn mein Ziel war und ist es, mit dieser Veröffentlichung Ihnen die Herangehensweise an Herausforderungen zu erleichtern und Sie darin zu bestärken, vor Herausforderungen nicht zu fliehen, sondern diesen mit Leidenschaft und Stärke entgegenzutreten. Den von mir vorher beschriebenen großen Berg kleiner und einfacher zu machen, sodass Sie in Ihrem Leben - unabhängig, ob in Ihrem Privat- und/oder Berufsleben - häufiger auf der positiven Seite stehen (können) und weniger negative Erfahrungen erleben. Gerade in der nahen Zukunft werden uns noch einige Herausforderungen bevorstehen und vermutlich wirklich fordern. Sie werden von uns rasche Anpassungen und ein Umdenken in so manchen Situationen erfordern. Ein „weiter so wie bisher" wird in vielen Fällen nicht mehr stimmig und schon gar nicht erfolgreich sein. Wenn Ihnen dazu mein Buch Hilfestellungen gibt, Ihnen bei der Findung von neuen Wegen behilflich ist, dann waren es die vielen Stunden der Ausarbeitung wert. Um ehrlich zu sein, interessiert es mich brennend, welche Wege Sie für sich entdeckt haben. Nur leider ist es schwierig, mit Ihnen jetzt in diesem Augenblick darüber zu sprechen. Wenn Sie aktiv auf mich zugehen möchten, jederzeit sehr gerne. Meine Kontaktdaten sind online leicht zu finden. Oder Sie besuchen einen Workshop von mir, in dem wir gemeinsam mit anderen Teilnehmern oder auch allein schwierige Situationen meistern werden.

Die eine Methode gibt es nicht

Ich hoffe, es war keine große Überraschung für Sie, dass es nicht die eine Methode gibt, nicht den einzigartigen Weg, der uns vor Herausforderungen schützt und mit dem wir alle Herausforderungen einfach meistern können. In den Interviews wurden viele mögliche Wege beschrieben, um sich diesem Thema zu nähern. Ebenso wurden unterschiedlichste Kompetenzen erwähnt, erläutert und als notwendig angesehen, damit man gewisse Mauern einreißen kann. Es gab von den Gesprächspartnern so viele Anregungen, sodass ich in diesem Kapitel keine besonders darstellen oder hervorheben möchte. Denn letztlich liegt es an Ihrer Persönlichkeit, Ihren Fähigkeiten und an Ihrem Mut, welche Wege Sie einschlagen möchten, würden und schließlich auch gehen. Ich bin zum Beispiel jemand, der sehr schnell neue Dinge ausprobiert. Das macht mir und meiner Persönlichkeit Spaß, Freude und gibt mir eine hohe Motivation. Auch, oder gerade genau deshalb, sollte die Situation für mich eine Herausforderung darstellen. Solange ich kein Ohnmachtsgefühl verspüre, kann ich einen starken Willen in schwierigen Situationen entwickeln – hier zitiere ich gerne Thomas Helmer: „Jetzt erst recht."

Allerdings ist mir in den Gesprächen immer wieder bewusst geworden, und viele Gesprächspartner haben es auch betont, dass es eine bestimmte Grundlage oder auch Basis gibt, die den Umgang mit Herausforderungen erleichtert, vielleicht sogar viele Herausforderungen präventiv verhindert. Diese wichtige Grundlage ist, sich mit seiner Berufs- und Jobauswahl sehr ausgiebig zu beschäftigen, um für sich den bestmöglichen Job zu finden. Sind die Bestandteile der Arbeit das, was ich mit Leidenschaft erfüllen möchte? Sind die Tätigkeiten wirklich interessant, sodass ich meine Energie darauf verwenden möchte? Sind die Rahmenbedingungen für Sie durchaus akzeptier- und nachvollziehbar? Ist das Unternehmen für Sie anziehend, oder wäre es ein großer Kompromiss, dort zu arbeiten? Viele Gesprächspartner haben darauf im Gespräch immer wieder hingewiesen. Leidenschaft für etwas erzeugt durchaus positive Energie, und positive Energie erzeugt wiederum Lust, etwas zu schaffen. Auch, wenn es vielleicht manchmal schwieriger ist. Vermutlich hilft uns gerade dann Leidenschaft und der daraus resultierende Ehrgeiz, wenn es schwierig wird. Durch meine langjährige Tätigkeit als Trainer und Berater kann und möchte ich diese Empfehlung, sich ausführlich mit seiner Berufs- und Jobauswahl zu beschäftigen, sehr unterstützen. Denn wie oft habe ich Führungskräfte und Mitarbeiter bis hin zu Vorständen erlebt, die keine Lust auf ihre gewählte Rolle hatten und diese aus anderen Gründen, wie etwa Geld oder Ansehen, angenommen haben. Wenn dies der Fall ist, wird es für alle Beteiligten schwer, denn die Erwartungen werden zu unterschiedlich und die Leidenschaft, die Rolle wirklich mit Leben zu füllen, wird nicht vorhanden sein. Die Folge ist eines Tages eine größere Divergenz, die dann zu weiteren Herausforderungen führt. Deshalb sollten Sie sich bitte mit Ihrer Leidenschaft für etwas ausführlich(er) beschäftigen.

Was würde Ihnen im Berufsleben wirklich eine positive Energie geben? Worauf würden Sie sich (täglich) freuen? Welche Aufgaben würden Sie mit Freude erledigen? Wie sollten die Rahmenbedingungen sein – sowohl die finanziellen, menschlichen, sozialen und natürlich auch die technischen? Fragen, die jeder für sich ausführlich analysieren und beantworten sollte. Ich gebe zu, nicht jedem ist es möglich, vollkommen frei zu entscheiden. Denn natürlich sind wir in einem bestimmten Lebenskorsett gefangen. Sei es der Wohnort, sei es die familiäre Situation, sei es der Bildungsgrad oder seien es die körperlichen wie mentalen Voraussetzungen, die uns daran hindern, vollkommen frei zu entscheiden. Ein „Wir schaffen und erreichen immer alles, wenn wir uns es nur oft genug wünschen" ist wohl in der Theorie richtig und wichtig. Die Realität zwingt uns dennoch oftmals in ungewollte Bahnen. Wenn Sie pflegebedürftige Eltern oder Verwandte haben, für die Sie verantwortlich sind, kann die Arbeit nicht an Ihrem Wunschort liegen. Er sollte in der Nähe der pflegebedürftigen Person sein. Wenn Sie kein sportliches Talent vorweisen, wird die Profikarriere im Fußball, Eishockey, Tennis, Golf oder Geräteturnen ebenso wenig funktionieren. Wichtig ist es dennoch, sich ausführlich mit seinen Bedürfnissen und den Angeboten zu beschäftigen. Nur dann ist Leidenschaft im beruflichen Alltag aus meiner Sicht möglich. Wird es dennoch Tage geben, an denen wir weniger motiviert agieren werden? Ja, natürlich. Wir sind Menschen und keine Maschinen. Natürlich wird es diese Tage geben. Entscheidend ist nur die Anzahl dieser Tage im Vergleich zur Anzahl der Tage, an denen wir motiviert und leidenschaftlich agieren. Suchen Sie sich also als Grundlage einen Arbeitsplatz, der Sie mit einer hohen Wahrscheinlichkeit leidenschaftlich agieren lässt.

Vielleicht ist Ihnen auch aufgefallen, dass das Thema Disziplin und Professionalität ebenso von wichtiger Bedeutung zu sein scheint, um sich den alltäglichen und außergewöhnlichen Herausforderungen zu stellen. Auch dieses Thema wurde von vielen Gesprächspartnern als eine wesentliche Fähigkeit erwähnt. Ich erinnere mich noch gut an die Aussagen von Jutta Speidel, Lutz Pfannenstiel, Marcus Rominger, Jay Alexander, Marcel Reif und auch Charly Klauser. Disziplin wird allerdings leider gerade in Deutschland häufig negativ gesehen. Ich gehe davon aus, dass dies mit unseren Erfahrungen in der Schule und der persönlichen Erziehung zu tun hat. Vermutlich wurde Disziplin sehr oft mit etwas Negativem in Verbindung gebracht bis hin zu Angstverbreitung. Auch die Politik agiert sehr häufig mit negativer angstbehafteter Kommunikation und nutzt Bestrafungen statt Belohnungen. Damit kann verständlicherweise der Begriff Disziplin bei Erwachsenen keine positiven Gedanken und Gefühle auslösen, was ich sehr schade finde. Für mich war der Begriff ehrlicherweise auch sehr lange eher negativ behaftet, jedoch habe ich im Laufe der Jahre in meiner Karriere den Wechsel hin zu einer positiven Betrachtung geschafft. Disziplin ist doch letztlich nichts anderes als das Durchhalten und die Umsetzung von Aufgaben und Aktivitäten, die wir uns selbst – und die Betonung liegt meinerseits jetzt sehr stark auf diesem „wir uns selbst" – gesetzt haben. Im Wörterbuch steht geschrieben: Das Beherrschen des eigenen Willens. Und genau das ist es doch. Schaffen wir es, unseren Willen zu beherrschen und die geplanten Aktivitäten in der dafür vorgesehenen Zeit zu erledigen? Oder geben wir uns Ausrede über Ausrede über Ausrede. Von daher tun wir uns selbst nichts Gutes, wenn wir wenig oder gar keine Disziplin besitzen. Disziplin ist einfach notwendig, um die gesetzten Ziele zu erreichen. Und gerade bei Herausforderungen haben wir doch bewusst oder unbewusst das Ziel, aus der schwierigen Situation möglichst unbeschadet wieder herauszukommen. Daher unterstützt hier Disziplin oder, wie es Marcel Reif auch beschrieben hat, Professionalität, gewisse Hürden zu meistern. Manche Aufgaben und Aktivitäten sollten wir einfach aus einer professionellen Sicht erledigen. Professionell heißt nichts anderes, als dass wir die Dinge tun, für die wir uns entschieden haben – sei es, weil wir eine Arbeit gewählt haben, ein Projekt oder schlichtweg eine Aufgabe angenommen haben. Nicht mehr und nicht weniger. Wir erledigen professionell, also gewissenhaft unsere Arbeit. Auch mit dieser Haltung können wir Herausforderungen meistern. Wir tun es einfach.

Mit Reflexion klarer sehen

Eine weitere wesentliche Fähigkeit, sich den schwierigen Situationen zu stellen, ist es, über sich, seine Reaktionen und sein Verhalten regelmäßig zu reflektieren. Walter Kohl und Professorin Marion Kiechle haben dies wunderbar in unserem Austausch beschrieben. Worüber machen wir uns welche Gedanken? Wieso wünschen wir uns dies oder jenes? Was treibt uns an? Welche Motive bewegen uns? Wieso befinden wir uns in einer schwierigen Situation? Was genau macht die Situation schwierig? Manchmal hilft es, Ruhe zu bewahren und zuerst in Reflexion zu gehen – allein oder gemeinsam mit Verbündeten. Dies lernen vor allem Sportler, da sie bereits im Wettkampf oder im Spiel sehr häufig zu einer Reflexion gezwungen werden. Sei es durch Zwischenrufe des Trainerteams oder durch eine Halbzeitpause, die für einen Rückblick genutzt wird. Sportler sind dies gewohnt. Die Zeitspanne von Reflexion und Veränderung ist hier extrem kurz. Es wird nach der Reflexion eine sofortige Änderung im aktuellen oder zumindest im nächsten Spiel erwartet. Im Businesskontext muss die Veränderung oder Wandlung meistens nicht sofort erfolgen. Hier zeigt es sich, dass eine gewisse Zeit dafür zur Verfügung steht. Jedoch fehlt leider im Businessleben noch immer sehr häufig eine professionelle und motivierende Reflexion. Meistens werden überwiegend die negativen Punkte angesprochen.

Charly Klauser hat in unserem Gespräch auch Leichtigkeit und Freude ins Spiel gebracht, mit der sie ihre herausfordernden Situationen meistert. Mit Spaß wird die Situation zum einen lockerer betrachtet, zum anderen findet sich mit Spaß einfacher eine mögliche Lösung. Vielleicht sollten wir in herausfordernden Situationen öfters lachen. Lachen bewirkt gute Gefühle. Gleichzeitig betont Charly Klauser jedoch auch, wie wichtig Disziplin und das Umsetzen von gesetzten Maßnahmen ist, um erfolgreich zu werden. Hier ist sie derselben Meinung wie manch andere Gesprächspartner.

Wenn Sie alle Interviews aufmerksam gelesen haben, dann sind Ihnen sicherlich noch viele andere Fähigkeiten, Wege und Lösungen aufgefallen. Probieren Sie alle aus. Testen Sie, reflektieren Sie und finden Sie für sich eine Vielzahl von Möglichkeiten. Konzentrieren Sie sich dabei bitte nicht auf eine Lösung, sondern integrieren Sie viele Lösungen. Bedenken Sie, dass Sie selten die kommende Herausforderung vorhersehen können. Je mehr Lösungen Sie dann vor sich liegen haben, desto leichter werden Sie eine Entscheidung treffen können.

DANKE

Ein Buch dieses Umfangs entsteht nie allein, zumindest nicht bei mir. Deshalb ist es mir wichtig, den richtigen und wichtigen Personen Danke zu sagen für die Unterstützung, die Aufmunterung, die Impulse und vor allem für ihre Zeit, die sie mir und meinem Projekt zur Verfügung gestellt haben. Mir ist bewusst, dass Projekte dieser Art Teamarbeit darstellen und nur so erfolgreich gemeistert werden können.

Sehr gerne geht ein großes Dankeschön an alle Interviewpartner, die sich mit mir an den unterschiedlichsten Orten dieser Welt über das Thema unterhalten haben. Es war mir wirklich in allen Fällen ein Vergnügen und eine Ehre, mich mit ihnen ausgetauscht zu haben. Alle waren enorm freundlich, hilfsbereit, wertschätzend und vor allem mir gegenüber offen, obwohl wir uns in vielen Fällen erst im Gespräch an sich persönlich kennengelernt haben. Dies wertschätze ich sehr.

Danke auch an meine Assistentin und Key Account Managerin, Andrea Hanne. Du hast mir viele unliebsame und kurzfristige Aufgaben immer mit Herzblut abgenommen. Dadurch hatte ich Freiraum für meine Aktivitäten. Das hat das Projekt enorm gestützt! Danke auch meiner Agentur, Ben Schulz & Partners, für die hervorragende Zusammenarbeit, sei es bei der Verlagssuche, der Ausarbeitung der Marketingmaßnahmen oder auch der mentalen Hilfe. Danke Ben, Janina, Philippe, Susanne, Alex und Marina. Wie immer war es ein Vergnügen, mich mit Euch auszutauschen. Danke für die unzähligen Kaffee, Flipcharts und Skizzen.

Ein sehr großer und liebevoller Dank geht selbstverständlich an meine Familie. Anke und Luisa, Ihr seid das Wichtigste in meinem Leben. Danke für Eure Bereitschaft, so manche Nachmittage allein zu spielen, in der Natur zu sein oder einfach Zeit ohne mich zu verbringen. Dadurch konnte ich in aller Ruhe diese Seiten verfassen. Ich drücke Euch.

Danke auch an meine Schwiegereltern, die meine Frau und mich in unseren Vorhaben immer unterstützen, für uns Tag und Nacht verfügbar und einfach da sind, wenn wir sie brauchen. Danke! Und danke auch an meinen Bruder, der vor vielen Jahren das Unternehmen unserer Eltern übernommen hat, sodass ich meinen eigenen Weg gehen konnte. Danke, Bruder.

Zu guter Letzt auch ein Danke, Merci und „Schön, dass es Euch gibt" an Antje, Alia, Cengiz, Frank, Knut, Lici, Rolf und Thorsten und Ulf, die unsere Freundschaft aufrechthalten, auch wenn ich mich über längere Zeiträume nicht melde. Ihr wisst, dass es nie böse gemeint ist, sondern meine Projekte mich dann stark einnehmen.

Danke ebenso an den Verlag, hier besonders meinem Lektor und Betreuer, Wolfgang Barus, sowie dem Marketingteam. Es war und ist mir ein Vergnügen, dass wir zusammenarbeiten.

DER AUTOR

Dr. Peter Aschenbrenner ist Berater und Trainer für Unternehmen. In mehr als 2.400 Trainings, Beratungen und Vorträgen begeisterte er bereits insgesamt mehr als 50.000 Teilnehmer. Der „Klarheitsexperte" und „Augenöffner" arbeitet mit seinem Team täglich daran, Menschen in Veränderung zu bringen und Unternehmen Impulse für neue Wege zu geben. Mit Hingabe und Hartnäckigkeit löst er gemeinsam mit seinen Kunden die Herausforderungen und setzt die richtigen Hebel für wirkungsvolle Veränderungen. Effizient – punktgenau – direkt.